JN234215

基礎 電気・電子工学
第2版

監修
宮入庄太
磯部直吉
前田明志

東京電機大学出版局

はしがき

　最近，機械・金属・土木・建築・化学…などの技術者は，それぞれの専門の技術のほかに，電気・電子技術を身につけておく必要性が従来にも増して高まってきている。これは現代の技術が，電子計算機を主役として，多くの情報を電気量として採り入れ，その指令に依って各種機器を駆動するような生産システム，または稼動システムになってきているからである。

　わが東京電機大学は，工学部の7科（電気・通信・電子・機械・応用理化・精密機械・建築）と理工学部の6科（数理・情報・経営・産業機械・建設・応用電子）からなる総合理工系大学で，電気系以外のいわゆる他科の学科でも，上記のような技術的動向に鑑み，電気・電子工学を重視し，このために2～4単位程度の時間を割り当て既に実施しているし，またこれからしようとする機運にある。おそらく他大学でも同じではなからうかと考える。

　本書は，このための教科書として編修されたものである。他科のための教科書は既にかなり多く出版されているが，何分にも内容が広範に亙るため，ややもすると内容に精粗があり，著者の専門とする分野に片寄るきらいがある。思うに，この種の教科書は，電気・電子工学の広範な内容を広く網羅する必要があり，しかも限られた時間で履修することを考えて，不要不急のものは大胆に割愛する必要もある。さらに記述の方法も，またその程度も，他科の学生なるが故に特にわかりやすいものでなくてはならない。このような考え方に立って，本書はそれぞれの分野に，それぞれの専門家をあてた結果，執筆者は10数名の多きに上がった。その結果として，若干，執筆のトーンに不揃いがないと言えないが，内容的には充実したものになったと確信し，単なる教科書としてだけではなく，卒業後もよき技術的伴呂として長く活用して戴けるものと期待している。

　　昭和62年3月

　　　　　　　　　　　　　　　　　　　　　　　　　　　宮　入　庄　太

第2版にあたって

　本書を上梓してから,すでに13年の歳月が流れた。この間,東京電機大学も何回にもわたるカリキュラムの改訂や学部,学科の見直しが行われ,また現在も引き続き検討が続いている。技術の進歩と社会変化の激しい今日,多くの理工系大学で同様な検討が行われ,社会に求められる技術者の育成が図られていることと思う。

　このような変化の中でも,本書は当初編集意図したとおり,工学系学部の学生に必要な電気・電子技術の基礎知識をわかりやすく伝える教科書として,多くの大学で採用され,また読者からも好評をもって迎えられてきた。これは著者らにとっても望外の喜びであった。しかし,教科書として使う中で,高等教育のおかれた状況や技術の進歩,また多少なりとも内容に対する不満もあり,このほど改訂版を発行することとした。

　改訂にあたり,採用いただいている先生方のご意見も参考にして,細部にわたる修正に加え,制御システムの内容を大幅に取り入れることにした。このことで新世紀にふさわしい電気・電子工学の基礎教科書として生まれ変わったと思う。これからも読者に活用されることを期待している。

2000年3月

監修者

―― 基礎 電気・電子工学 ――

監修者　宮入庄太・磯部直吉・前田明志
執筆者　第1章　片野義雄
　　　　　第2章　片野義雄・磯部直吉・富田英雄・前田明志
　　　　　第3章　本間和明
　　　　　第4章　大庭勝實・宮下収・中村尚五
　　　　　第5章　飯田祥二・西方正司・羽根吉寿正
　　　　　第6章　川島忠雄

目　　次

第 1 章　電気の基礎
- 1・1　電圧と電流 ……………………………………………………………1
  - 〔1〕電圧・電流とその波形 …………………………………………1
  - 〔2〕オームの法則 ………………………………………………………5
  - 〔3〕電力量・電力 ………………………………………………………6
- 1・2　抵　抗 …………………………………………………………………8
  - 〔1〕導体の抵抗 …………………………………………………………8
  - 〔2〕合成抵抗 ……………………………………………………………9
  - 〔3〕ジュール熱 …………………………………………………………11
- 1・3　キャパシタンス ………………………………………………………12
  - 〔1〕静電気とクーロンの法則 …………………………………………12
  - 〔2〕電荷と電界 …………………………………………………………13
  - 〔3〕キャパタンス ………………………………………………………18
  - 〔4〕誘電体 ………………………………………………………………22
- 1・4　インダクタンス ………………………………………………………24
  - 〔1〕静磁気 ………………………………………………………………24
  - 〔2〕電流による磁界 ……………………………………………………29
  - 〔3〕電磁誘導 ……………………………………………………………32
  - 〔4〕インダクタンス ……………………………………………………33
- 演習問題〔1〕…………………………………………………………………37

第2章　電気回路

2・1　直流回路 ……………………………………………………… 39
〔1〕　法則と定理 …………………………………………… 39
〔2〕　直流回路の計算 ……………………………………… 48
〔3〕　磁気回路 ……………………………………………… 57

2・2　交流回路 ……………………………………………………… 60
〔1〕　正弦波交流とフェーザ図 …………………………… 60
〔2〕　R，L，C の性質 ………………………………………… 66
〔3〕　交流回路の計算 ……………………………………… 70
〔4〕　三相交流 ……………………………………………… 78
〔5〕　ひずみ波交流 ………………………………………… 82

2・3　過渡応答 ……………………………………………………… 84
〔1〕　定常状態と過渡状態 ………………………………… 84
〔2〕　直流回路の過渡応答（一次系）……………………… 88
〔3〕　交流回路の過渡応答（一次系）……………………… 94
〔4〕　状態方程式による解法（二次系）…………………… 98

演習問題〔2〕……………………………………………………… 106

第3章　半導体デバイス

3・1　半導体デバイスの歴史 …………………………………… 109
〔1〕　整流作用の発見と整流理論の確立 ……………… 109
〔2〕　トランジスタの誕生 ……………………………… 110
〔3〕　半導体集積回路の実現 …………………………… 112

3・2　半導体の電気伝導 ………………………………………… 112
〔1〕　半導体の種類と諸性質 …………………………… 112
〔2〕　キャリア密度 ……………………………………… 115

3・3　半導体ダイオード ………………………………………… 117

目　次　　　　　　　　　　　　　v

　　　　〔1〕　ショットキーダイオード …………………………………117
　　　　〔2〕　pn 接合ダイオード …………………………………………119
　　　　〔3〕　定電圧ダイオード……………………………………………120
　3・4　トランジスタ …………………………………………………………121
　　　　〔1〕　バイポーラ トランジスタ ……………………………………121
　　　　〔2〕　接合形電界効果トランジスタ ………………………………124
　　　　〔3〕　MOS 電界効果トランジスタ …………………………………126
　3・5　電力用デバイス………………………………………………………128
　　　　〔1〕　サイリスタ ………………………………………………………128
　　　　〔2〕　TRIAC …………………………………………………………130
　3・6　集積回路 ………………………………………………………………130
　　　　〔1〕　集積回路の基礎概念 …………………………………………130
　　　　〔2〕　バイポーラ集積回路 …………………………………………131
　　　　〔3〕　MOS 集積回路 …………………………………………………132
　演習問題〔3〕……………………………………………………………………133

第4章　電子回路

　4・1　電源回路 ………………………………………………………………134
　4・2　アナログ回路…………………………………………………………138
　　　　〔1〕　演算増幅器 ………………………………………………………139
　　　　〔2〕　演算増幅器の応用………………………………………………141
　　　　〔3〕　トランジスタ電力増幅器 ……………………………………147
　　　　〔4〕　発振回路 …………………………………………………………152
　　　　〔5〕　変調・復調回路 …………………………………………………153
　4・3　ディジタル回路………………………………………………………156
　　　　〔1〕　論理代数と基本論理ゲート …………………………………157
　　　　〔2〕　組合せ論理回路 …………………………………………………161

〔3〕 順序回路 …………………………………………170
4・4 アナログ・ディジタル相互変換回路 …………………178
〔1〕 ディジタル・アナログ変換回路 ………………178
〔2〕 アナログ・ディジタル変換回路 ………………181
演習問題〔4〕 …………………………………………………187

第5章　エネルギー変換機器とその応用

5・1 エネルギー変換機器の種類 ………………………………189
〔1〕 発電機と電動機 ……………………………………189
〔2〕 変圧器 ………………………………………………190
〔3〕 パワーエレクトロニクス …………………………190
5・2 電磁誘導機器 ……………………………………………192
〔1〕 分類と用途 …………………………………………192
〔2〕 直流電動機 …………………………………………194
〔3〕 変圧器 ………………………………………………203
〔4〕 誘導電動機 …………………………………………208
5・3 パワーエレクトロニクス ………………………………217
〔1〕 分類と用途 …………………………………………217
〔2〕 整流回路 ……………………………………………219
〔3〕 交流電力調整回路 …………………………………222
〔4〕 チョッパ回路 ………………………………………223
〔5〕 インバータ回路 ……………………………………226
演習問題〔5〕 …………………………………………………228

第6章　回路の応用と電子機器

6・1 計測と制御のシステム …………………………………231
6・2 アナログ信号とディジタル信号 ………………………235

- 6・3 電子機器の種類とその応用 …………………………………236
  - 〔1〕 画像機器 …………………………………………………237
  - 〔2〕 音響機器 …………………………………………………244
  - 〔3〕 通信機器 …………………………………………………248
  - 〔4〕 計測機器 …………………………………………………252
- 6・4 制御要素としての素子，回路，電動機 ……………………254
  - 〔1〕 モデリング ………………………………………………254
  - 〔2〕 伝達関数 …………………………………………………256
  - 〔3〕 制御要素とその応答 ……………………………………258
  - 〔4〕 直流電動機 ………………………………………………261
  - 〔5〕 ブロック線図 ……………………………………………262
- 演習問題〔6〕 ………………………………………………………264

演習問題の解答 ……………………………………………………265

付　録 ………………………………………………………………281

索　引 ………………………………………………………………282

第1章　電気の基礎

　この章では，電気と磁気の基本的事項を，特に電気回路の計算を理解しやすくするために解説する。電気回路で重要な量は**電圧**と**電流**であり，それらの間を関係づける回路要素（素子）として抵抗，キャパシタンスおよびインダクタンスがある。

1・1　電圧と電流

〔1〕　電圧・電流とその波形
(1) 電流　　ガラス棒を絹布で摩擦すると，軽く小さい紙片や金属などを吸引する。これは摩擦によりガラス棒には正，絹布には負の電気が生じたからである。電気が生じ，電気をもつことを**帯電**といい，帯電した物体を**帯電体**という。帯電した電気を電気を荷なうという意味で**電荷**という。また，電荷は**電気量**ともいい，物理量として扱うことができ，単位は〔C〕である。

　帯電は必ずしも摩擦によらなくとも，例えば，図1・1のように，平行金属極板（コンデンサ）に電池を接続しても得られる。図のスイッチSを入れると，上下極板おのおのに正，負の電気が帯電し（**充電**ともいう），Sを開いた後も帯電状態が保たれる(図の場合，約 1.3×10^{-8} C が帯電し，また約 10×10^{-6} N の吸引力が働いている)。

　さて，**電流**は以上の電荷の移動または流れによって生じ，毎秒1Cの電荷が通過するときの大きさを **1 A** といい，その向きは正電荷の移動する方向である。例えば，電線中を t〔s〕間に Q〔C〕の電荷が連続的に流れているときの電流 I〔A〕は，次のように表される。

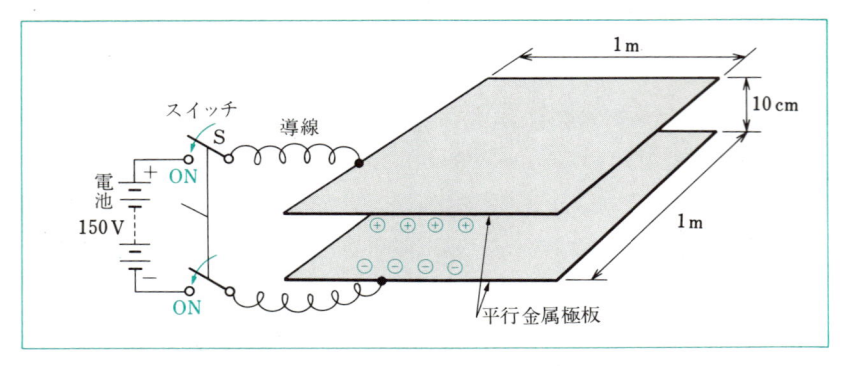

図 1・1　電池による帯電

$$I=\frac{Q}{t}\ [\mathrm{A}] \tag{1・1}$$

また，電線の断面積を $S\ [\mathrm{m}^2]$ とするとき，$I/S\ [\mathrm{A/m}^2]$ を**電流密度**といい，電線の温度上昇はこの値で左右される。

もし，電荷の流れの速さが一定でなく，変化する場合には，図 1・2(a) のように，断面積 S を時間 $t\ [\mathrm{s}]$ までに通過した電荷を $q(t)\ [\mathrm{C}]$ とすれば（微分的に $\varDelta t$ 時間に $\varDelta q$ の電荷が移動すれば），その断面における電流 i は，

$$i=\frac{dq(t)}{dt}\ [\mathrm{A}] \tag{1・2}$$

となる。

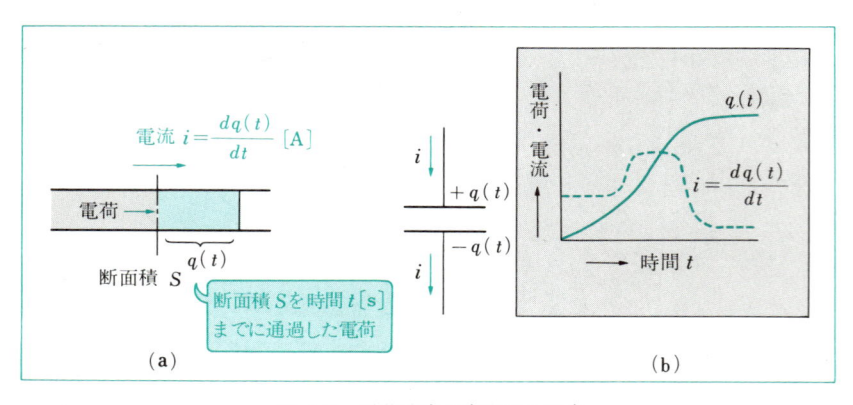

図 1・2　電荷速度が変化する場合

例えば，図(b)のように，コンデンサを充電するときの電流 i は，コンデンサに蓄えられてゆく電荷を $q(t)$ とすれば，同様に式(1・2)で表される。

電流の連続性　図1・3(a)のように，断面積の異なる導体中を電荷が流れるとき，どの断面でも同一時間に同一電荷量が通過し，電流密度は異なるが，電流の大きさは常に一定である。この性質を**電流の連続性**という。これは，電流が水と同じような性質（非圧縮性）をもっているため，水流の場合，図(b)のように，流量（単位時間当たりの水量）はどの断面でも等しい（水量が電荷，流量が電流に相当する）。

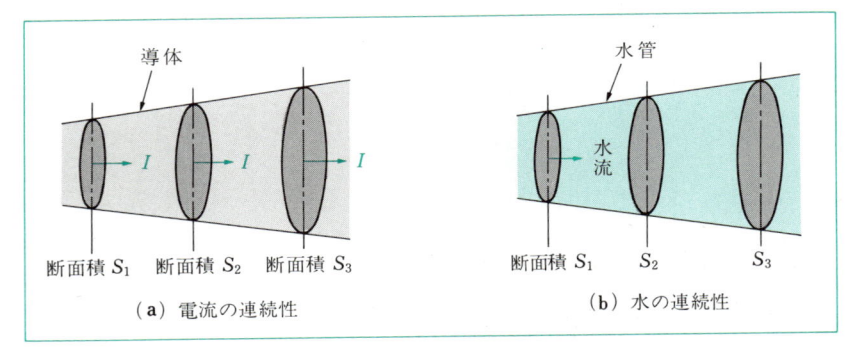

(a) 電流の連続性　　(b) 水の連続性

図 1・3　電流と水の連続性

(2)　電圧（電位差）　水は高いほうから低いほうに流れる。図1・4(a)のように，高水槽 H と低水槽 L の間を水管で結ぶと，水は高水位の H より低水位の L に向かって流れる。これと同じように，電気の場合には，水位に相当する**電位**というものを考え，電流は電位の高いほうから電位の低いほうに流れるものとする。この電位の差を**電位差**または**電圧**という。電位，電位差および電圧の単位は，ともに〔V〕を用い，次のようにきめられている。

1 C の電荷が 2 点間を移動して 1 J の仕事をするとき，この 2 点間の電位差を 1 V と定める（後述1・3節〔2〕を参照）。

また，同図において，水流を持続し，一定の水位差を保つためには，図中 P のような揚水ポンプを用いればよい。これは電気の場合，図(b)のように，電池（または発電機）を用いて電流を持続し，電位差を保つことに相当する。この電

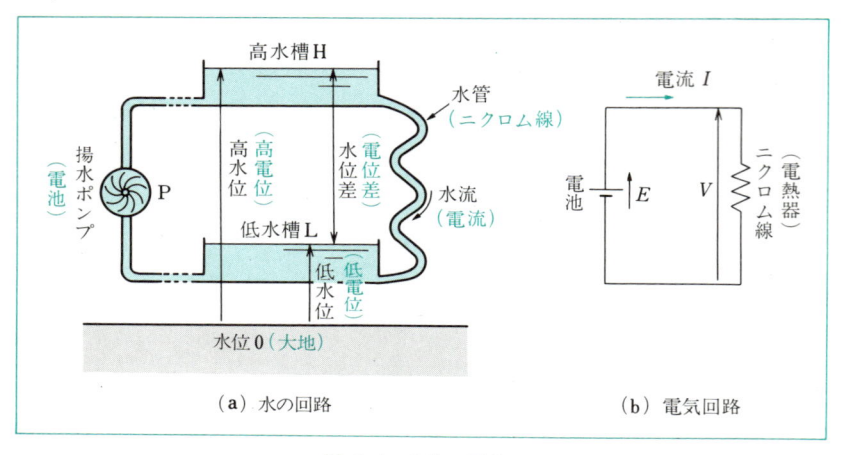

```
            高水槽H
                    水管
                   (ニクロム線)
揚  高 高  水
水  水 電  位  水流
ポ  位 位  差 (電流)
ン P     (電
プ     (電 位
(電    低水槽L 差)
池)         低 低
            電 水
            位 位
       水位0(大地)
```

（a）水の回路　　　　　（b）電気回路

図 1・4　水位と電位

池や発電機のような，電位差を発生させる力を **起電力** といい，単位は電圧と同じく〔V〕である。電池や発電機のように，電流を流す源（みなもと）となるものを一般に **電源** という。また，図のニクロム線（電熱器）のように，電流が流れて仕事をするものを一般に **負荷** という。

（3）　**電圧・電流の波形**　　横軸に時間 t，縦軸に電圧または電流の大きさをもって図 1・5 に示されたグラフを **電圧** または **電流の波形** という。これら波形は **直流，正弦波** および **非正弦波** に大別できる。直流は，方向の変わらない波形であるが，通常，大きさも一定の場合をいう。正弦波は，一般的には **交流**（方向が周期的に変わる）の一種であるが，通常，交流といえば正弦波をさす場合が多い。正弦波は時間に対して正弦的に変化するので，その名前があり，実用上重要な波形である。ある正弦波に対して，その周期の $1/n$（n は 2 以上の自然数）の正弦波を含んだものを **ひずみ波** という。この場合，もとの正弦波を **基本波**，$1/n$ 周期のものを総称して **高調波**，特定のものを **第 n 調波** という。直流および正弦波以外を，ここでは **非正弦波** ということにする。非正弦波の例を図 1・5（b）に示す。

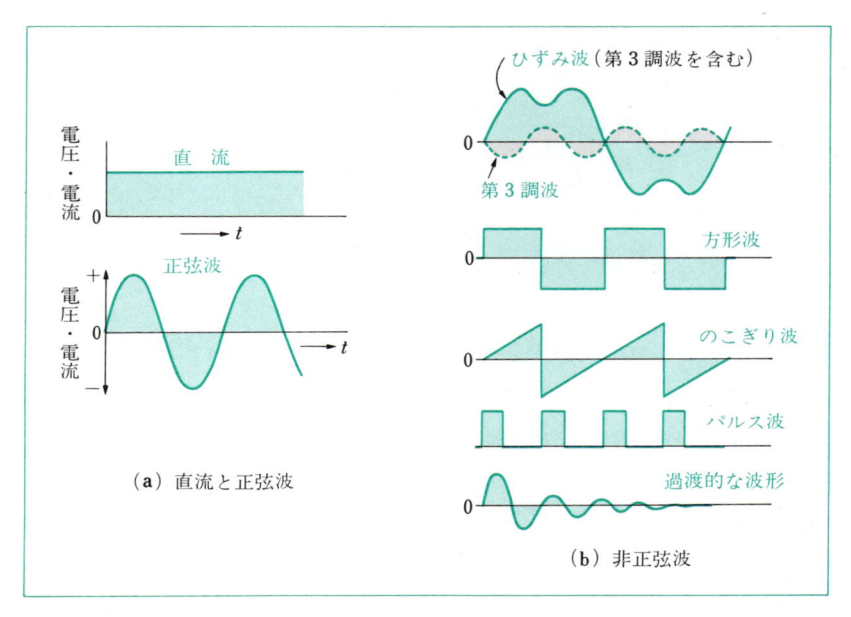

図 1・5　電流，電圧の波形

〔2〕 オームの法則

図 1・4(b) において，電流 I は電池の起電力 E，したがって電圧 V に比例して流れる。すなわち，電圧 V と電流 I とは比例関係にあり，比例定数を R とすれば，

$$V = RI$$

となる。R はニクロム線の種類で異なるが，電圧 V が一定ならば，R の大きいほど電流 I は小さくなり，R は電流を制限する意味で，一般に**電気抵抗**あるいは単に**抵抗**という。抵抗の単位は〔Ω〕である。

図 1・6(a) に示すように，電圧，電流，抵抗をそれぞれ V〔V〕，I〔A〕，R〔Ω〕とすれば，

$$I = \frac{V}{R} \text{〔A〕} \tag{1・3}$$

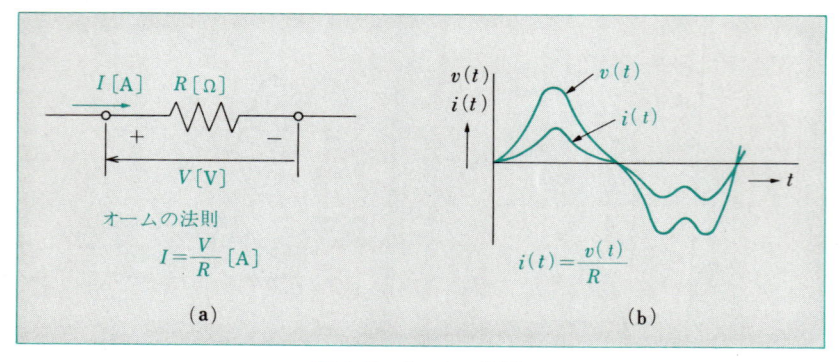

図 1・6　オームの法則

となる。この関係を**オームの法則**という。

抵抗の逆数を**コンダクタンス**といい，通常 G で表し，単位は〔S〕である（$G=1/R$）。

電圧，電流が時間的に変化する場合には，おのおのを $v(t)$, $i(t)$ とすれば，オームの法則は次式となり，電圧と電流の波形は図 1・6(b)のように相似形である。

$$i(t)=\frac{v(t)}{R} \tag{1・4}$$

〔3〕 電力量・電力

（1）電力量　　電気がなす仕事の量を**電力量**という。Q〔C〕の電荷が電位差 V〔V〕のところを移動したとき，電荷のなす仕事，したがって電力量 W〔J〕は，$W=VQ$〔J〕であり，また電流 I〔A〕が t 秒間流れたとき，電荷 Q は，$Q=It$〔C〕になるから，次のようになる。

$$W=VIt \text{〔J〕} \tag{1・5}$$

仕事の単位は〔J〕であるが，電気的仕事であることを示すため，〔W·s〕=〔J〕，〔kWh〕を用いる場合もある。t' を時間〔h〕の単位とすれば，

$$\begin{aligned}W &= VIt' \times 10^{-3} \text{〔kWh〕}\\ &= VIt' \times 3\,600 \text{〔J〕}\end{aligned} \tag{1・6}$$

なお，電圧，電流が時間的に変化する場合は，おのおのを $v(t)$, $i(t)$ とすれば，時間 t_1 から t_2 までの電力量は，次式となる（図1・7）。

$$W = \int_{t_1}^{t_2} v(t)i(t)dt \tag{1・7}$$

(2) 電力　単位時間当たりの電気がなす仕事の量（電力量）を**電力**という。したがって，t〔s〕間に電力量が W〔J〕ならば，電力 P〔W〕は，次のようになる。

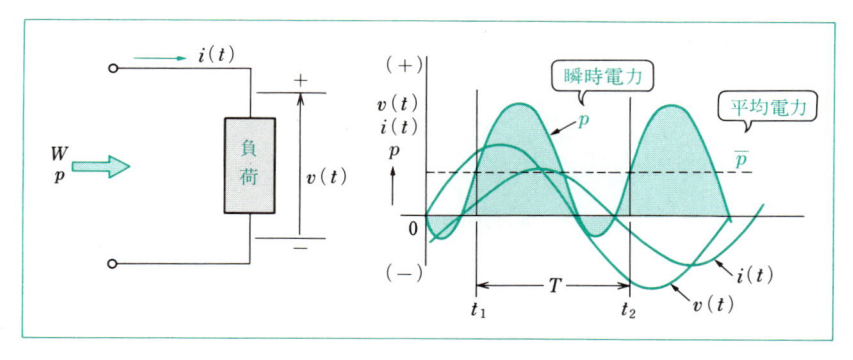

図1・7　電力量，電力

$$P = \frac{W}{t} \text{〔W〕} \tag{1・8}$$

単位は〔J/s〕となるが，〔W〕を用いる。電圧，電流で表せば，式 (1・5) より次式になる。

$$P = VI \text{〔W〕} \tag{1・9}$$

電圧，電流が時間的に変化する場合は，おのおのを $v(t)$, $i(t)$ とすれば，電力 p は次のようになる（図1・7）。

$$p = v(t)i(t) \text{〔W〕} \tag{1・10}$$

上記 p を一般的に**瞬時電力**という。また，ある時間 t_1 から t_2 までの平均が必要ならば，式(1・7)より式(1・11)になる。これを**平均電力**，または単に**電力**という場合が多い。なお，交流の場合，t_2-t_1 は波形の半周期（正波部分）をとることが多い。

$$\bar{p} = \frac{1}{t_2 - t_1} \int_{t_1}^{t_2} v(t) i(t) dt \tag{1・11}$$

1・2 抵 抗

〔1〕 導体の抵抗

材質が均一で，断面積が一様な導体の抵抗は，長さに比例し，断面積に反比例する。抵抗，長さ，断面積をそれぞれ R〔Ω〕, l〔m〕, S〔m^2〕とし，比例定数を ρ とすれば，次のようになる。

$$R = \rho \frac{l}{S} \text{〔Ω〕} \tag{1・12}$$

比例定数 ρ を**抵抗率**または**固有抵抗**といい，断面積 1 m^2, 長さ 1 m のときの抵抗〔Ω〕の大きさで，単位は〔Ω・m〕である（図 1・8, 表 1・1）。

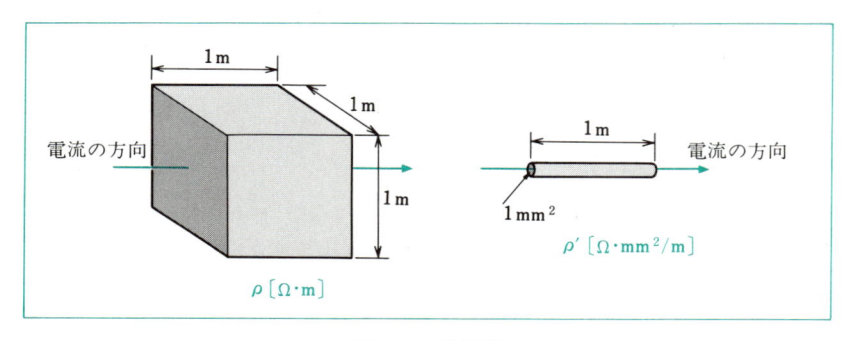

図 1・8 抵抗率

なお，電線などでは断面積 S'〔mm^2〕を用いるので，抵抗率には断面積 1 mm^2 の場合の値 ρ'〔Ω・mm^2/m〕を用いる。

また，抵抗率の逆数を**導電率**といい，これを σ で表せば，$\sigma = 1/\rho$〔S/m〕である。導体の導電性を比較するため，標準軟銅の導電率を 100 % として表したものを**％導電率**という（表 1・1）。

1・2 抵抗

表 1・1　金属元素および合金の抵抗率・%導電率・温度係数

種 別		抵 抗 率 (20 ℃) ($\Omega\cdot m \times 10^{-8}$)	%導電率	温度係数 (0〜100 ℃) ($\times 10^{-3}$)
金属元素	銀 (Ag)	1.6	107.8	4.1
	銅 (Cu)	1.673	103.1	4.3
	標準軟銅	**1.7241**	**100.0**	**3.93**
	アルミニウム (Al)	2.69	64.1	4.2
	タングステン (W)	5.5	31.3	4.6
	亜 鉛 (Zn)	5.92	29.1	4.2
	ニッケル (Ni)	6.844	25.2	6.81
	鉄 (Fe)	9.71	17.8	6.51
合金	マンガニン (Cu, Ni, Mn)	41〜47	4.2〜3.7	−0.04〜+0.1
	銅・ニッケル (Ni, Mn, Cu)	46〜52	3.7〜3.3	0.02〜0.1
	銀・マンガン (Ag, Mn)	28	6.2	−0.00085
	ニッケル・クロム・鉄 (Ni, Cr, Fe, Mn)	95〜113	1.8〜1.5	0.14〜0.7

〔2〕 合成抵抗

　2つの端子間に複数個の抵抗が接続されている場合，その2端子から見た回路の抵抗，すなわち1つの抵抗に置きかえた抵抗を**合成抵抗**または**等価抵抗**という。次に，基本的な直列回路と並列回路の合成抵抗を，3個の抵抗例で示す（4個以上も同様である）。なお，直並列回路はそれらの応用である。

　直列回路　図1・9(a)で，各抵抗 $0.8\,\Omega$，$2\,\Omega$，$4\,\Omega$ の直列の合成抵抗 R_0 は，**各抵抗の和になる**。すなわち，$R_0 = 0.8+2+4 = 6.8\,[\Omega]$ となる。また，電流5Aを流したとき（各抵抗の電流は，電流の連続性により等しく），各抵抗の電圧はオームの法則により，それぞれ，4V，10V，20Vになる。全体の電圧 V_0 は，それらの和，$4+10+20 = 34\,[V]$ で，合成抵抗 $6.8\,\Omega$ と電流5Aの積に等しい。また，各電圧の比は，各抵抗の比 $0.8:2:4$ に等しい。

```
              5A  0.8Ω
           ┌──/\/\──┐
     8A    │ 2A  2Ω │
    ───→───┼──/\/\──┤
      I₀   │ 1A  4Ω │
           └──/\/\──┘
           │V₀=4[V] │
```

(a) 直列回路　　合成抵抗 R_0
　　　　　　　　$=0.8+2+4$
　　　　　　　　$=6.8\,[\Omega]$

(b) 並列回路　　合成抵抗 R_0
$$R_0 = \cfrac{1}{\cfrac{1}{0.8}+\cfrac{1}{2}+\cfrac{1}{4}} = 0.5\,[\Omega]$$

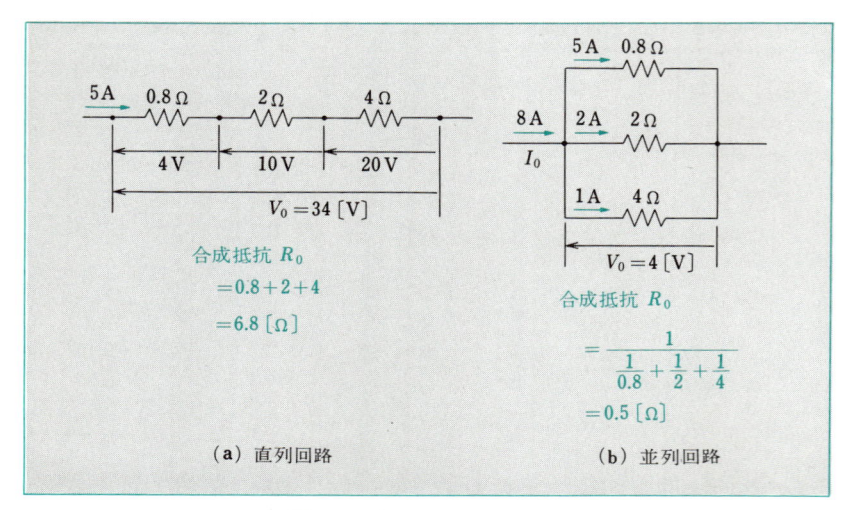

図 1・9　直列および並列回路

並列回路　図(b)で，各抵抗 $0.8\,\Omega$，$2\,\Omega$，$4\,\Omega$ の並列の合成抵抗 R_0 は，**各抵抗の逆数の和の逆数になる**。すなわち，

$$R_0 = \frac{1}{\frac{1}{0.8}+\frac{1}{2}+\frac{1}{4}} = 0.5\,[\Omega]$$

なお，**合成コンダクタンス g_0 は，各コンダクタンスの和**であり，$g_0 = 1.25 + 0.5 + 0.25 = 2\,[S]$ となる（この逆数は合成抵抗 R_0）。また，全電流 $(I_0)\,8\,A$ を流したときの各抵抗の電流は，**コンダクタンスの比に分配される**ので，例えば $0.8\,\Omega$ に流れる電流は，

$$8 \times \frac{1.25}{1.25+0.5+0.25} = 5\,[A]$$

$2\,\Omega$，$4\,\Omega$ の抵抗にはおのおの $2\,A$，$1\,A$ の電流が流れる（各電流の和は，電流の連続性より，I_0 に等しく $8\,A$ である）。各抵抗の電圧は，オームの法則により，等しく $4\,V$ になる。

1・2 抵抗

〔3〕 ジュール熱

抵抗に供給される電力はすべて熱になる。このことを物理学者ジュールは実験的に証明し，次のように述べた。これを**ジュールの法則**という。

抵抗 R〔Ω〕に電流 I〔A〕を t〔s〕間流したときに消費されるエネルギー W_j は，

$$W_j = I^2 R t \text{〔Ws〕} \tag{1・13}$$

となる。これがすべて熱に変わるのである。

このとき発生する熱を**ジュール熱**という。抵抗の電圧を V〔V〕とすれば，$W_j = VIt = V(V/R)t = (V^2/R)t$ とも書ける。また，〔cal〕単位で表せば，1 J＝0.24 cal（より正確には 0.238 889）であるから，次のようになる。

$$W_c = 0.24 W_j = 0.24 I^2 R t \text{〔cal〕} \tag{1・14}$$

通常の抵抗体は，ジュール熱その他によりその温度が上昇（または降下）するとき，その抵抗がわずかに変化する。金属では，温度上昇により抵抗が増加し，ほぼ直線的である（図 1・10）。この変化の程度を表すのに，温度上昇 1 ℃ に

抵抗温度係数

$$\alpha_\theta = \frac{\Delta R}{R_\theta} \cdot \frac{1}{\Delta \theta}$$

$$= \frac{R_\Theta - R_\theta}{R_\theta} \cdot \frac{1}{\Theta - \theta} \text{〔℃}^{-1}\text{〕}$$

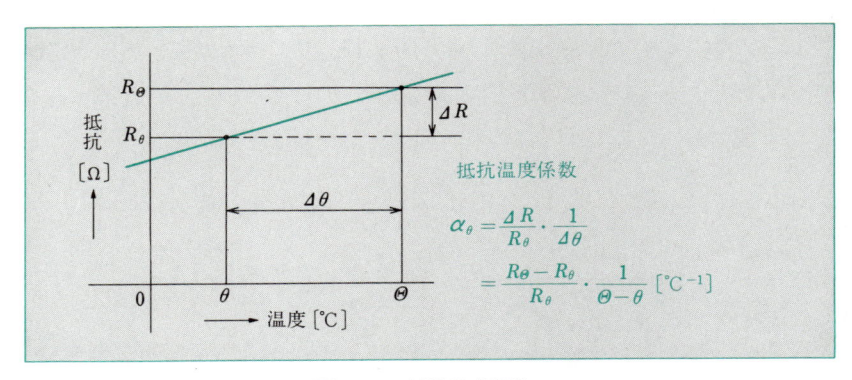

図 1・10　抵抗温度係数

対する抵抗の増加率で表し，これを**抵抗温度係数**という。図 1・10 で，θ〔℃〕における抵抗温度係数 α_θ〔℃$^{-1}$〕は，次式になる。

$$\alpha_\theta = \frac{\Delta R}{R_\theta} \cdot \frac{1}{\Delta \theta} = \frac{R_\Theta - R_\theta}{R_\theta} \cdot \frac{1}{\Theta - \theta} \ [°\mathrm{C}^{-1}] \tag{1・15}$$

また，上式から，

$$R_\Theta = R_\theta \{1 + \alpha_\theta(\Theta - \theta)\} \ [\Omega] \tag{1・16}$$

$\theta = 0 \ [°\mathrm{C}]$ の場合は，

$$R_\Theta = R_0(1 + \alpha_0 \Theta) \tag{1・17}$$

となる。なお，純銅の場合，実用上 0°C における抵抗温度係数 α_0 は，1/234.5 °C^{-1} である。

1・3 キャパシタンス

〔1〕 静電気とクーロンの法則

図 1・11(a)のように，帯電体 A の近くに無帯電の物体 B をおくと，B の両端には，図のように，B の A に近い端には負電荷が，遠い端には正電荷が現れ，一種の帯電状態になる。この現象を**静電誘導**といい，B に現れた電荷を**分極電荷**という。電荷を蓄えるためのコンデンサには，この分極効果の大きい**絶縁物**が用いられ，これを特に**誘電体**と呼ばれる。このことについては後述することにして，まず静電気における次の基本的な法則から説明しよう。

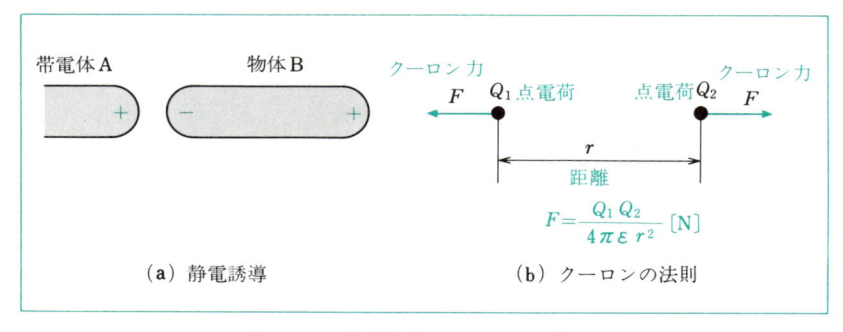

図 1・11 静電誘導とクーロンの法則

クーロンの法則 異種の電荷は互いに吸引し，同種の電荷は互に反発する。いま，一様な媒質（誘電体）中で r [m]離れた2つの点電荷を Q_1, Q_2 [C]とすれば，点電荷間の力 F [N]は，点電荷を結ぶ直線上にあって，次式で示される（図1・11(b)）。

$$F = \frac{Q_1 Q_2}{4\pi\varepsilon r^2} \text{ [N]} \tag{1・18}$$

この関係を**静電気に関するクーロンの法則**といい，この力を**静電力**または**クーロン力**という。なお，ε は誘電体の**誘電率**といい，単位は[F/m]である。真空の場合には ε_0 で表し，次の値になる（c は真空中の光速度 $=3\times 10^8$ [m/s]である）。

$$\varepsilon_0 = \frac{10^7}{4\pi c^2} = 8.85 \times 10^{-12} \text{ [F/m]} \tag{1・19}$$

したがって，真空中のクーロンの法則は，式(1・19)を式(1・18)に代入し，次のように簡単になる。

$$F = 9 \times 10^9 \times \frac{Q_1 Q_2}{r^2} \text{ [N]} \tag{1・20}$$

また，誘電体の誘電率 ε と真空の誘電率 ε_0 との比を誘電体の**比誘電率** ε_r といい，ε よりよく用いられ，無次元で1以上の値である。すなわち，

$$\varepsilon_r = \varepsilon/\varepsilon_0, \quad \varepsilon = \varepsilon_r \varepsilon_0 \text{ [F/m]} \tag{1・21}$$

なお，空気の比誘電率はほぼ1なので，実用上は真空中と見なしてよい。以下しばらくは真空中の場合を説明する。

〔2〕 **電荷と電界**

いま，図1・12(a)のように，真空の空間に1個の正の点電荷 Q_0 [C]がある場合を例としよう。この空間は，他の電荷をおくとき静電力が働く特別な空間になっており，このような空間を一般に**静電界**（静電場），単に**電界**（電場）という。量的に表すには，空間の各点に単位点電荷（+1 C）を仮においたときに働く力で表し，これを**電界の強さ**という。すなわち，1 C 当たりに働く力の割合[N/C]であり，方向は力の方向で示し，単位は[V/m]である。図では，Q_0 点より r

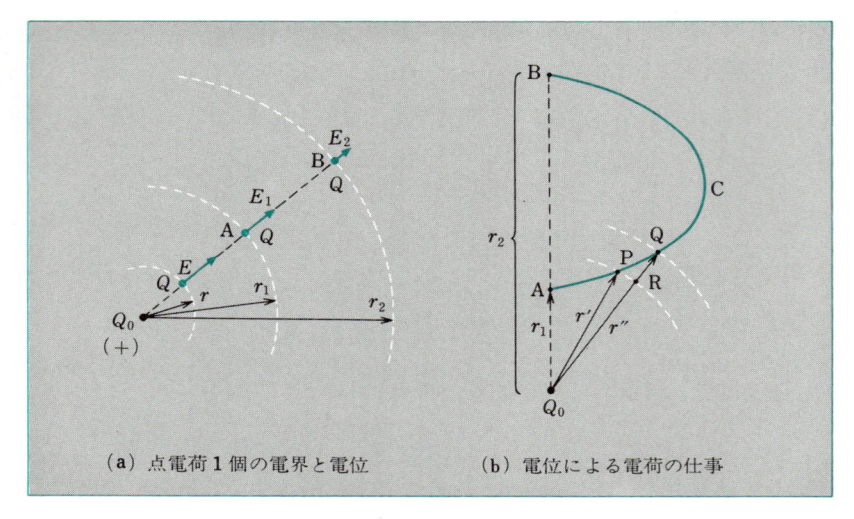

(a) 点電荷1個の電界と電位　　**(b) 電位による電荷の仕事**

図 1・12　電界と電位

〔m〕離れた点の電界の強さ E〔V/m〕は，クーロンの法則により，

$$E=\frac{Q_0}{4\pi\varepsilon_0 r^2}=9\times 10^9\times\frac{Q_0}{r^2}\,\text{〔V/m〕} \tag{1・22}$$

Q_0 点を中心とする同心球上では等しく，方向は Q_0 点より放射状に外向きである。なお，一般に，電界の強さ E〔V/m〕の点に Q〔C〕の点電荷をおいたときに働く力 F〔N〕は，電界の定義より，

$$F=QE\,\text{〔N〕} \tag{1・23}$$

次に，同図において，Q〔C〕の点電荷を図の A 点から B 点に移動させるとき，電荷のなす仕事 W〔J〕（逆に Q を B 点から A 点に移動させるに必要な仕事）は，次のようになる。

$$W=\int_{r_1}^{r_2}EQdr=\int_{r_1}^{r_2}\frac{Q_0 Q}{4\pi\varepsilon_0 r^2}dr=\frac{Q_0 Q}{4\pi\varepsilon_0}\left(\frac{1}{r_1}-\frac{1}{r_2}\right)\text{〔J〕} \tag{1・24}$$

Q の単位電荷（1 C）当たりの仕事は，W/Q〔J/C〕であり，これを 2 点 AB 間の**電位差**（V_{AB}）または**電圧**といい，単位は〔V〕である。すなわち，

$$V_{AB}=\frac{W}{Q}=\frac{Q_0}{4\pi\varepsilon_0}\left(\frac{1}{r_1}-\frac{1}{r_2}\right)\text{〔V〕} \tag{1・25}$$

B点が無限遠（$r_2 \to \infty$，電界が零）のとき，V_{AB} をA点の**電位**（V_A）という。

$$V_A = \frac{Q_0}{4\pi\varepsilon_0 r_1} \;[\mathrm{V}] \tag{1・26}$$

B点の電位は，上式で r_1 を r_2 に変えればよい。したがって，V_{AB}，V_A，V_B の関係は，次のようになる。

$$V_{AB} = V_A - V_B \tag{1・27}$$

一般に，電位および電位差は，次のように定義される。

電界中の1点Aの**電位**は，単位点電荷（+1C）を無限遠よりA点までもってくるに必要な仕事〔J〕の大きさで表され，単位は〔V〕である。また，2点A，Bの**電位差（電圧）**は V_A，V_B の差，$V_A - V_B$ である。なお，$V_A > V_B$ の場合，A点の電位はB点の電位より高い，またはB点の電位はA点の電位より低いという。$V_A = V_B$ のときA，B点は**等電位**または**同電位**という。

電位，電位差は各点がきまれば，その間に単位点電荷を運ぶ道筋には関係なく一定値をとる。例えば，図（b）で，紙面上，単位電荷をAからBに直線で移動する場合と，ACBの曲線で移動する場合，ともに仕事は式（1・24）で等しい。これは，線素PQ間の仕事は，極限において，PRQの仕事に等しく，PR間の仕事は零であるため，仕事は半径 r'，r'' のみに関係するからである。三次元ではPRの円周の代わりに球面を考えればよい。以上は，電位が重力場における位置のエネルギーと同じように，電界中における単位電荷のもつ位置のエネルギーであることを示している。

なお，等電位の点を連ねてできる面を**等電位面**という。これは地図における等高線，天気図における等圧線に相当するもので，同図では半径の等しい同心球の面が等電位面となる。なお，電位の異なる等電位面は交わらない。

次に，等電位面と同様に，電界をわかりやすくするための**電気力線**を説明しよう。電気力線は空間における向きをもった多数の線の束（たば）であり，次のようにきめられている。

正電荷から出て負電荷に終わり，その方向が電界の方向を示し，その本数は電気力線に垂直な断面（等電位面）で単位面積（1m^2）当たりの電気力線数（**電

気力線密度）が電界の強さに等しくなるよう，すなわち電界が E 〔V/m〕なら1 m²当たり E 本の割合で通るような線の集りである。

図1・12の電界では，電気力線は，図1・13(a)のように，放射状になる（負電荷は半径無限大の球面に分布している）。電気力線は正・負電荷間に張られたゴムひものように，縮もうとすると同時に，隣どうしは互に反発しあっている。なお，電気力線どうしは互に交らず，また等電位面とは直交している。

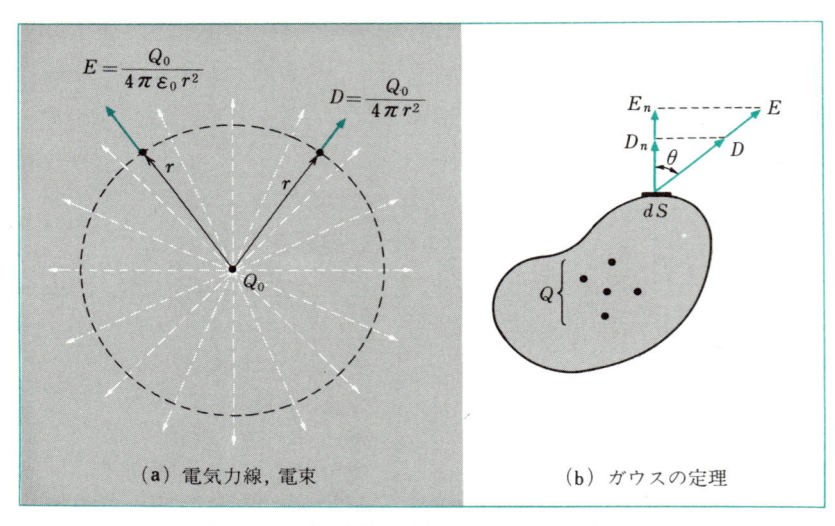

図 1・13 電気力線と電束およびガウスの定理

図1・13(a)で，電気力線の総数は，任意の半径 r の球面で考えれば，Q_0/ε_0 本になる。すなわち，単位電荷（1C）当たり $1/\varepsilon_0$ 本の電気力線が出ている。そこで，誘電率 ε_0 に無関係になるよう，単位電荷（1C）当たり1本の割合で出るような新たな線束を考え，これを**電束**と定義する。そのためには，電界中の**電気力線密度**，すなわち電界の強さ E 〔V/m〕の点で，E を ε_0 倍した新たな量をきめればよく，これを**電束密度**といい，単位は〔C/m²〕である。すなわち，電束密度を D とすれば，

$$D = \varepsilon_0 E \ \text{〔C/m²〕} \tag{1・28}$$

図1・13(a)では，

$$D=\frac{Q_0}{4\pi r^2}\ [\text{C/m}^2] \tag{1・29}$$

電束は電気力線と相似的に画かれる。電気力線密度（電界の強さ）E および電束密度 D については，次の重要な**ガウスの定理**がある。

図 1・13 (b)において，閉曲面上の面素 dS [m²] で，電界の強さ E [V/m] および電束密度 D [C/m²] の外向きの法線成分をおのおの E_n, D_n とし，閉曲面内の電荷の総和（代数和）を Q [C] とすれば，$E_n = E\cos\theta$, $D_n = D\cos\theta$ で，

$$\oint E_n dS = Q/\varepsilon_0 \ , \qquad \oint D_n dS = Q \tag{1・30}$$

図 1・13 (a)では，$E_n = E$, $D_n = D$ であるから，ガウスの定理の成立は明らかであろう。

以上は，例として点電荷 1 個（Q_0）の場合の静電界を示したが，複数個の場合には，おのおのの点電荷による静電界を重ね合せればよい。重ね合せは，電荷，電位などのスカラー量は代数和を求めればよく，方向をもつ力，電界の強さ，電束密度などのベクトル量はベクトル和を求めればよい。また，電荷が線，面，体積状に分布している場合には，微分的に分割された線素，面素，体積素の電荷を点電荷と見なして，それらによる静電界をスカラーまたはベクトル的に積分すればよい。

〔**例題**〕 図 1・14 (a)，(b)のように，非常に広い平面極板に正および負の電荷を与えた場合の電界の強さ，および図 (c)のように，2 板の平行極板に正，負の電荷を与えた場合の，電界の強さ E，電束密度 D，電位差 V を求めよ。ただし，極板の電荷密度はともに $\pm\sigma$ [C/m²] とする。

〔**解答**〕 (a) 対称性により，図のように極板に垂直な平等電界となり，電界の向きは，極板の左，右で反対となる。極板上 S [m²] の面素をとり，S を断面積とする極板に垂直な筒柱を考え，ガウスの定理を適用すれば，

$$\oint E_n dS = 2ES = \sigma S/\varepsilon_0$$

$$\therefore \quad E = \sigma/2\varepsilon_0 \ [\text{V/m}] \tag{1・31}$$

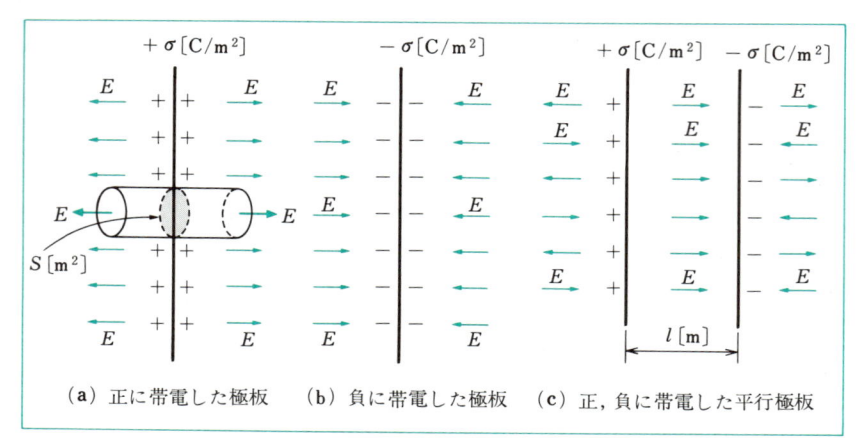

図 1·14 平面極板の電界

(b) 負電荷であるから,電界の向きは図(a)と反対となり,大きさは図(a)に等しい。

(c) 両極板の外側では,図(a),図(b)による電界は打ち消しあって零となり,内側では,向きが同方向であるから,単一極板の2倍となり,平等電界で,

$$E = \sigma/\varepsilon_0 \ [\text{V/m}] \tag{1·32}$$

電束密度 D は,

$$D = \varepsilon_0 E = \sigma \ [\text{C/m}^2] \tag{1·33}$$

電位差 V は,平等電界で,極板間距離が l [m] であるから,

$$V = lE = l\sigma/\varepsilon_0 \ [\text{V}] \tag{1·34}$$

となる。

〔3〕 キャパシタンス

図 1·15 のような平行極板(極板面積 S [m²],極板間距離 l [m])に,電圧 V [V] を加えたとき両極板に帯電する電荷 $\pm Q$ [C] は,電荷密度 σ が Q/S [C/m²] であるから,式(1·34)より,次のようになる。

1·3 キャパシタンス

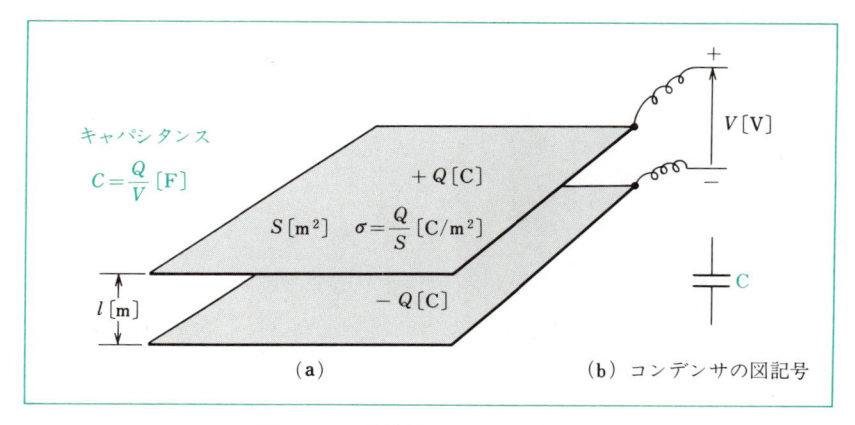

図 1·15 平行極板のキャパシタンス

$$Q = \varepsilon_0 \frac{S}{l} V \quad [\text{C}] \tag{1·35}$$

電荷 Q は電圧 V に比例し，その比すなわち単位電圧（1 V）当たりの帯電電荷の大きさ C 〔C/V〕は，

$$C = Q/V = \varepsilon_0 S/l \quad [\text{F}] \tag{1·36}$$

となる。この C，すなわち電荷 Q と電圧 V の比を**キャパシタンス**または**静電容量**といい，単位は〔C/V〕の代わりに〔F〕を用いる。C の大きいほど，同一電圧で蓄える電荷が大きく，蓄積効率がよい。一般に電荷を蓄えるものを**コンデンサ**といい，図式的に図（b）のような図記号で表す。平行極板はコンデンサの一種で，極板面積が大きいほど，板間距離が小さいほど，式（1·36）よりキャパシタンスは大となる。また，極板間が比誘電率 ε_r の誘電体で満されている場合には，式（1·36）の ε_r 倍となり，C はさらに増大する。すなわち，誘電体の誘電率を ε 〔F/m〕とすれば，$\varepsilon = \varepsilon_r \varepsilon_0$ であるから，

$$C = \varepsilon_r \varepsilon_0 S/l = \varepsilon S/l \tag{1·37}$$

（1） コンデンサの並列接続，直列接続　図 1·16（a）の並列接続では，各コンデンサの電圧 V_k は等しく V_0 であり，総電荷量 Q_0 は各コンデンサの電荷 Q_k の総和になるから，合成キャパシタンス C_0 は，次のように，各コンデンサのキ

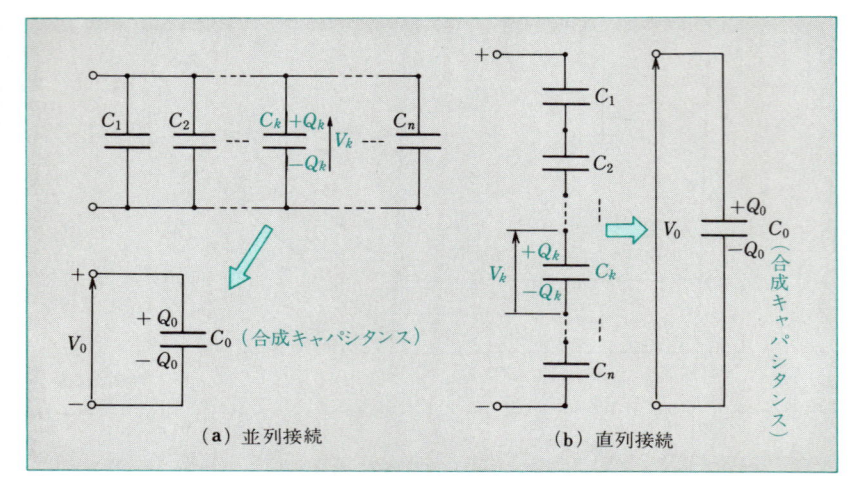

図 1·16 コンデンサの並列・直列接続

ャパシタンス C_k の総和になる。

$$Q_1 = C_1 V_1, \quad Q_2 = C_2 V_2, \quad \cdots, \quad Q_k = C_k V_k, \quad \cdots, \quad Q_n = C_n V_n$$

$$V_0 = V_1 = V_2 = \cdots = V_k = \cdots V_n$$

$$Q_0 = Q_1 + Q_2 + \cdots + Q_k + \cdots + Q_n = (C_1 + C_2 + \cdots + C_k + \cdots + C_n) V_0$$

$$\therefore \quad C_0 = Q_0/V_0 = C_1 + C_2 + \cdots + C_k + \cdots + C_n = \sum_{k=1}^{n} C_k \ [\mathrm{F}] \tag{1·38}$$

図 1·16(b) の直列接続では, 各コンデンサの電荷 Q_k は等しく Q_0 であり, 合成電圧 V_0 は各コンデンサの電圧 V_k の総和になるから, 合成キャパシタンス C_0 は, 次のように, 各キャパシタンス C_k の逆数の総和の逆数となる。

$$V_1 = Q_1/C_1, \quad V_2 = Q_2/C_2, \quad \cdots, \quad V_k = Q_k/C_k, \quad \cdots, \quad V_n = Q_n/C_n$$

$$Q_0 = Q_1 = Q_2 = \cdots = Q_k = \cdots = Q_n$$

$$V_0 = V_1 + V_2 + \cdots + V_k + \cdots + V_n$$

$$= (1/C_1 + 1/C_2 + \cdots + 1/C_k + \cdots + 1/C_n) Q_0$$

$$\therefore \quad C_0 = \frac{Q_0}{V_0} = \frac{1}{1/C_1 + 1/C_2 + \cdots + 1/C_k + \cdots 1/C_n} \ [\mathrm{F}] \tag{1·39}$$

(2) コンデンサの電流 コンデンサに電荷の出入があれば, 電荷の移動

が電流であるから，電流が流れる。いま，図1·17(a)のように，キャパシタン

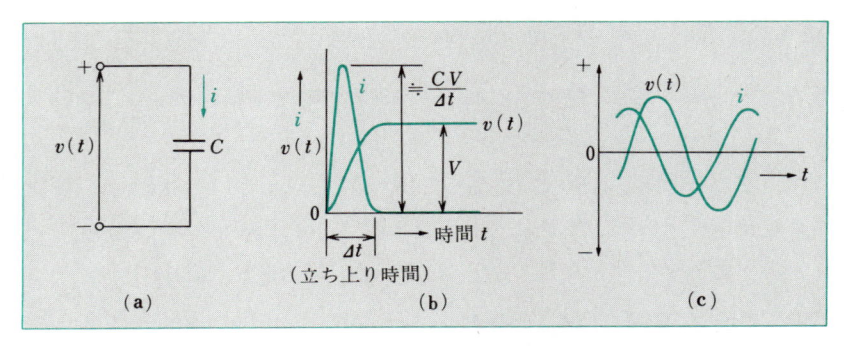

図 1·17　コンデンサの電流

ス C〔F〕に時間的に変化する電圧 $v(t)$〔V〕が加わる場合，その電荷 $q(t)$〔C〕は，$Cv(t)$ であるから，流れる電流 i〔A〕は，次式になる。

$$i = \frac{dq(t)}{dt} = C\frac{dv(t)}{dt} \text{〔A〕} \tag{1·40}$$

初め電荷のないコンデンサに一定電圧 V を加える場合，図(b)のように，電圧の立ち上りが急であるから，瞬間，過大な電流が流れる。これを防ぐには，抵抗を直列にして最大電流を制限すればよい（式(2·106)参照）。

(3) コンデンサのエネルギー　図1·17(a)で，時間 T の間に，コンデンサの電圧を零（電荷＝0）から V まで上げた場合，その**蓄積エネルギー（静電エネルギー）** W は，瞬時電圧が v であるから，次のようになる。

$$W = \int_0^T vC\frac{dv}{dt}dt = C\int_0^V vdv = \frac{CV^2}{2} \text{〔J〕} \tag{1·41}$$

電圧 V での電荷を Q とすれば，W は次のようにもかける。

$$W = \frac{VQ}{2} = \frac{Q^2}{2C} \text{〔J〕} \tag{1·42}$$

また，図1·15(a)の平行極板の場合，極板の電界の強さを E，電束密度を D とすれば，式(1·41)に式(1·34)，式(1·36)等を代入して，

$$W = \frac{1}{2}\varepsilon_0 E^2 Sl = \frac{1}{2}DESl \text{〔J〕} \tag{1·43}$$

Sl は極板間の体積であるから,単位体積当たりのエネルギーを w とすれば,

$$w = \frac{1}{2}\varepsilon_0 E^2 = \frac{DE}{2} = \frac{D^2}{2\varepsilon_0} \ [\text{J/m}^3] \tag{1・44}$$

となる。上式は,一般に静電エネルギーが電界の形で蓄積されていることを示している。

なお,この平行極板の極板間に働く力は,電界分布が図 1・14(c)で,正極板の電荷が負極板上に作る電界が $E = \sigma/2\varepsilon_0$ であり,負極板の電荷が $-Q$ であるから,吸引力となり,その大きさ F は積をとり($\sigma = Q/S$, $Q = CV$)

$$F = \frac{\sigma}{2\varepsilon_0}Q = \frac{Q^2}{2\varepsilon_0 S} = \frac{\varepsilon_0 S}{2l^2}V^2 \ [\text{N}] \tag{1・45}$$

また,上式は,$Q = SD$, $\sigma = D = \varepsilon_0 E$ から,

$$F = \frac{D^2 S}{2\varepsilon_0} = \frac{DE}{2}S = wS \tag{1・46}$$

となり,極板単位面積当たりの力は,単位体積当たりの静電エネルギー w の値に等しい。これは,電気力線をゴムひもと考えたとき,その縮もうとする張力が単位面積当たり $w \ [\text{N/m}^2]$ であることを示している。

〔4〕 誘電体

図 1・15(a)の平行極板は,極板間を誘電体で満たすと,キャパシタンスは式 (1・37)のように増大する。以下このことについて説明しよう。

図 1・14(c)より,電荷,電界分布は,図 1・18(a)のようになる。誘電体は静電誘導により,その左右の端面に分極電荷を生じる。これは,誘電体の原子が外部電界により,図(b)の中和の状態から図(c)のように,正負電荷がずれるためで,その総合結果として,図(a)のようになる。この効果は,両極板のわずか内側に新たな電荷密度 $\pm\sigma_p$ で分布した仮想極板が生じたことになり,誘電体中の電界 E は,分極電荷による電界は反対方向であるから,

$$E = (\sigma/\varepsilon_0) - (\sigma_p/\varepsilon_0)$$

上式より,

$$\sigma = \varepsilon_0 E + \sigma_p \tag{1・47}$$

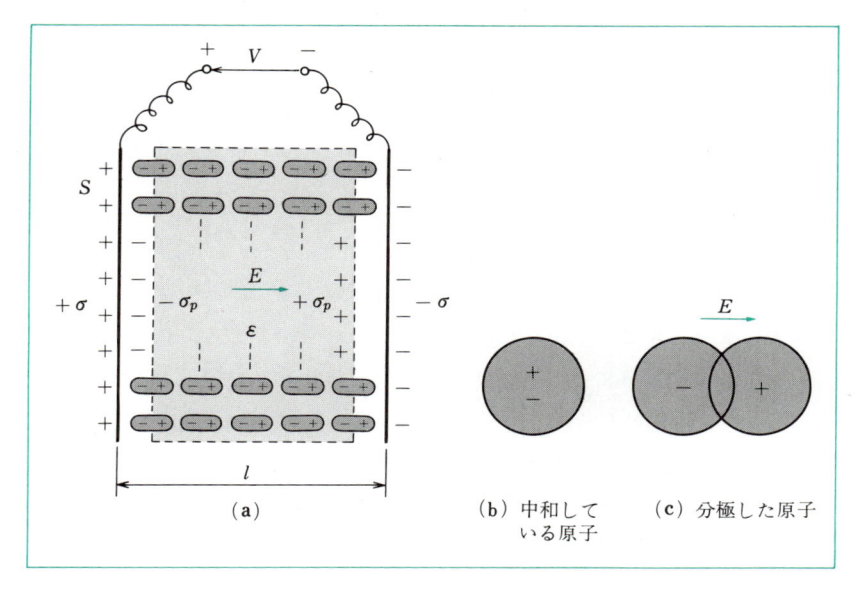

図 1·18　誘電体のある平行極板

(a)
(b) 中和している原子
(c) 分極した原子

　電界 E が一定，したがって電圧 V が一定ならば，極板の単位面積当たりの電荷 σ は，ε_0（真空）の場合より σ_p だけ増加し，キャパシタンスは増大することとなる。σ_p は電界 E に比例し，σ_p/E を誘電体の**分極率**(χ)といい，誘電体の誘電率 $\varepsilon(=D/E)$ との関係は（$\sigma=D$ より），次のようになる。

$$\varepsilon = \varepsilon_0 + \chi \tag{1·48}$$

上式を用いて，電荷は $(\varepsilon_0 E + \sigma_p)/\varepsilon_0 E = \varepsilon/\varepsilon_0$ 倍，したがってキャパシタンスは $\varepsilon/\varepsilon_0 = \varepsilon_r$ 倍に増加する。

　なお，一般的に真空中の式は，ε_0 を ε に変えることにより誘電体の場合の式になる。

1・4 インダクタンス

[1] 静磁気

　ガラス板上に鉄粉を散き，板の下に棒磁石を密着させると，図1・19(a)のように，鉄粉は整列する。これはいわゆる磁気現象であり，鉄粉が棒磁石の**磁気誘導作用**により磁化されて小磁石となり整列したものである。この図形は，磁石の両端付近に静電気における正負の電荷を置いたときの電気力線および電束と相似であり，磁気でもそれらを静電気に対応して，**磁力線**および**磁束**という。磁力線の密集した両端付近を**磁極**といい，磁極には電荷に対応して**磁荷**というものを考える。磁荷は**磁気量**または**磁極の強さ**ともいう。磁極したがって磁荷の正負は棒磁石を糸で吊し，北極を向いたほうが＋極(N極)，南を向いたほうが－極(S極)である。磁気現象は静電気現象にかなり類似しているが，正または負の単独の磁荷は存在せず，静電気の分極電荷のように，分極の磁気しか存在しない。以下，静電気を念頭におきながら磁気について説明する。

同種磁荷の場合

磁気力に関するクーロンの法則

$$F = \frac{m_1 \, m_2}{4\pi\mu \, r^2}$$

(a) 棒磁石による磁界　　(b) 磁気力に関するクーロンの法則

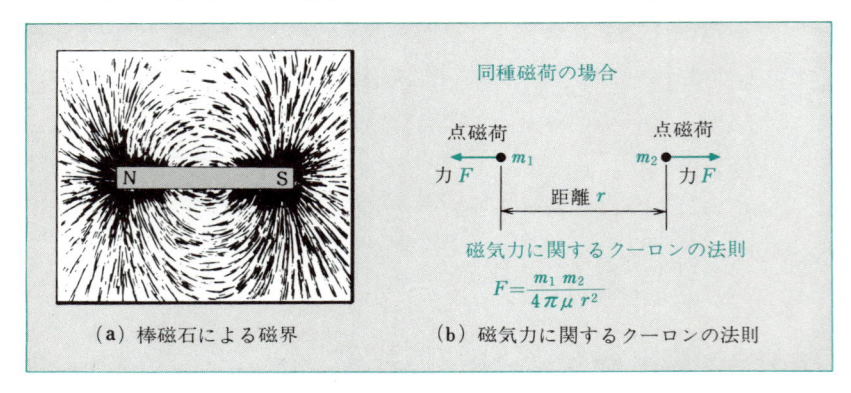

図 1・19　磁界とクーロンの法則

　(1) クーロンの法則　　異種の磁荷は互いに吸引し，同種の磁荷は互いに反発する。いま，一様な媒質(磁性体)中で r [m] 離れた点磁荷を m_1, m_2 [Wb]

とすれば，両磁荷間の力 F [N]は，両磁荷を結ぶ直線上にあって次式で示され，これを**磁気力に関するクーロンの法則**という（図 1・19(b)）。

$$F=\frac{m_1 m_2}{4\pi\mu r^2} \text{ [N]} \tag{1・49}$$

μ は磁性体の**透磁率**といい，単位は[H/m]である。真空の場合には μ_0 で表し，**真空の透磁率**といい，次の値である。

$$\mu_0=4\pi\times10^{-7}=1.257\times10^{-6} \text{ [H/m]} \tag{1・50}$$

したがって，真空中ではクーロンの法則は，次のようになる。

$$F=6.33\times10^4\times\frac{m_1 m_2}{r^2} \text{ [N]} \tag{1・51}$$

磁性体の透磁率 μ と μ_0 との比を，その磁性体の**比透磁率** μ_r といい，無次元でおおよそ1以上の値である。すなわち，

$$\mu_r=\mu/\mu_0 \quad , \quad \mu=\mu_r\mu_0 \text{ [H/m]} \tag{1・52}$$

なお，空気中では，その比透磁率がほぼ1なので，実用上真空と見なしてよい。

(2) **磁界** 磁気の作用する空間を**磁界（磁場）**という。量的に表すには，空間の各点に単位点磁荷（+1 Wb）を置いたときに働く力[N]の大きさで表し，これを**磁界の強さ**という。方向は力の方向であり，単位は[A/m]である。

また，磁界の強さ H [A/m]の点に m [Wb]の点磁荷をおいたときに働く力 F [N]は，$F=mH$ である。

(3) **磁位，磁位差** 磁界中の1点 A の**磁位**は，単位点磁荷（1 Wb）を無限遠より A 点までもってくるに必要な仕事[J]の大きさで表し，単位は[A]である。

また，2点 A，B の磁位 V_A，V_B の差 $V_{AB}=V_A-V_B$ を**磁位差**という。なお，等磁位の点を連ねてできる面を**等磁位面**という。

(4) **磁力線** 正磁荷から出て負磁荷に終わり，その方向が磁界の方向を示し，磁力線に垂直な断面で磁力線の面積密度（1 m² 当たりの本数）が磁界の強さに等しくなるような線の集りである。

(5) **磁束** 磁荷 1 Wb から 1 本の割合で出て終わる線の集り（磁力線を

μ倍したもの)。ただし,磁化により分極した媒質内部では,負磁荷から出て正磁荷に終わる(電束の場合も同様である)。例えば,棒磁石の外部では,磁束は正磁極から負磁極に向かうが,内部では反対で,負磁極から正磁極に向かう。そして,内外部を通して輪のように環流する。

図1·20のような平等磁界中でも,磁性体の内外部の磁束およびその面積密度(**磁束密度**)は連続である。図において,磁石端面の磁荷をm_0,磁性体端面の分極磁荷をm〔Wb〕,断面積をS〔m²〕とすれば,各々の磁荷密度σ_0,σはm_0/S,m/Sで,空隙および磁性体の磁界の強さH_0,Hは,平等電界の計算からわかるように,$H_0=\sigma_0/\mu_0$,$H=\sigma_0/\mu_0-\sigma/\mu_0$となる。これより$\sigma_0=\mu_0 H+\sigma$となり,$\sigma_0$は磁石のN極から出る磁束密度であるから,図中右向きであり(Hも右向き),分極磁荷による磁束密度σも同じ向きをとるため,磁束は連続となる。これは,分極磁荷については磁束が磁性体中負の磁荷から正の磁荷に向かうことである。通常,σを磁性体の**磁化の強さ**といい,Jで表す。また,σ_0を磁束密度

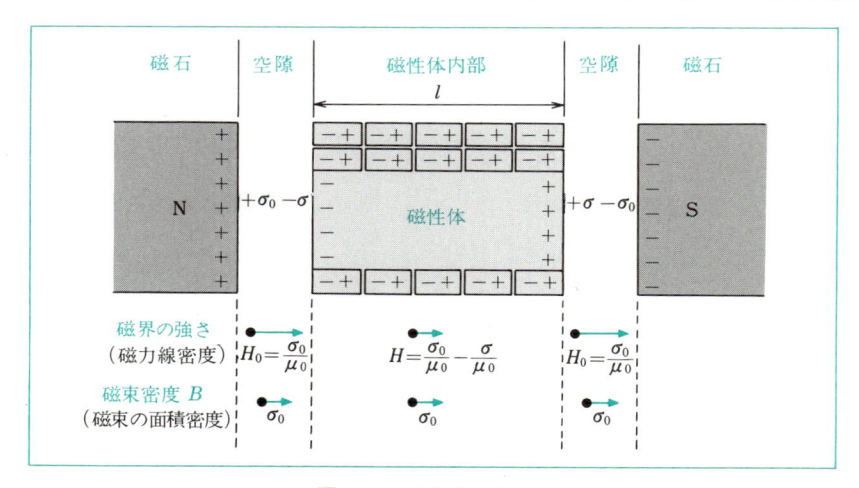

図1·20 磁性体の磁界

といい,Bで表す。ともに単位は〔T〕または〔Wb/m²〕である。したがって,

$$B=\mu_0 H+J \text{〔T〕} \tag{1·53}$$

なお,J/Hを**磁化率**(χ)といい,$\mu_0+\chi$は透磁率μであり,

$$B = \mu H \text{ [T]} \tag{1・54}$$

（6） 磁気モーメント　　図 1・20 で，磁化された磁性体の分極磁荷 $S\sigma$ と，その長さ l の積を**磁気モーメント** $M(=S\sigma \times l)$ という。磁性体は微小な磁気モーメントをもった微小磁石からなり，磁化されるとその方向に整列し，全体として M なる磁気モーメントをもつものと考えられ，磁性体の体積を $V(=Sl)$ とすれば，単位体積当たりの磁気モーメント M/V が磁化の強さ J になる。

（7） 強磁性体　　鉄のように透磁率の高いもの（比透磁率 1 000 程度以上）を**強磁性体**という。種々の強磁性体を磁化すると，図 1・21 のように，2 種類の曲線となり，これらは **B-H 曲線**，**磁化曲線**または**磁気飽和曲線**などという。原点の状態から磁界の強さ H を増すと，磁束密度 B はほぼ直線的に増加し，a 点あたりから飽和に入り b 点に達するが，b 点から H を 0 にもどすと，殆んど昇りと同じ曲線でもどるものと，かなり**残留磁気** B_r を残すものとがある。前者はインダクタンス素子や変圧器などの材料として，後者は（永久）磁石材料として用いられる。なお，正負 H 間を 1 サイクルとしてできる曲線を**ヒステリシ**

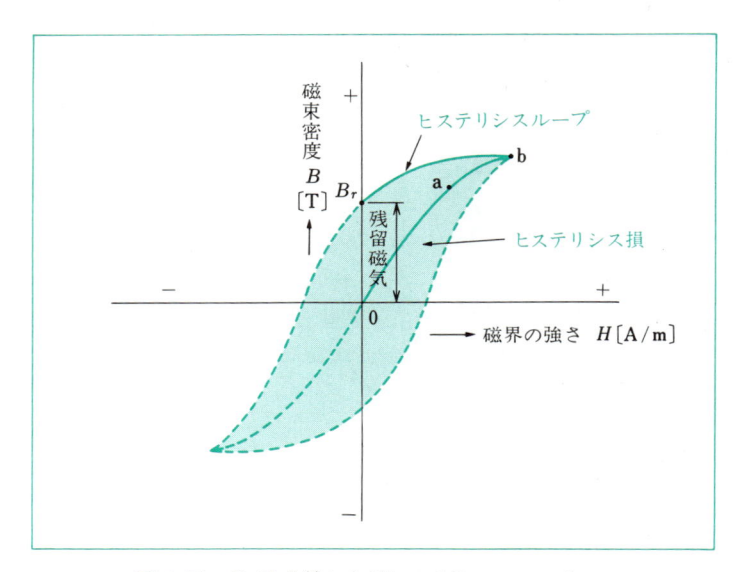

図 1・21　B-H 曲線およびヒステリシスループ

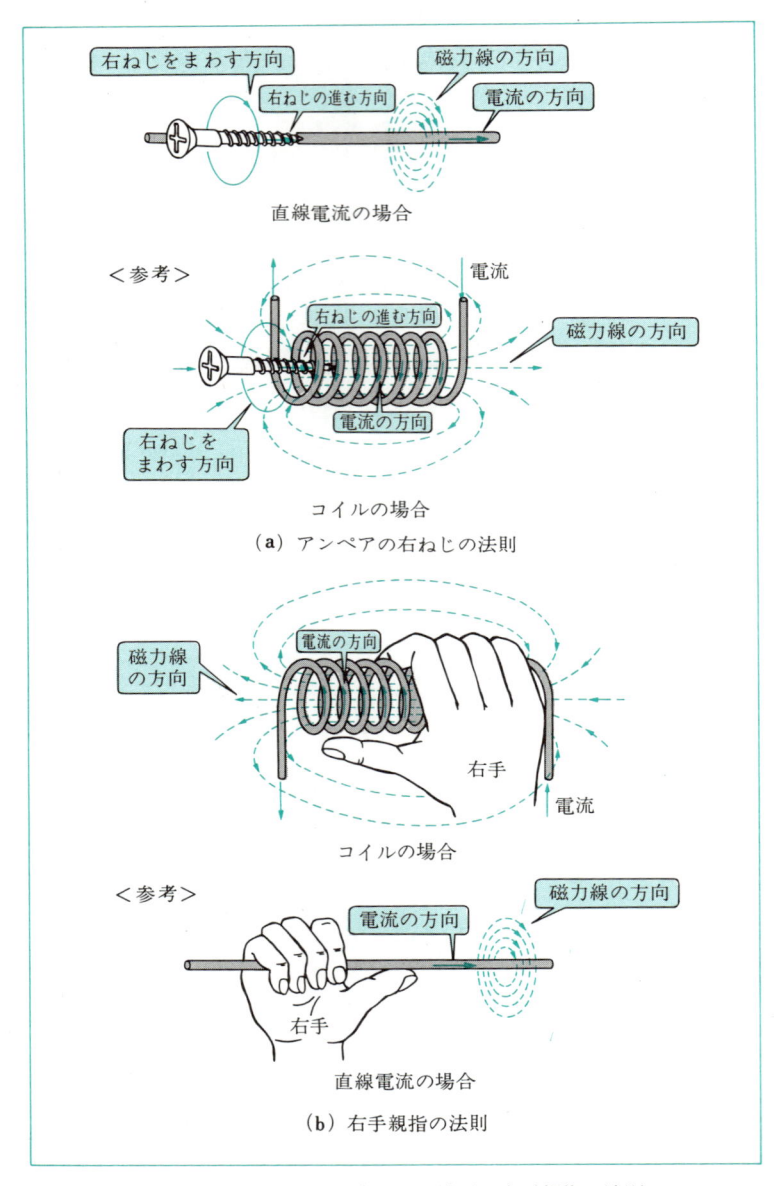

図 1·22　アンペアの右ねじの法則と右手親指の法則

スループという。ループ内面積は，H を1サイクルして生ずる単位体積当たりの損失となり，**ヒステリシス損**といわれる。

〔2〕 **電流による磁界**

電流が流れると，その周囲に磁界が生じる。この現象は，1820年にエルステッド（H. C. Oersted）によって発見された。この現象については，以下に示す法則がある。

（1） **アンペアの右ねじの法則**　直線電流による磁界の方向は，図1・22（a）のように，右ねじの進む方向に電流を流すとき，磁力線の向きは右ねじをまわす向きになる。

（2） **右手親指の法則**　電流コイルの場合には，図1・22（b）のように，コイルを右手で握り，親指以外の4指の向きがコイル電流の向きになるとき，磁力線の向きは親指の方向となる（上記右ねじの法則の応用）。

（3） **ビオ・サバールの法則**　図1・23（a）のように，電流 I〔A〕の流れている電流導体の線素 dl〔m〕による r〔m〕離れた点の磁界の強さ dH〔A/m〕は，dl と r を含む平面に垂直で（向きは右ねじの法則），dl と r のなす角を θ

ビオ・サバールの法則
$$dH = \frac{I \times dl \sin\theta}{4\pi r^2} \text{ [A/m]}$$

$$H = \frac{I}{2R} \text{ [A/m]}$$

（a）ビオ・サバールの法則　　（b）円形電流による磁界

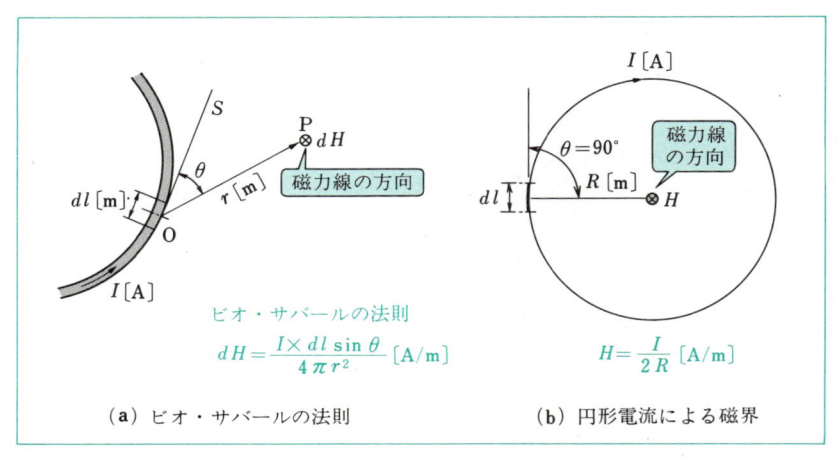

図 1・23　ビオ・サバールの法則とその応用例

とすれば，次式で表される。これを**ビオ・サバールの法則**という。

$$dH = \frac{I \sin \theta \, dl}{4\pi r^2} \, [\text{A/m}] \tag{1・55}$$

例えば，図(b)のような円形電流による中心の磁界の強さ H は，円周を含む平面に垂直で，次式になる。

$$H = \int_0^{2\pi R} \frac{I \sin 90°}{4\pi R^2} dl = \frac{I}{2R} \, [\text{A/m}] \tag{1・56}$$

（4）アンペア周回積分の法則　図1・24(a)のように，複数個の電流導体（代数和を ΣI ）を囲む1つの閉曲線上で，線素 dl の磁界が H で，H の dl 方向の成分を $H_l (= H\cos\theta)$ とするとき，次の関係がなりたつ。これを**アンペア周回積分の法則**という。なお，電流と H_l の向きは，右ねじの法則の関係を正と

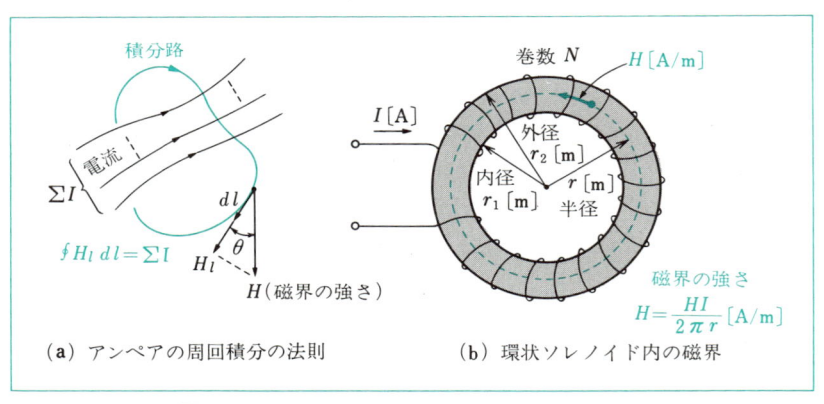

図 1・24　アンペアの周回積分の法則とその応用例

(a) アンペアの周回積分の法則　　(b) 環状ソレノイド内の磁界

する。

$$\oint H_l dl = \Sigma I \tag{1・57}$$

図(b)の環状ソレノイド内の磁界 H を求めると，半径 r の円周上で均一かつ $\theta = 0$ より，次のようになる。

$$2\pi r \times H = NI \quad \therefore \quad H = \frac{NI}{2\pi r} \, [\text{A/m}] \tag{1・58}$$

なお，ソレノイドの外部（$r > r_2$, $r < r_1$）は $\Sigma I = 0$ である。ゆえに，$H = 0$ と

なる。近似的には，$r_2-r_1\ll r$ のとき，断面内は平等な H とし，また単位長（1 m）当たりの巻数を n とすれば，$N=2\pi rn$ より，H は次式のように簡単になる。

$$H = nI \,[\mathrm{A/m}] \tag{1・59}$$

さらに，ソレノイド内に透磁率 $\mu\,[\mathrm{H/m}]$ の環状鉄心を用い，その断面積を $S\,[\mathrm{m}^2]$ とすれば，ソレノイド内の磁束 $\varPhi\,[\mathrm{Wb}]$ は，次式になる。

$$\varPhi = n\mu SI = \frac{\mu SNI}{2\pi r}\,[\mathrm{Wb}]$$

$$= \frac{NI}{\dfrac{2\pi r}{\mu S}} = \frac{\mathscr{F}}{\mathscr{R}} \tag{1・60}$$

なお，式（1・60）で，$\mathscr{F}$ を起磁力，$\mathscr{R}$ を磁気抵抗という（式（2・28）参照）。

（5）フレミングの左手の法則　磁界の中に導体がおかれ，この導体に電流を流すと導体に力を生ずる。この力を**電磁力**といい，第5章で学ぶ電動機の電機子各導体に生ずる力を求める場合に有効である。

図1・25（a）のように，磁束密度 $B\,[\mathrm{T}]$ の平等磁界中に，磁界と直角に有効長

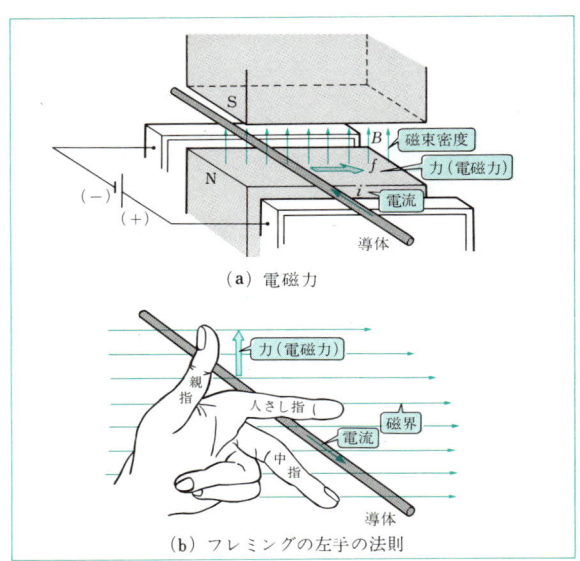

図 **1・25**　磁界中の電流に働く力（電磁力）とフレミングの左手の法則

（a）電磁力

（b）フレミングの左手の法則

さ（磁界中の長さ）が l〔m〕の導体をおき，これに電流 i〔A〕を流すときに，導体に生ずる力の大きさを f とすると，

$$f = Bli \text{〔N〕} \tag{1・61}$$

で表される。

この力の向きについては**フレミングの左手の法則**がある。これは，図（b）に示すように，左手の三指（人さし指，中指および親指）をそれぞれが直角になるように構え，人さし指を磁界の向きに，中指を電流の向きにそれぞれ一致させると，親指の向きが力 f の向きになるという法則である。

〔3〕 電磁誘導

図 1・26（a）において，コイル内の磁束を変化するとき，コイルには起電力が発生する。この現象を**電磁誘導**といい，発生する起電力を**誘導起電力**，それによって流れる電流を**誘導電流**という。この電磁誘導作用は，1831年に，ファラデーによって発見され，1845年にノイマンによって定式化された。

（1） レンツの法則 　誘導起電力の向きは，その誘導電流で生ずる磁束が，もとの磁束の増減を妨げるような向きである。

（a）電磁誘導に関するファラデーの法則

（b）磁束切断による誘導起電力とフレミングの右手の法則

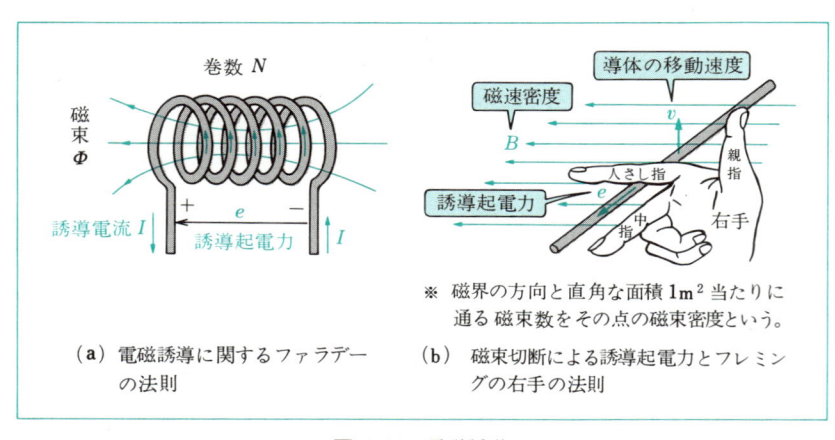

※ 磁界の方向と直角な面積 1m^2 当たりに通る磁束数をその点の磁束密度という。

図 1・26 電磁誘導

図（a）では，磁束と誘導電流の向きが，右手親指の法則になっているので，

誘導起電力は磁束が増加中ならば，誘導電流と反対の方向，磁束が減少中ならば誘導電流と同方向になる。

（2） 電磁誘導に関するファラデー・ノイマンの法則　図(a)で，誘導起電力を e [V]，磁束を Φ [Wb]，コイルの巻数を N，時間を t [s]とし，e，Φ の正の向きを図の向きとすれば，次式が成り立つ。なお，$N\Phi$ を**磁束鎖交数**という。

$$e = -N\frac{d\Phi}{dt} = -\frac{d(N\Phi)}{dt} \text{ [V]} \tag{1・62}$$

また，図(b)のように，導体が磁束を切ることによっても誘導起電力が発生する。図(b)で，平等磁界の磁束密度を B [T]，それを直角に切る導体の有効長（磁界中の長さ）を l [m]，その速さを v [m/s]とすれば，発生する誘導起電力 e [V]は，次式になる。

$$e = Blv \text{ [V]} \tag{1・63}$$

これは，導体が1秒間に切る磁束数に等しく，上記，電磁誘導の法則の変形である。B，v，e の向きについては，図(b)の右手3指が示す関係になり，これを**フレミングの右手の法則**という。

〔4〕 インダクタンス

コイルに電流を流し，その電流が変化するとき，コイルは誘導起電力が発生する。コイル1個の場合を自己誘導起電力，コイルが2個以上の場合には相互に誘導起電力が生じる。これを**相互誘導**という。誘導起電力を発生させる磁束と，その磁束を作る電流との間は，次の**インダクタンス**で関係づけられる。

（1） 自己インダクタンス　図1・26(a)で，誘導起電力 e の向きに外部から電流 i [A]を流せば，それに比例して図の向きに磁束 Φ [Wb]が生ずる（$\Phi \propto i$）。したがって，誘導起電力 e [V]は，式(1・62)より，

$$e \propto -\frac{di}{dt}$$

この比例定数を L とおき，これを**自己インダクタンス**という。単位は[H]で

ある。

$$e = -L\frac{di}{dt} \ [\text{H}] \tag{1・64}$$

L の値は，式(1・62)より磁束鎖交数を $\widehat{\varPhi}$ とすれば，$\widehat{\varPhi}=Li$ となるから，コイルの単位電流(1 A)当たりの磁束鎖交数となる．すなわち，

$$L = \widehat{\varPhi}/i \tag{1・65}$$

例えば，図1・24(b)の鉄心入環状ソレノイドの場合，式(1・60)より，

$$\widehat{\varPhi} = N\varPhi = \frac{\mu S N^2 i}{2\pi r} \quad \therefore \quad L = \frac{\widehat{\varPhi}}{i} = \frac{\mu S N^2}{2\pi r} \ [\text{H}] \tag{1・66}$$

なお，コイルを抵抗やコンデンサのように**負荷素子**として扱うため，誘導起電力 e の向きを，図1・27(a)のように反対にとれば，

$$e = L\frac{di}{dt} \ [\text{V}] \tag{1・67}$$

以後は，このような e と i，$\varPhi$ の向きを用いることとする．

(a) 素子としてのインダクタンス

(b) 自己インダクタンスの電磁エネルギー

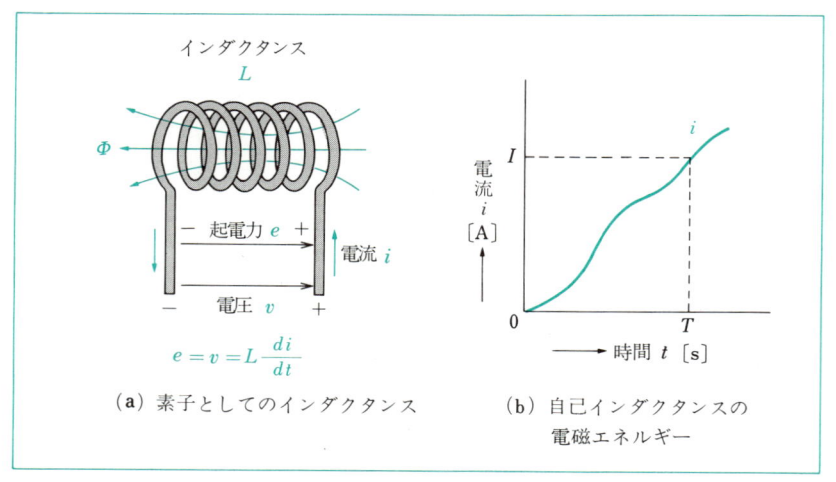

図 1・27 自己インダクタンスとその電磁エネルギー

自己インダクタンスはエネルギーの損失はなく，エネルギーを磁界の形で蓄えることが出きる．これを**電磁エネルギー**という．いま，インダクタンス L [H]

に電流 I〔A〕を流したときの電磁エネルギー W_m〔J〕は，図 1・27（b）のように，時間 $t=0$ から T〔s〕で，電流 i が 0 から I〔A〕に達したとすれば，次のようにして求まる。

$$W_m = \int_0^T vi\,dt = \int_0^T L\frac{di}{dt}i\,dt = L\int_0^I i\,di = \frac{1}{2}LI^2 \text{〔J〕} \tag{1・68}$$

例えば，図 1・24（b）の鉄心入環状ソレノイドの場合，式（1・66）を上式に代入して得られ，また鉄心内の磁束密度 B および磁界の強さ H で表すと，

$$W_m = \frac{\mu S N^2}{4\pi r}I^2 = \pi r S B H \text{〔J〕} \tag{1・69}$$

単位体積当たりの電磁エネルギーを w_m とすれば，体積が $2\pi r S$〔m³〕であるから，次のようになる。

$$w_m = (1/2)BH \text{〔J/m³〕} \tag{1・70}$$

これは一般的に成り立つ式である。なお，上記の W_m，w_m は静電エネルギー（式 1・43）および単位体積当たりの静電エネルギー（式 1・44）に対応するものである。

（2）相互インダクタンス　図 1・28（a）のように，2 つのコイル ＃1（巻数 N_1），＃2（巻数 N_2）があり，おのおのに電流 i_1，i_2 を流せば，それによる磁束

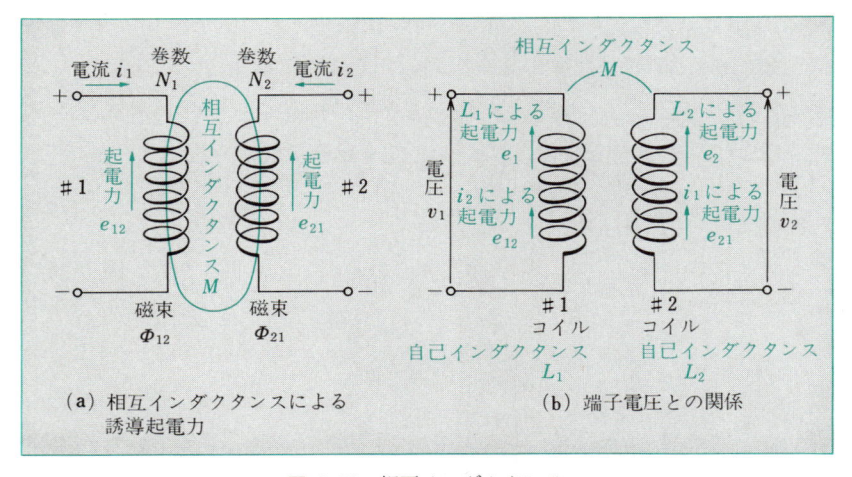

図 1・28　相互インダクタンス

の一部分は互に他のコイルに鎖交する。いま，#1コイルの電流 i_1 による#2コイルにおける鎖交磁束を Φ_{21} とすれば，#2コイルに発生する誘導起電力 e_{21} は，

$$e_{21} = N_2 \frac{d\Phi_{21}}{dt} \text{ [V]}$$

$\Phi_{21} \propto i_1$ とすれば，

$$e_{21} = M \frac{di_1}{dt}$$

と書ける。M を**相互インダクタンス**といい，単位は〔H〕である。また，上式から，

$$M = \frac{N_2 \Phi_{21}}{i_1} = \frac{\text{〔}i_1 \text{による#2コイルにおける磁束鎖交数〕}}{i_1}$$

上記の関係は，#2のコイルに電流 i_2 を流したとき，#1のコイルに発生する誘導起電力 e_{12} についても同様で，かつ，M は等しくなるので，

$$e_{12} = M \frac{di_2}{dt} \quad , \quad M = \frac{N_1 \Phi_{12}}{i_2} \tag{1・71}$$

すなわち，相互インダクタンス M は，一方のコイルに単位電流（1 A）を流したときの，他方のコイルにおける磁束鎖交数〔Wb〕に等しい。

なお，M には正，負があり，両コイルに正の向きの電流を流したとき，相互の鎖交磁束が相加われば M は正，打消しあえば負になる。

各コイルの自己インダクタンス L_1，L_2 とその相互インダクタンス M との間には $M^2 \leq L_1 L_2$ の関係があり，次の k の値を**結合係数**という。

$$k = \frac{|M|}{\sqrt{L_1 L_2}} \quad (0 \leq k \leq 1) \tag{1・72}$$

各コイルの端子電圧とその関係は，おのおのを v_1，v_2 とすれば，図1・28(b)より，

$$\left. \begin{aligned} v_1 &= L_1 \frac{di_1}{dt} + M \frac{di_2}{dt} \\ v_2 &= M \frac{di_1}{dt} + L_2 \frac{di_2}{dt} \end{aligned} \right\} \tag{1・73}$$

このときの，両コイルの総電磁エネルギー W_m は，次式で表される。

$$W_m = \frac{1}{2}L_1 i_1^2 + M i_1 i_2 + \frac{1}{2} L_2 i_2^2 \tag{1·74}$$

演 習 問 題 〔1〕

〔問題〕 1. 図 1·6(a)で，(a) $V=10$ 〔V〕，$R=100$ 〔kΩ〕，(b) $I=5$ 〔kA〕，$R=0.04$ 〔Ω〕，(c) $V=2$ 〔V〕，$I=16$ 〔μA〕なるとき，それぞれ I，V および R を求めよ。　　　　　答 ((a) 0.1 mA, (b) 200 V, (c) 125 kΩ)

〔問題〕 2. 図 1·29 は，抵抗の組合せ個数で，2〜4 個の場合の接続である。各抵抗が等しく 1 Ω のとき，各接続の合成抵抗 (a〜p) を求めよ。

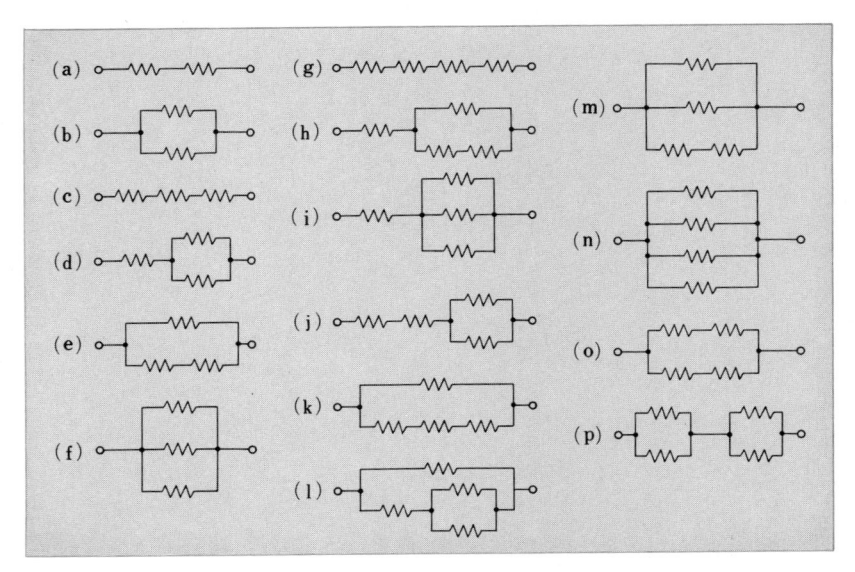

図 1·29

答 $\begin{pmatrix} \text{(a)} & 2, & \text{(b)} & 0.5, & \text{(c)} & 3, & \text{(d)} & 1.5, & \text{(e)} & 2/3, & \text{(f)} & 1/3, \\ \text{(g)} & 4, & \text{(h)} & 5/3, & \text{(i)} & 4/3 & \text{(j)} & 2.5 & \text{(k)} & 3/4, & \text{(l)} & 0.6, \\ \text{(m)} & 0.4, & \text{(n)} & 1/4, & \text{(o)} & 1, & \text{(p)} & 1 & \text{(単位は Ω)} & \end{pmatrix}$

〔問題〕 **3.** 100 V,10 A の電熱器を 7 分間使用したとき,発生する熱量は何〔kJ〕か。また何〔kcal〕か。　　　　　　　　　　　　　答 (420 kJ, 100 kcal)

〔問題〕 **4.** 図 1・1 において,極板の帯電量 Q〔C〕,極板間の吸引力 F〔N〕およびコンデンサとしてのキャパシタンス C〔F〕を求めよ。
答 ($Q=1.326\times10^{-8}$〔C〕, $F=10\times10^{-6}$〔N〕, $C=88.5\times10^{-12}$〔F〕)

〔問題〕 **5.** 間隔 r〔m〕にある無限長の平行導体 A,B がある。導体 A に I_1〔A〕を流したとき,導体 B における磁界の強さ H〔A/m〕を求めよ。さらに,導体 B に電流 I_2〔A〕を流したとき,導体 B の単位長当たり (1 m) に働く電磁力 F〔N〕を求めよ(この力を電流力という)。

答 $\left(H=\dfrac{I}{2\pi r}\text{〔A/m〕},\ F=\dfrac{2I_1I_2}{r}\times10^{-7}\text{〔N〕}\right)$

第2章　電気回路

　この章では，直流回路，交流回路および過渡応答について学ぶ。まず，直流回路では，基本的な事項および各種法則・定理を理解し，簡単な回路計算ができるようにする。

　次に，交流には単相と三相があり，直流に比べて多くの特徴をもっており，かつ，電力としての利用が高く，その利用範囲が非常に広い。そこで，まず，正弦波交流を中心に，その表し方や基本的な事項について具体的に解説し，交流回路の3要素であるR, L, Cの性質を理解し，それらを含む回路の計算に力点をおいて解説する。

　最後に，一般に扱う回路は定常状態であるが，事象が時間的に変化している状態を考え，その時間的な変化量を定量的に扱う，いわゆる過渡応答について学ぶことにする。

2・1　直流回路

〔1〕　法則と定理

(1)　回路網　　一般に多数の電源と**回路素子**（ここでは抵抗）が，図2・1(a)のように，導線により網目のように接続された回路を**回路網**という。また，回路網をそのつなぎ方のみに着目した図(b)のような図形を**グラフ**（線図）という。そして，導線が3本以上集まった点を**節点**または**接続点**といい，節点間をつなぐ通路を**枝**または**枝路**という。図2・1(b)の破線に示したような枝を通じて一周する路を**閉路，ループ，網目**（メッシュ）などという。

　回路網の中に電源を含む場合を**能動回路網**といい，含まない場合を**受動回路**

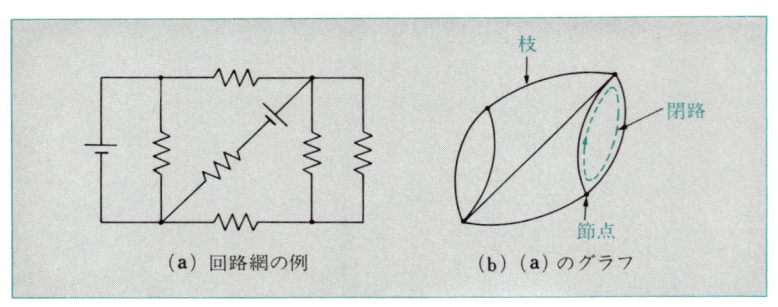

図 2・1　回路網とグラフ

網という。また，回路網を構成する素子のうち，エネルギーを供給するものを**能動素子**，そうでないものを**受動素子**という。

受動素子の電圧-電流特性が，図 2・2(a)のように，直線で表されている場合，その素子を**線形素子**といい，図(b)のように直線以外の形となる素子を**非線形素子**という。

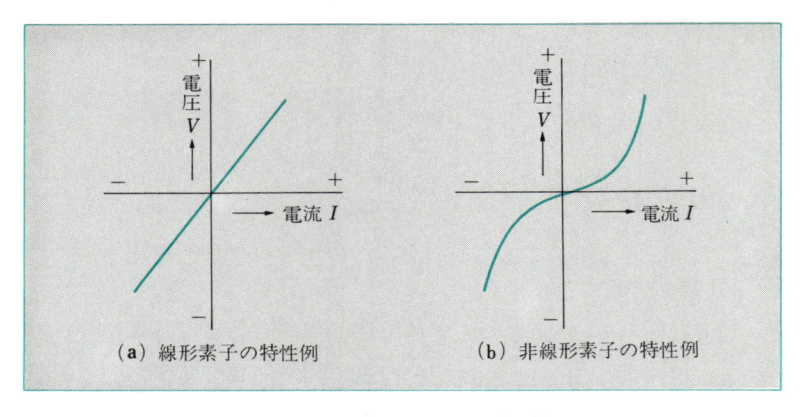

図 2・2　素子の線形性，非線形性

線形素子のみからなる回路網を**線形回路網**または**線形回路**といい，非線形素子を含む回路網を**非線形回路網**または**非線形回路**という。通常，特に断わりがなければ線形回路と考えてよい。

（2）　**キルヒホッフの法則**　　この法則は，電気回路において最も重要な法

則である。回路網の線形,非線形にかかわらず,また電圧,電流が時間的に変化する場合でも,各瞬時に常に成り立つ法則であり,第1法則と第2法則がある。

(a) **キルヒホッフの第1法則** 図2・3(a)のような回路網の中の任意の節

$I_1 - I_2 + I_3 + I_4 - I_5 = 0$
または
$I_1 + I_3 + I_4 = I_2 + I_5$

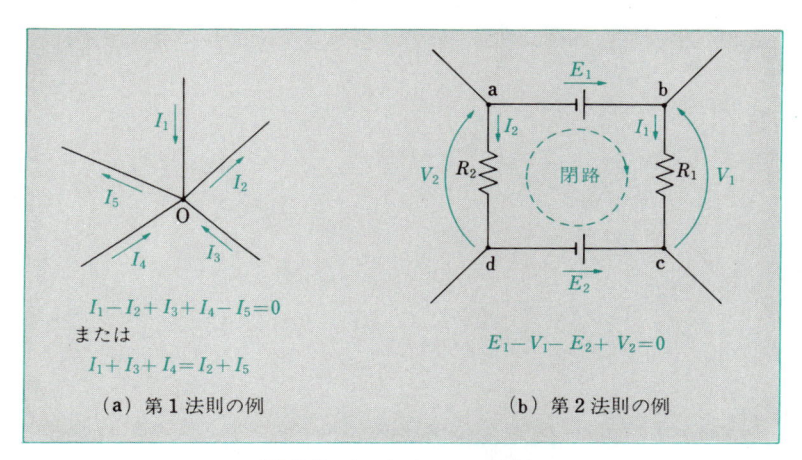

(a) 第1法則の例

$E_1 - V_1 - E_2 + V_2 = 0$

(b) 第2法則の例

図 2・3 キルヒホッフの法則

点Oにおいて,**流入する電流の代数和は零である**。すなわち,

$$\Sigma I = 0 \tag{2・1}$$

代数和とは,例えば流入電流を正に,流出電流を負にとって加えることである。すなわち,図2・3(a)において,

$$I_1 - I_2 + I_3 + I_4 - I_5 = 0 \tag{2・2}$$

となる。また,この第1法則は,「**任意の節点に流入する電流の和は流出する電流の和に等しい**」といいかえることができる。すなわち,式(2・2)は,

$$I_1 + I_3 + I_4 = I_2 + I_5 \tag{2・3}$$

となる。このことは,節点において電流の発生,消失がなく,流入電流のすべてが流出することで,この性質を**電流の連続性**という。

(b) **キルヒホッフの第2法則** これは,回路網中の閉路に関する法則で,「**任意の閉路において,その閉路内の電圧降下の代数和は,起電力の代数和に等

しい」という法則である。ただし，代数和をつくるには，例えば，図2・3(b)の破線のような閉路において，閉路を一巡する矢印のような向きを考え，その向きと同じ向きの起電力は正，逆向きの起電力を負とし，抵抗の電圧降下は，一巡する矢印の向きと電流の向きと同じなら正，逆向きなら負とする。図2・3(b)の閉路では，第2法則により次のような式がつくれる。

$$R_1 I_1 - R_2 I_2 = E_1 - E_2 \tag{2・4}$$

式(2・4)の関係を図2・4に示す。

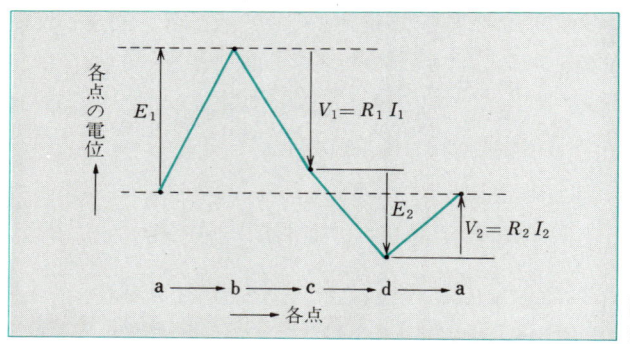

図 2・4 第2法則の意味（図2・3(b)の電位分布）

（c） **回路網の解法例** 例えば，図2・5の回路の各枝路の電流を求める場合を考える。まず，最小数の枝電流を仮定し，残りの枝電流は仮定した枝電流によって表す。図2・5では，図のように枝電流 I_1 と I_2 を仮定し，第1法則により $I_3 = I_1 + I_2$ とする。次に，仮定した電流の数だけ独立した閉路を図の①，②のよ

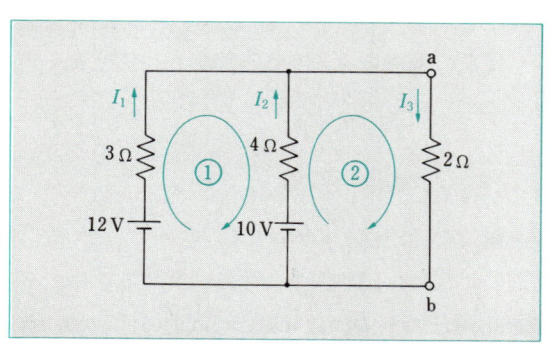

図 2・5 回路網の解法

うに決め，各閉路について第2法則を適用し，連立方程式をつくる。

①の閉路について，$3I_1-4I_2=12-10$
②の閉路について，$4I_2+2(I_1+I_2)=10$ $\quad$ (2・5)

式(2・5)を整頓して，

$$3I_1-4I_2=2$$
$$I_1+3I_2=5$$
(2・6)

式(2・6)を解くと，仮定した枝電流 $I_1=2〔A〕$ が得られる，$I_2=1〔A〕$。よって，$I_3=I_1+I_2=3〔A〕$が求められる。

（3） 重ねの理　回路網に多数の電源が含まれるとき，各枝電流を求める場合に適用して便利な法則である。すなわち，「**回路網に多数の電源が含まれる場合の各枝路の電流は，電源がそれぞれ単独に働いている場合の各枝電流を重ね合わせた（代数和）ものに等しい**」。これを**重ねの理**という。ただし，各電源が単独に働らくと考えるとき，残りの電源は取り去り短絡しておかなければならない。

例えば，図2・5の I_3 を求めたいとき，図2・6のように，2つの電源が単独に存在したときの I_3 を2回求めて，その和をとればよい。すなわち，

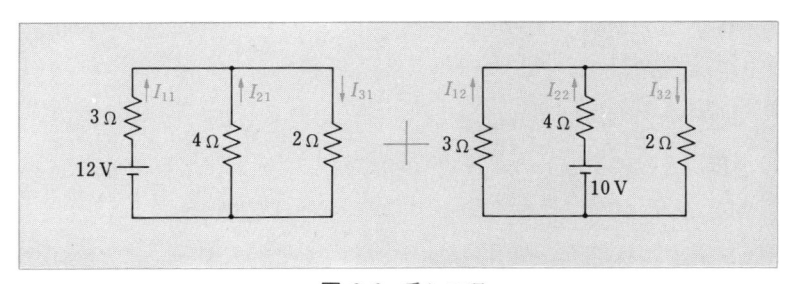

図 2・6　重ねの理

① 12Vの電源のみ存在したときの I_3 を I_{31} として，

$$I_{31}=\frac{12}{3+\dfrac{4\times 2}{4+2}}\times\frac{4}{4+2}=\frac{24}{13}〔A〕$$

② 10Vの電源のみ存在したときの I_3 を I_{32} として，

$$I_{32} = \frac{10}{4 + \frac{3 \times 2}{3+2}} \times \frac{3}{3+2} = \frac{15}{13} \text{〔A〕}$$

③ 両電源が同時に存在したときの I_3 は I_{31} と I_{32} とを重ね合わせて，

$$I_3 = I_{31} + I_{32} = \frac{24}{13} + \frac{15}{13} = 3 \text{〔A〕}$$

となって，キルヒホッフ第2法則による連立方程式をつくり，これを解いて求めた結果と同じになる。

（4） テブナンの定理とノートンの定理　**テブナンの定理**とは，「図2・7の

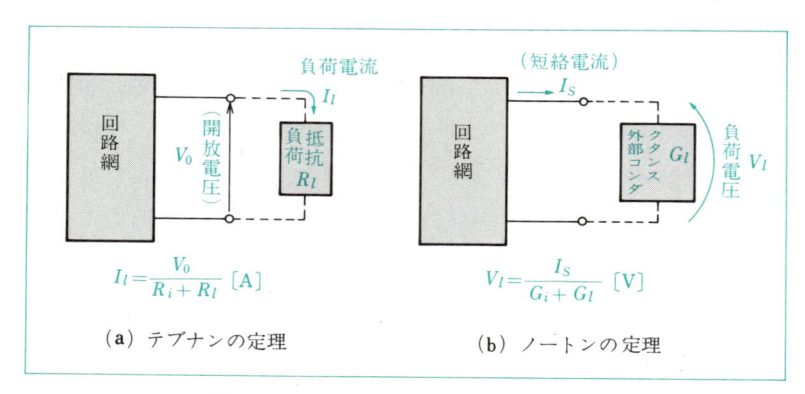

図 2・7　テブナンの定理とノートンの定理

ように，回路網の任意の2点間に負荷 R_l を接続したとき，その抵抗に流れる電流 I_l は，抵抗を接続する前の2点間の開放電圧 V_0 および2点から見た回路網の内部抵抗 R_i とにより，次式で表される。」という定理である。

$$I_l = \frac{V_0}{R_i + R_l} \tag{2・7}$$

ただし，R_i は回路網中のすべての電源を取り去って短絡して，2点から見た回路網の合成抵抗である。

以上のことから，図2・7の2点から見た回路網は，図2・8のように，起電力 V_0 をもち，内部抵抗が R_i であるような電源におきかえることができる。これを**等価電源**という。

2・1 直流回路

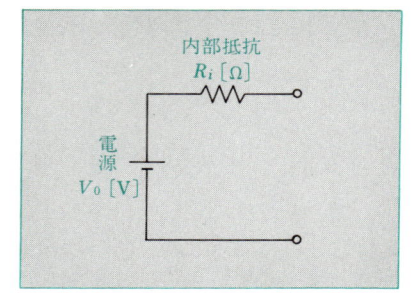

図 2・8 等価電源

次に，**ノートンの定理**とは，「図 2・7(b)のように，回路網の任意の2点間に負荷コンダクタンス G_l を接続したとき，そのコンダクタンスの電圧 V_l は，G_l を接続する前の2点間の短絡電流 I_s および2点から見た回路網の内部コンダクタンス G_i により，次式で表される。」という定理である。

$$V_l = \frac{I_s}{G_i + G_l} \tag{2・8}$$

〔**例題**〕**2・1** 図 2・9 のようなホイートストンブリッジにおいて，検流計 G に流れる電流 I_l を求めよ。

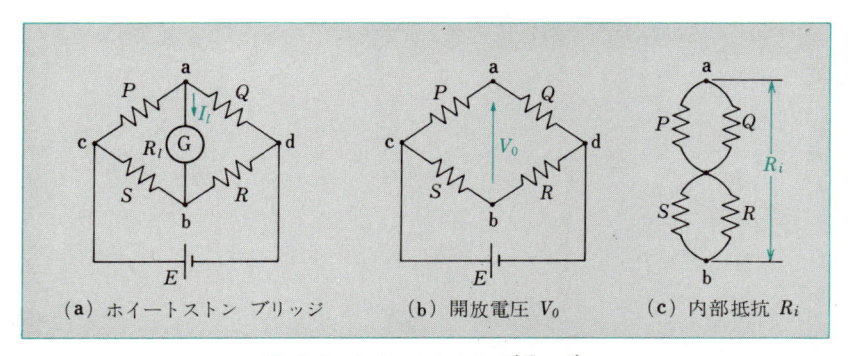

図 2・9 ホイートストンブリッジ

(a) ホイートストンブリッジ　(b) 開放電圧 V_0　(c) 内部抵抗 R_i

〔**解答**〕　テブナンの定理において，図 2・9 で G を負荷抵抗 R_l とする。そして，G を取り去り開放したときの ab 間の電圧 V_0 は図(b)より，また内部抵抗 R_i は，図(c)より，

$$V_0 = \frac{S}{R+S}E - \frac{P}{P+Q}E \quad , \quad R_i = \frac{PQ}{P+Q} + \frac{RS}{R+S} \qquad (2\cdot 9)$$

よって，

$$I_l = \frac{V_0}{R_i + R_l} = \frac{QS - PR}{R_l(P+Q)(R+S) + PR(Q+S) + QS(P+R)} \cdot E$$
$$(2\cdot 10)$$

となる。このブリッジで，$I_l = 0$ のときを**平衡状態**といい，その条件 $QS = PR$ を**平衡条件**という。

〔**例題**〕**2・2** 図 2・5 の電流 I_3 をテブナンの定理で求めよ。

〔**解答**〕 同図で，2Ω の抵抗をテブナンの定理の負荷抵抗 R_l として，この抵抗を取り去ったとき，その両端 ab に現れる電圧 V_0 は，

$$V_0 = \frac{12-10}{3+4} \times 4 + 10 = \frac{78}{7} \ [\text{V}]$$

両電源をなくして短絡をして，ab から左を見たときの抵抗を R_i として，

$$R_i = \frac{3 \times 4}{3+4} = \frac{12}{7} \ [\Omega]$$

よって，

$$I_3 = \frac{V_0}{R_i + R_l} = \frac{\dfrac{78}{7}}{\dfrac{12}{7} + 2} = \frac{78}{26} = 3 \ [\text{A}]$$

となる。

(**5**) **ミルマンの定理** 図 2・10(a)のように，内部コンダクタンスが G_k，起電力が $E_k (k=1, 2, \cdots, n)$ をもつ電源が並列に結ばれたとき，図(b)のように，内部コンダクタンス G_0，起電力 E_0 をもつ 1 つの電源におきかえることができる。ただし，

$$E_0 = \frac{G_1 E_1 + G_2 E_2 + \cdots + G_n E_n}{G_1 + G_2 + \cdots + G_n} \quad , \quad G_0 = G_1 + G_2 + \cdots + G_n \quad (2\cdot 11)$$

である。これを**ミルマンの定理**という。

例えば，図 2・5 において，2 つの電源が並列にされた部分を 1 つの電源にお

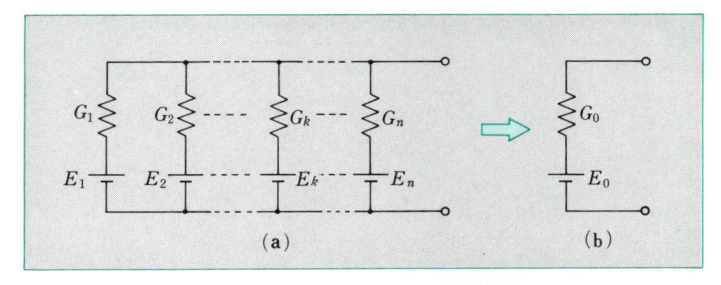

図 2·10 ミルマンの定理（等価電圧源）

きかえると，次のようになる。

$$E_1 = 12 \text{ (V)}, \quad E_2 = 10 \text{ (V)}, \quad G_1 = \frac{1}{3} \text{ (S)}, \quad G_2 = \frac{1}{4} \text{ (S)}$$

であるから，2つの電源は，

$$E_0 = \frac{\frac{1}{3} \times 12 + \frac{1}{4} \times 10}{\frac{1}{3} + \frac{1}{4}} = \frac{78}{7} \text{ (V)}, \quad G_0 = \frac{1}{3} + \frac{1}{4} = \frac{7}{12} \text{ (S)}$$

であるような1つの電源におきかえることができる。

よって，同図の $2\,\Omega$ の抵抗に流れる電流 I_3 は，

$$I_3 = \frac{78/7}{\frac{12}{7} + 2} = 3 \text{ (A)}$$

となって，テブナンの定理で求めた値と同じになる。

(6) 相反の定理 可逆定理ともいい，「電源1個をもつ回路網の中で，任意の枝路に流れる電流は，その枝路に電源を移したとき，元の電源を短絡した枝路に流れる電流に等しい」という定理で，「電源」と「枝電流」の交換ができるということである。

例えば，図2·9のホイートストンブリッジ回路において，平衡状態のとき，電源 E を G の枝路に移しても，E を短絡した枝路に流れる電流は零である。これは，いずれの場合も「平衡条件は $PR = QS$ である」ことから明らかである。

〔例題〕**2·3** 図2·11(a)において，$3\,\Omega$ の抵抗に流れる電流 I_1 を求めよ。

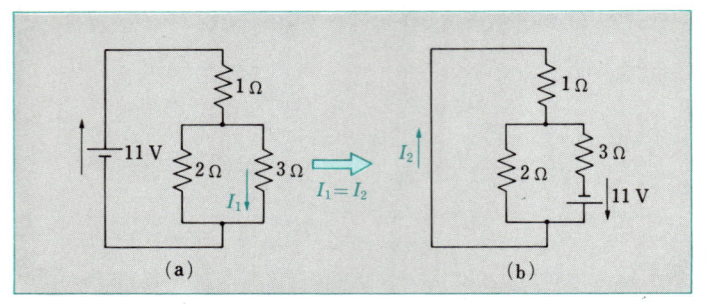

図 2・11　相反の定理

また，図(b)のように，電源を抵抗 3 Ω の枝路に移したとき，元の枝路に流れる電流 I_2 を求め，$I_2=I_1$ となることを示せ。

〔解答〕　ともに直並列回路の計算であり，I_1 および I_2 は次のように求められる。

$$I_1 = \frac{11}{1+\frac{2\times 3}{2+3}} \times \frac{2}{2+3} = 2 \text{〔A〕}$$

$$I_2 = \frac{11}{3+\frac{2\times 1}{2+1}} \times \frac{2}{2+1} = 2 \text{〔A〕}$$

すなわち，$I_2=I_1$ となる。

〔2〕　**直流回路の計算**

　直流回路の計算は直列および並列回路の計算が基礎であり，これらの組合せの適用でかなりの計算が可能になる。複数の電源を含む回路は，キルヒホッフの法則に基づいて解くことができる。しかし，場合によっては回路の諸定理や法則を活用することで計算が容易になる場合がある。

（1）　**直列回路**　　図 2・12(a)のように，n 個の抵抗を直列にして電圧 V_0 を加えた回路があるとき，各抵抗に流れる電流はいずれも等しく，これを I_0 とする。また，各抵抗の電圧はオームの法則により決まる。すなわち，

$$V_1 = R_1 I_0, \quad V_2 = R_2 I_0, \quad \cdots\cdots, \quad V_n = R_n I_0$$

2・1 直 流 回 路

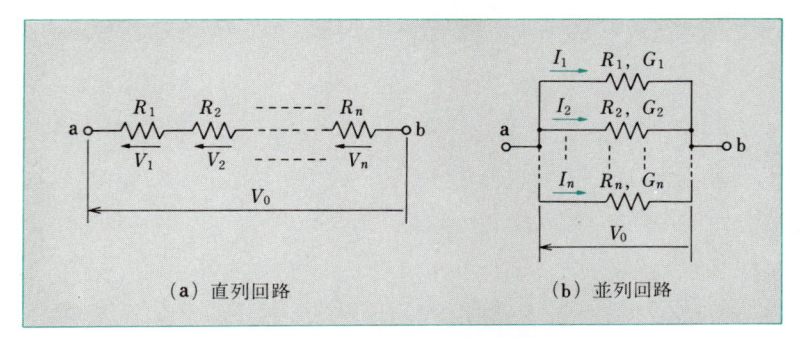

図 2・12 直列および並列回路

そして，
$$V_0 = V_1 + V_2 + \cdots + V_n = (R_1 + R_2 + \cdots + R_n)I_0$$
ab 間の全抵抗すなわち合成抵抗 R_0 は，V_0 と I_0 の比で表され，
$$R_0 = \frac{V_0}{I_0} = R_1 + R_2 + \cdots R_n \tag{2・12}$$
となり，合成抵抗は各抵抗の和になる。また，各抵抗の電圧の比は各抵抗の比となる。
$$V_1 : V_2 : \cdots : V_n : V_0 = R_1 : R_2 : \cdots : R_n : R_0 \tag{2・13}$$
そして，
$$V_1 = \frac{R_1}{R_0} V_0, \quad V_2 = \frac{R_2}{R_0} V_0, \quad \cdots, \quad V_n = \frac{R_n}{R_0} V_0$$
となる。

（2）並列回路　図 2・12（b）のように，$R_1, R_2, \cdots, R_n$ を並列に結び，電圧 V_0 を加えた回路においては，各抵抗の電圧は等しく V_0 であり，各抵抗の電流は，オームの法則により，
$$I_1 = \frac{V_0}{R_1}, \quad I_2 = \frac{V_0}{R_2}, \quad \cdots\cdots, \quad I_n = \frac{V_0}{R_n}$$
で表される。全電流を I_0 とすると，
$$I_0 = I_1 + I_2 + \cdots + I_n = \frac{V_0}{R_1} + \frac{V_0}{R_2} + \cdots + \frac{V_0}{R_n} \tag{2・14}$$
となる。

ab 間の合成抵抗を R_0 とすると，

$$R_0 = \frac{V_0}{I_0} = \frac{1}{\dfrac{1}{R_1} + \dfrac{1}{R_2} + \cdots + \dfrac{1}{R_n}} \tag{2・15}$$

すなわち，合成抵抗は各抵抗の逆数の和の逆数となる。また，式(2・14)より，各電流の比は各抵抗の逆数の比になる。

$$I_1 : I_2 : \cdots : I_n : I_0 = \frac{1}{R_1} : \frac{1}{R_2} : \cdots : \frac{1}{R_n} : \frac{1}{R_0}$$

上式から次の形も得られる。

$$I_1 : I_2 : \cdots : I_n = \frac{R_0}{R_1} I_0 : \frac{R_0}{R_2} I_0 : \cdots : \frac{R_0}{R_n} I_0$$

これら各式のうち，$n=2$ の場合は次のようになる。

$$R_0 = \frac{1}{\dfrac{1}{R_1} + \dfrac{1}{R_2}} = \frac{R_1 R_2}{R_1 + R_2} \tag{2・16}$$

$$I_1 = \frac{R_0}{R_1} I_0 = \frac{R_2}{R_1 + R_2} I_0, \quad I_2 = \frac{R_0}{R_2} I_0 = \frac{R_1}{R_1 + R_2} I_0 \tag{2・17}$$

図 2・12(b)の各抵抗 R をその逆数であるコンダクタンス G で表せば，次の各式がつくれる。式(2・14)より，

$$I_0 = G_1 V_0 + G_2 V_0 + \cdots + G_n V_0 = (G_1 + G_2 + \cdots + G_n) V_0 \tag{2・18}$$

合成コンダクタンスを G_0 とすれば，

$$G_0 = \frac{I_0}{V_0} = G_1 + G_2 + \cdots + G_n \tag{2・19}$$

そして，式(2・18)より，

$$I_1 : I_2 : \cdots : I_n : I_0 = G_1 : G_2 : \cdots : G_n : G_0 \tag{2・20}$$

となり，また，

$$I_1 = \frac{G_1}{G_0} I_0, \quad I_2 = \frac{G_2}{G_0} I_0, \quad \cdots\cdots, \quad I_n = \frac{G_n}{G_0} I_0$$

となる。すなわち，合成コンダクタンスは各コンダクタンスの和になり，各電流の比は各コンダクタンスの比になる。

(3) 直並列回路 与えられた回路の中で，抵抗の直列部分および並列部

分をそれらの合成抵抗に置き換えればより簡単な回路となり，その回路になお直列，並列の部分があれば，これらも合成抵抗に置き換えられ，更に簡単な回路にできる。

この操作を繰り返せば，最終1個の抵抗，すなわち与えられた回路の合成抵抗が得られる。これより全電流が求められ，再び元の回路にもどり，各部の電流，電圧を求めてゆけば，与えられた回路のすべての抵抗の電流，電圧分布が得られる。

例えば，図 2・13 (a) の回路において，まず R_2 と R_3 の合成抵抗 R_{23} を求めれ

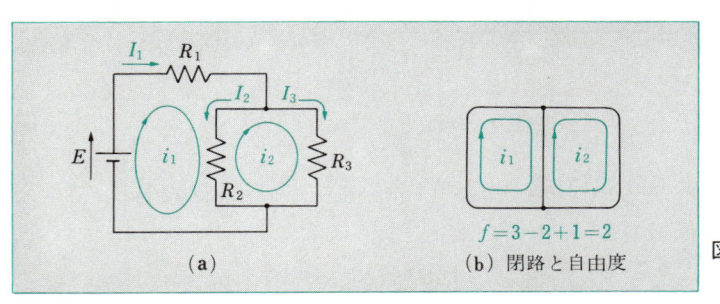

図 2・13　直並列回路の例
(a)
(b) 閉路と自由度　$f = 3 - 2 + 1 = 2$

ば，R_1 と R_{23} の直列回路となり，その合成抵抗から全電流 I_1 が求まる。次に，I_1 より R_2 と R_3 の分流電流 I_2，I_3 を求めれば，すべての電流が決まる。すなわち，式 (2・16)，(2・17) を用いて，

$$R_{23} = \frac{R_2 R_3}{R_2 + R_3} \quad , \quad I_1 = \frac{E}{R_1 + R_{23}} = \frac{R_2 + R_3}{\varDelta} \cdot E$$

ただし，$\varDelta = R_1 R_2 + R_2 R_3 + R_3 R_1$

$$I_2 = \frac{R_3}{R_2 + R_3} \cdot I_1 = \frac{R_3}{\varDelta} \cdot E \quad , \quad I_3 = I_1 - I_2 = \frac{R_2}{\varDelta} \cdot E$$

抵抗 R_1 の電圧 V_1 は，

$$V_1 = R_1 I_1 = \frac{R_1 (R_2 + R_3)}{\varDelta} \cdot E$$

R_2 および R_3 の電圧 V_2 は，

$$V_2 = R_2 I_2 = R_3 I_3 = \frac{R_2 R_3}{\varDelta} \cdot E$$

〔例題〕**2・4**　図 2・14 のような**はしご形回路**の端子 ab から見た合成抵抗 R_{ab} を求めよ。ただし，R は抵抗，G はコンダクタンスである。

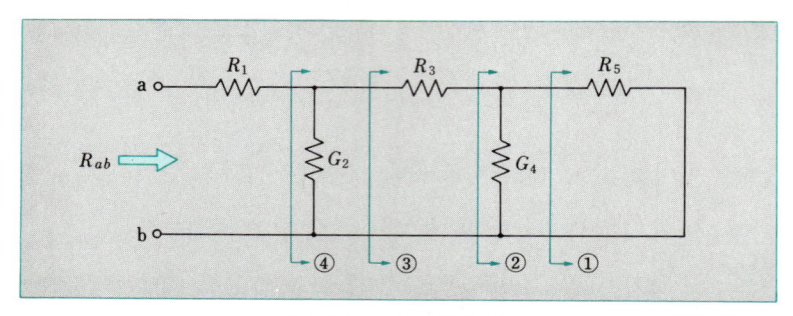

図 2・14　はしご形回路

〔**解答**〕　同図において，右端から①までの抵抗は R_5，したがってコンダクタンスは $1/R_5$，②までの合成コンダクタンスは $G_4+(1/R_5)$，このようにして順次左へ求めて行く。

③までは合成抵抗を，④までは合成コンダクタンスを求めるようにすると，求める R_{ab} は次のようになる。

$$R_{ab}=R_1+\cfrac{1}{G_2+\cfrac{1}{R_3+\cfrac{1}{G_4+\cfrac{1}{R_5}}}}=\frac{A}{B}$$

ただし，

$A=R_1[1+R_5(G_2+G_4)+G_2R_3(1+G_4R_5)]+R_3(1+G_4R_5)+R_5$

$B=1+R_5(G_2+G_4)+G_2R_3(1+G_4R_5)$

である。

なお，ab の電圧 V_{ab} を加えたときの電圧，電流分布は，各素子の添字に従って電圧を $V_1\sim V_5$，電流を $I_1\sim I_5$ と名付ければ，$I_1=\dfrac{V_{ab}}{R_{ab}}$，$V_1=R_1I_1$，$V_2=V_{ab}-V_1$，$I_2=G_2V_2$，$I_3=I_1-I_2$，$V_3=R_3I_3$，$V_4=V_2-V_3$，$I_4=G_4V_4$，$V_5=V_4$，$I_5=$

$I_3 - I_4$ の順ですべて求められる。

(4) 回路網の解法 回路網を解くということは，主として回路の電流，電圧分布の決定，すなわち各素子の電流，電圧を求めることであるが，これは原則的にはキルヒホッフの法則を適用することにより，すべて解ける。ここでは，図 2・13 (a) の回路について，ループ電流 i_1, i_2 を決めて解く例を示す。

(a) 回路の自由度 同図 (b) の緑線で示すように，すべての枝を通るように，向きをつけた独立のループを最小数決める。この数を回路網の**自由度**という。自由度は，後で示す連立方程式の元数を表し，自由度を f, 枝数を b, 節点の数を n とすれば，これらの数の間の関係は次式で示される。

$$f = b - n + 1$$

いまの例では，$b=3$, $n=2$ であり，$f=3-2+1=2$ である。

(b) ループごとの電圧方程式とその解 図 (a) のループ 1 と 2 の電流をそれぞれ i_1 および i_2 とし，各ループについてキルヒホッフ第 2 法則による式をつくる。

$$\left. \begin{array}{l} \text{ループ 1 について：} R_1 i_1 + R_2(i_1 - i_2) = E \\ \text{ループ 2 について：} -R_2(i_1 - i_2) + R_3 i_2 = 0 \end{array} \right\} \quad (2 \cdot 21)$$

この 2 式は，次のようにまとめられる。

$$\begin{bmatrix} R_1 + R_2 & -R_2 \\ -R_2 & R_2 + R_3 \end{bmatrix} \begin{bmatrix} i_1 \\ i_2 \end{bmatrix} = \begin{bmatrix} E \\ 0 \end{bmatrix} \quad (2 \cdot 22)$$

このようにマトリクス形式にすれば，抵抗マトリクスは対称マトリクスになる。

式 (2・21) または式 (2・22) を解いて，

$$i_1 = \frac{R_2 + R_3}{R_1 R_2 + R_2 R_3 + R_3 R_1} \cdot E \quad , \quad i_2 = \frac{R_2}{R_1 R_2 + R_2 R_3 + R_3 R_1} \cdot E$$

となる。そして，各枝の電流はループ電流の代数和として求められる。

$$I_1 = i_1, \quad I_2 = i_1 - i_2, \quad I_3 = i_2$$

(c) 短絡線の活用 図 2・15 (a) のように，ブリッジ形回路網の端子 cd を

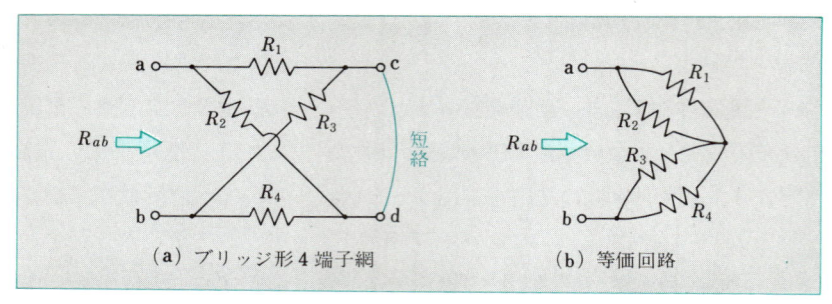

(a) ブリッジ形4端子網　　(b) 等価回路

図 2・15　短絡線の活用

短絡したときの端子 ab から見た等価抵抗 R_{ab} は，短絡線 cd を1点に縮めると図(b)のようになり，

$$R_{ab} = \frac{R_1 R_2}{R_1 + R_2} + \frac{R_3 R_4}{R_3 + R_4}$$

が容易に求められる。

また，図2・9(a)のホイートストンブリッジにおいて，E と G を取り去り，節点 c と d を短絡したとき，節点 a と b から見た等価抵抗 R_i も，c と d を1点に集めて，図(c)のようにすれば，次の形になることも容易に求められる。

$$R_i = \frac{PQ}{P+Q} + \frac{SR}{S+R}$$

(d) 対称性の活用　図2・16(a)の回路において，端子 ab 間の合成抵抗

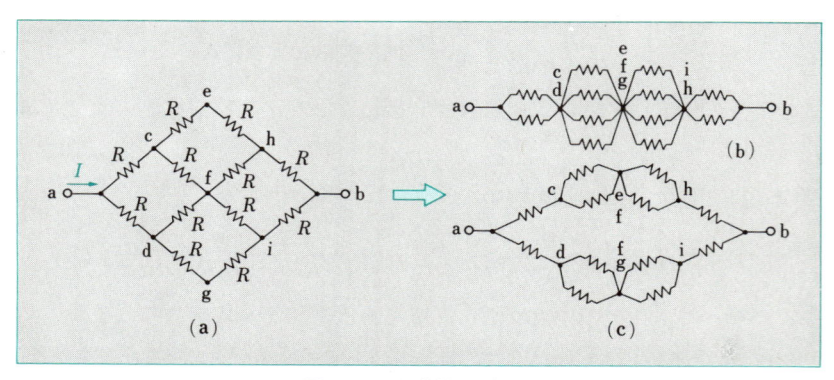

図 2・16　対称性の活用

R_{ab} は，各抵抗がすべて R で等しく，ab 軸に対して上下が対称，efg 軸に対して左右対称であるから，c 点と d 点が同電位，e, f, g の各点も同電位，h 点，i 点も同電位となるから，同電位の各点を短絡して，図 (b) のようにすると，

$$R_{ab} = \left(\frac{R}{2} + \frac{R}{4}\right) \times 2 = \frac{3}{2}R$$

として求められる。

または，図 (c) のように，f 点を上下に切り離して，おのおのを e 点および g 点に接続してもよい。この場合は，

$$R_{ab} = \frac{1}{2}\left(R + \frac{R}{2} + \frac{R}{2} + R\right) = \frac{3}{2}R$$

となって，同じ結果が得られる。

(e) **Δ-Y 変換** 図 2・17 (a) の**三角結線**（Δ；デルタ）の回路と図 (b) の**星形結線**の回路（Y；スター）の回路は，次の関係式に従えば，外部回路に対する影響が等しい。すなわち等価であり，その間の変換を**等価変換**という。

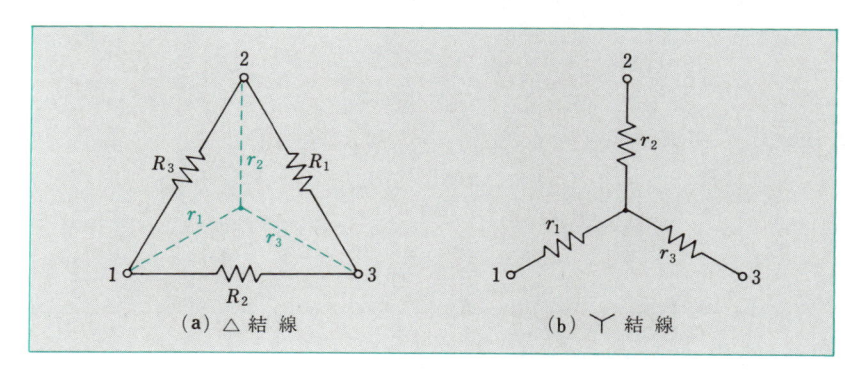

図 2・17 Δ-Y 変換

Δ 結線から Y 結線への変換

$$r_1 = \frac{R_2 R_3}{R_1 + R_2 + R_3} \quad, \quad r_2 = \frac{R_3 R_1}{R_1 + R_2 + R_3} \quad, \quad r_3 = \frac{R_1 R_2}{R_1 + R_2 + R_3}$$

(2・23)

上式の分子は，Y 結線の図を図 2・17 (a) の Δ 結線の中へ同図の破線のように

入れれば，Y結線の抵抗 r は，それをはさむ △結線の2辺の抵抗 R の積になっている。

Y結線から △結線への変換

$$R_1 = \frac{r_1 r_2 + r_2 r_3 + r_3 r_1}{r_1} \quad , \quad R_2 = \frac{r_1 r_2 + r_2 r_3 + r_3 r_1}{r_2}$$

$$R_3 = \frac{r_1 r_2 + r_2 r_3 + r_3 r_1}{r_3} \tag{2・24}$$

上式の分母は，図形上，Y結線の r と，△結線の R とが互いに垂直の関係になっている。

なお，3個の抵抗が等しい場合には，$r = (R/3)$ または $R = 3r$ の関係になっている。

〔例題〕 **2・5** 図 2・18(a)のブリッジ回路の端子 ab 間の合成抵抗 R_{ab} を求めよ。また，ab 間に 7 V の電圧を加えたときの各抵抗の電流を求めよ。

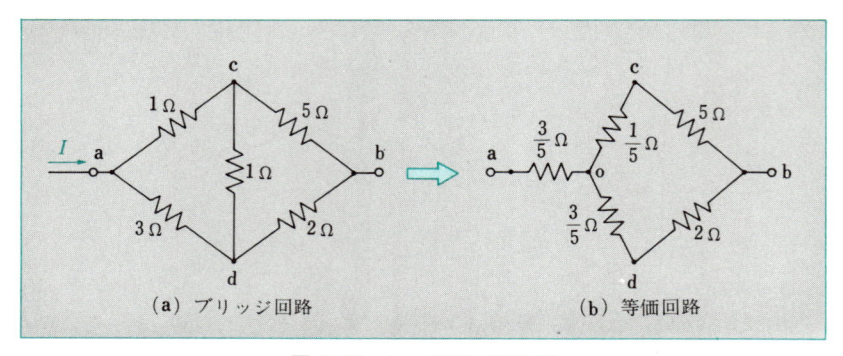

図 2・18 △-Y変換の応用例

〔解答〕 まず，acd 3 端子間の △結線をY結線に変換すると，式 (2・23) により，図(b)になる。よって，合成抵抗 R_{ab} および全電流 I は，次のように求められる。

$$R_{ab} = \frac{3}{5} + \frac{\left(\frac{1}{5} + 5\right)\left(\frac{3}{5} + 2\right)}{\left(\frac{1}{5} + 5\right) + \left(\frac{3}{5} + 2\right)} = \frac{7}{3} \ [\Omega] \quad , \quad I = \frac{7}{\left(\frac{7}{3}\right)} = 3 \ [A]$$

cb 間，db 間の電流 I_{cb}, I_{db} は，同図の ocb, odb の並列回路より，

$$I_{cb} = I \times \frac{\frac{3}{5}+2}{\left(\frac{1}{5}+5\right)+\left(\frac{3}{5}+2\right)} = 3 \times \frac{1}{3} = 1 \text{ [A]}$$

$$I_{db} = I - I_{cb} = 3 - 1 = 2 \text{ [A]}$$

また，図(a)より，cb 間の電圧 V_{cb} は，I_{cb} と 5 Ω の抵抗より，$V_{cb} = 5 \times I_{cb} = 5$ [V] であり，ac 間の電圧 V_{ac}，および I_{ac} は，$V_{ac} = 7 - V_{cb} = 2$ [V]，$I_{ac} = (V_{ac})/1 = 2$ [A]。ad 間の電流 I_{ad} は，$I_{ad} = I - I_{ac} = 3 - 2 = 1$ [A]，最後に cd 間の電流 I_{cd} は，$I_{cd} = I_{ac} - I_{cb} = 2 - 1 = 1$ [A] となり，電流分布が決まる。

〔3〕 **磁気回路**

磁気回路は，磁性体により磁束を通りやすくした回路で，電気回路と類似点があるので，その計算には電気回路の計算に対比させると便利である。

電気回路の基本則であるオームの法則およびキルヒホッフの法則に対応して，磁気回路にも同形の法則があり，したがって磁気回路の計算が電気回路の計算と同様に実行できることになる。しかしながら，磁気回路では，電気回路の導線と絶縁物に対比するほどのものがなく，漏れ磁束が多く，電気回路の計算に比べて精度がおちる。

(1) **オームの法則**　図 2・19(a) のように，一様な断面積 S [m²] で，長さ

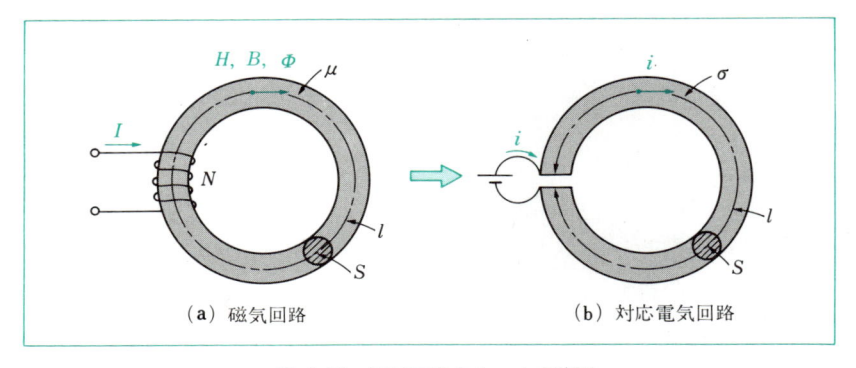

(a) 磁気回路　　　　　　　(b) 対応電気回路

図 2・19　磁気回路のオームの法則

l〔m〕の鉄心磁性体に,巻数 N のコイルを巻き,電流 I〔A〕を流すと,次のような関係式が成り立つ。ただし,鉄心中の磁界の強さを H〔A/m〕,磁束密度を B〔T〕,磁束を Φ〔Wb〕,透磁率を μ〔H/m〕とすると,

$$\Phi = BS \quad , \quad B = \mu H \quad , \quad Hl = NI$$

よって,

$$\Phi = \mu H \cdot S = \mu \cdot \frac{NI}{l} \cdot S = \frac{NI}{\frac{1}{\mu} \cdot \frac{l}{S}} \tag{2・25}$$

となる。上式は,磁束 Φ がコイルのアンペアターン($=NI$)に比例し,分母の $(1/\mu) \cdot (l/S)$ に反比例することを示している。分母は磁性体の形状とその材質とできまる値である。

一方,図(b)のように,図(a)と同形の抵抗体に起電力 E〔V〕を加えたときに流れる電流 i〔A〕は,抵抗体の抵抗が $R=(1/\sigma) \cdot (l/S)$〔Ω〕であるから(σ は抵抗体の導電率〔S/m〕),オームの法則により,

$$i = \frac{E}{R} = \frac{E}{\frac{1}{\sigma} \frac{l}{S}} \tag{2・26}$$

となる。この形を式(2・25)と対比させれば,磁束 Φ が電気回路の電流 i に相当し,NI および $(1/\mu) \cdot (l/S)$ がそれぞれ起電力 E および電気抵抗 R に相当することがわかる。

そこでいま,

$$NI = \mathcal{F} \quad , \quad l/(\mu S) = \mathcal{R} \tag{2・27}$$

とおけば,

$$\Phi = \frac{\mathcal{F}}{\mathcal{R}} \tag{2・28}$$

となり,電気回路のオームの法則と同形の式が得られる。これを**磁気回路におけるオームの法則**という。また,$\mathcal{F}$ および $\mathcal{R}$ はそれぞれ電気回路の E および R に相当し,$\mathcal{F}$ を**起磁力**,$\mathcal{R}$ を**磁気抵抗**という。なお,透磁率 μ は導電率 σ に相当し,その逆数 $1/\mu$ は $1/\sigma$,すなわち抵抗率に相当するので,$1/\mu$ を**磁気抵抗率**ということがある。

（2） キルヒホッフの法則　磁気回路においても，磁束の連続性および周回積分の法則により，電気回路と同様に，次の2法則が成り立つ。

第1法則　磁気回路の結合点において，その点に流入する磁束 $\varPhi$ の代数和は零である。

$$\Sigma \varPhi = 0 \tag{2・29}$$

第2法則　任意の閉磁路において，各部の磁気抵抗 $\mathcal{R}$ と磁束 $\varPhi$ の積の代数和は，その閉磁路にある起磁力 $\mathcal{F}$ の代数和に等しい。

$$\Sigma \mathcal{R}\varPhi = \Sigma \mathcal{F} \tag{2・30}$$

以上を**磁気回路におけるキルヒホッフの法則**といい，これにより一般磁気回路の計算が，電気回路と同様に可能になる。

（3） 直並列回路　磁気回路の計算例として，図2・20(a)のような直並列回路の例をあげる。この磁気回路は図(b)の電気回路に対応できるから，合成

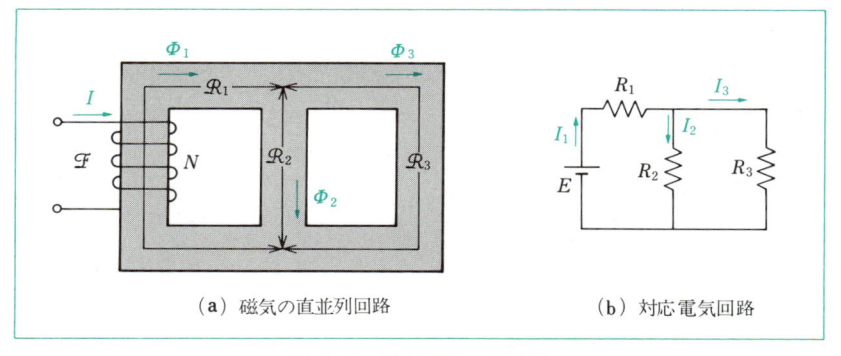

図 2・20　磁気回路の計算例

磁気抵抗を $\mathcal{R}_0$，各部の磁束を $\varPhi_1, \varPhi_2, \varPhi_3$ とすれば，電気回路と同様な計算で，

$$\mathcal{R}_0 = \mathcal{R}_1 + \frac{\mathcal{R}_2 \mathcal{R}_3}{\mathcal{R}_2 + \mathcal{R}_3}, \quad \mathcal{F} = NI$$

$$\varPhi_1 = \frac{\mathcal{F}}{\mathcal{R}_0} = \frac{\mathcal{R}_2 + \mathcal{R}_3}{\mathcal{R}_1 \mathcal{R}_2 + \mathcal{R}_2 \mathcal{R}_3 + \mathcal{R}_3 \mathcal{R}_1} \mathcal{F}$$

$$\varPhi_2 = \varPhi_1 \cdot \frac{\mathcal{R}_3}{\mathcal{R}_2 + \mathcal{R}_3} = \frac{\mathcal{R}_3}{\mathcal{R}_1 \mathcal{R}_2 + \mathcal{R}_2 \mathcal{R}_3 + \mathcal{R}_3 \mathcal{R}_1} \cdot \mathcal{F}$$

$$\Phi_3 = \Phi_1 - \Phi_2 = \frac{\mathcal{R}_2}{\mathcal{R}_1\mathcal{R}_2 + \mathcal{R}_2\mathcal{R}_3 + \mathcal{R}_3\mathcal{R}_1} \cdot \mathcal{F}$$

となる。

〔例題〕**2・6** 図2・19(a)において，透磁率 $\mu = 1.5 \times 10^{-3}$ 〔H/m〕，断面積 $S = 10$ 〔cm²〕，長さ $l = 60$ 〔cm〕，コイルの巻数 $N = 500$，電流 $I = 0.8$ 〔A〕のときの磁束 Φ を求めよ。また，コイルのインダクタンス L 〔H〕はいくらか。

〔**解答**〕 起磁力を $\mathcal{F}$，磁気抵抗を $\mathcal{R}$ とすれば，

$$\mathcal{F} = NI = 500 \times 0.8 = 400 \text{〔A〕}$$

$$\mathcal{R} = \frac{l}{\mu S} = \frac{60 \times 10^{-2}}{1.5 \times 10^{-3} \times 10 \times 10^{-4}} = 0.4 \times 10^6 \text{〔H}^{-1}\text{〕}$$

$$\Phi = \frac{\mathcal{F}}{\mathcal{R}} = \frac{400}{0.4 \times 10^6} = 10^{-3} \text{〔Wb〕}$$

$$L = \frac{N\Phi}{I} = \frac{500 \times 10^{-3}}{0.8} = 625 \times 10^{-3} = 0.625 \text{〔H〕}$$

2・2 交 流 回 路

〔1〕 正弦波交流とフェーザ図

(1) 交流波形 大きさと方向が，一定の周期 T をもって同じ変化を繰り返し，1周期の平均値が0になるような電圧，電流を**交流電圧**，**交流電流**という。交流波形には，矩形波や三角波もあるが，発電所，工場や家庭に至るまでの一般に使用されている最も基本的な波形が**正弦波**である。

図2・21は正弦波の電圧波形を示し，数式的には次式のように示される。

$$v = V_m \sin \omega t \text{〔V〕} \tag{2・31}$$

上式の V_m を**最大値**または**波高値**，$\omega = 2\pi f$〔rad/s〕を**角周波数**，f〔Hz〕を**周波数**という。f と**周期** T との間には，

$$T = 1/f \text{〔s〕} \tag{2・32}$$

の関係がある。一般に，交流電圧の大きさは，最大値よりも実効値でいう場合

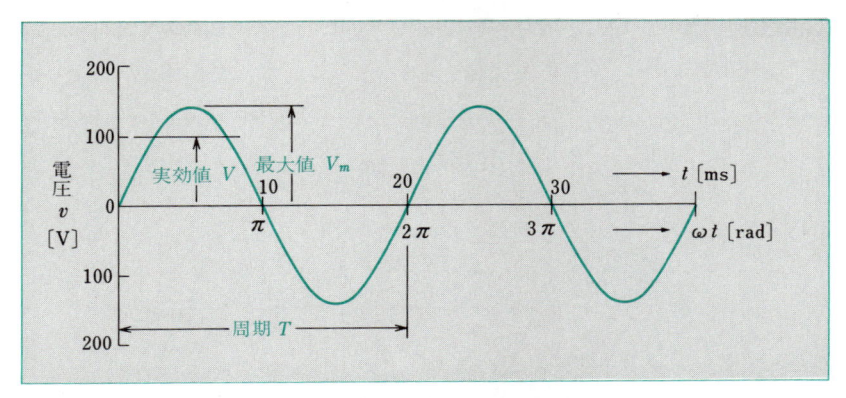

図 2·21 正弦波交流電圧 (100 V, 50 Hz)

が多い。**実効値**は，これと等しい大きさの直流電圧を同じ値の抵抗にかけたときに，等しい電力となる意味をもつ。一般の波形に対する実効値は，次式で定義される。

$$V = \sqrt{\frac{1}{T}\int_0^T v^2 dt} \ [\text{V}] \tag{2·33}$$

したがって，正弦波の場合は，$v = V_m \sin \omega t$ として，

$$V = V_m/\sqrt{2} \ [\text{V}] \tag{2·34}$$

が得られる。

以上は，電圧について述べたが，電流においても全く同様である。

(2) 交流の電力 図 2·22 のように，R, L や C などで構成される回路網の 2 つの端子間 a, b に正弦波交流電圧 v を加えると，電流 i もまた v と同じ周

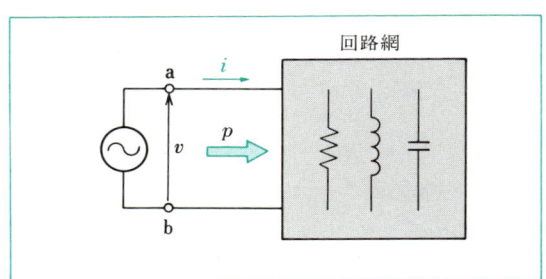

図 2·22 交流回路と電力

期の正弦波になる。v, i と電力 p との関係を示したのが図 2・23 である。v の波形は，端子 b から見た a の電位変化を示している。i は，この場合，v より ϕ だ

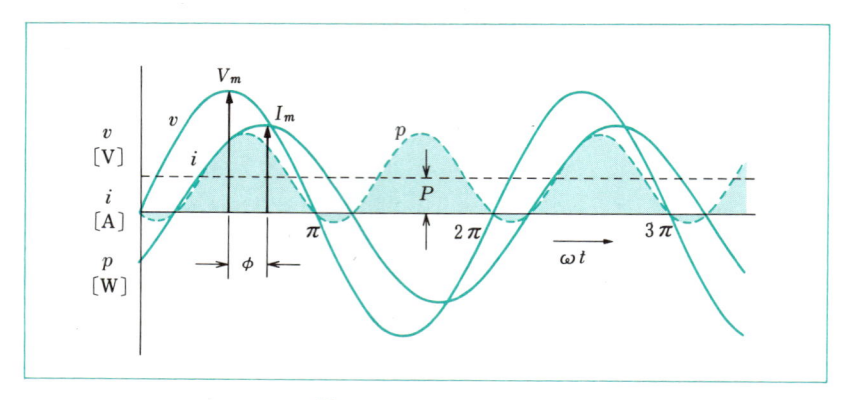

図 2・23　v, i, p の関係

け遅れている。したがって，v, i の関係は次式で示される。

$$\left. \begin{array}{l} v = V_m \sin \omega t \ [\text{V}] \\ i = I_m \sin (\omega t - \phi) \ [\text{A}] \end{array} \right\} \qquad (2 \cdot 35)$$

上式の ϕ を**位相差**といい，回路要素の値により $-90°$ から $+90°$ の間に存在する。

回路網に供給される**瞬時電力** p は，v, i の積で表されるから，

$$p = v \cdot i = \frac{1}{2} V_m I_m \{ \cos \phi - \cos (2 \omega t - \phi) \} \ [\text{W}] \qquad (2 \cdot 36)$$

となり，図 2・23 のように変化する。電力は，一般に p の平均値 (式(1・11)参照) で表すので，式(2・36)の第 1 項が交流の電力 (**有効電力**) P となる。すなわち，

$$P = \frac{1}{2} V_m I_m \cos \phi = \frac{V_m}{\sqrt{2}} \frac{I_m}{\sqrt{2}} \cos \phi = VI \cos \phi \ [\text{W}] \qquad (2 \cdot 37)$$

となる。$\cos \phi$ を**力率**といい，回路要素中の抵抗成分の割合を示す重要な値である。また，VI を**皮相電力**，$VI \sin \phi$ を**無効電力**といい，その単位には，前者は VA (ボルトアンペア)，後者は var (バール) を用いる。

　（3）**フェーザ図**　　図 2・23 でわかるように，一定な周波数の正弦波交流回

2・2 交流回路

路では，電圧と電流の位相差は常に一定となる。この特徴から，図 2・23 の電圧と電流は V_m と I_m と ϕ で，図 2・24 のように表すことができる。これは，V_m, I_m という大きさをもったベクトルが，位相差 ϕ の遅れ間隔をもって，円周上を角周波数 ω の速度で反時計まわりに回転していることを意味している。そして，ある時刻 t' における v, i の瞬時値は，そのベクトルの y 軸投影値，すなわち $V_m \sin \omega t'$ および $I_m \sin (\omega t' - \phi)$ である。したがって，図 2・24 は $t'=0$ におけるベクトル図である。

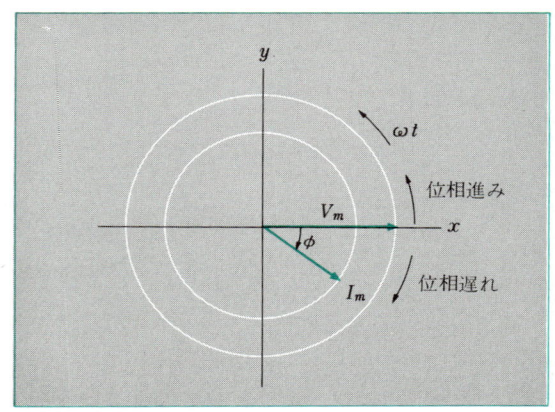

図 2・24 ベクトル図

図 2・24 では大きさを最大値で表した。しかし，前項で述べたように，実効値を用いて表したほうがより実用的である。そこで，大きさと方向をもった電圧と電流を $\dot{V}$ と $\dot{I}$ で表し，

$$\left. \begin{array}{l} \dot{V} = V \angle \theta_v \\ \dot{I} = I \angle \theta_i \end{array} \right\} \tag{2・38}$$

と書き，これを**フェーザ表示**という。上式の関係を描いた図 2・25 を**フェーザ図**といい，これを用いれば回路計算を著しく簡単にすることができる。実効値 V, I の単位が異なるので，その大きさの相対的な関係はなく，位相のみの対比ができる。なお，フェーザは phase vector（位相ベクトル）の略語である。

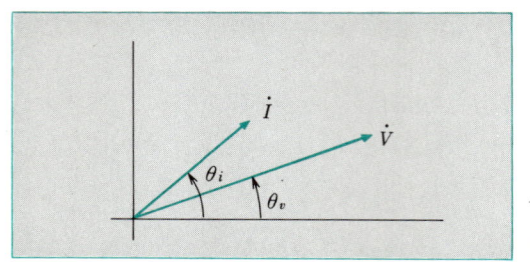

図 2·25 電圧と電流のフェーザ図

〔例題〕**2·7** 図 2·26 において，電流が $\dot{I}_2=I_2\angle\theta_2$ と $\dot{I}_3=I_3\angle\theta_3$ であるとき，$\dot{I}_1$ を求めよ。

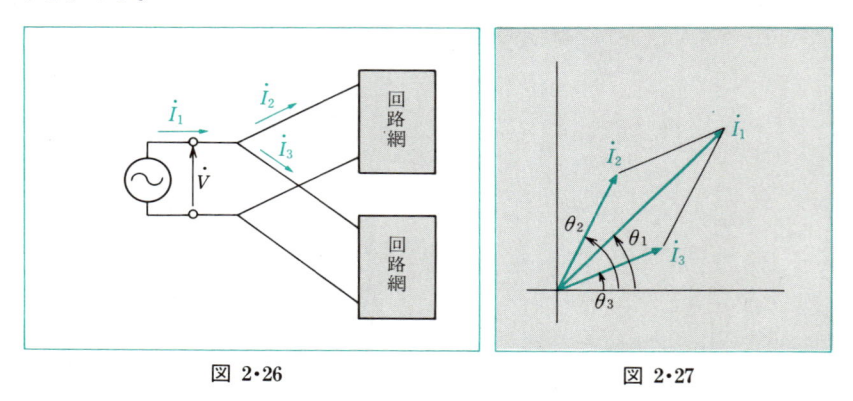

図 2·26

図 2·27

〔解答〕 $\theta_2>\theta_3$ としてフェーザ図を描くと図 2·27 のようになる。これから，$\dot{I}_1=I_1\angle\theta_1$ とおいて，I_1 と θ_1 は次式のようになる。

$$I_1=\sqrt{(I_2\cos\theta_2+I_3\cos\theta_3)^2+(I_2\sin\theta_2+I_3\sin\theta_3)^2}$$

$$\theta_1=\tan^{-1}\frac{I_2\sin\theta_2+I_3\sin\theta_3}{I_2\cos\theta_2+I_3\cos\theta_3}$$

(4) 複素数表示 正弦波の電圧と電流の関係をフェーザ図で表すことができた。このフェーザ図から，より簡単に回路計算を代数的に取り扱うことができる手法が，次に示す複素計算法である。

複素数 $\dot{Z}$ は，実数成分を a，虚数成分を b とし，$j=\sqrt{-1}$ を虚数単位とする

と，
$$\dot{Z} = a + jb \tag{2・39}$$
と書ける。この $\dot{Z}$ を，x 軸を実軸，y 軸を虚軸とする複素平面上に描くと，図 2・28 のようになり，前述のフェーザ図と同様な形となる。よって，電圧のフェ

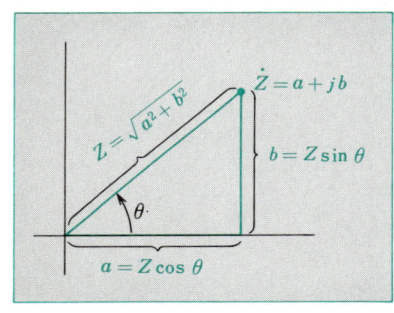

図 2・28 複素数表示

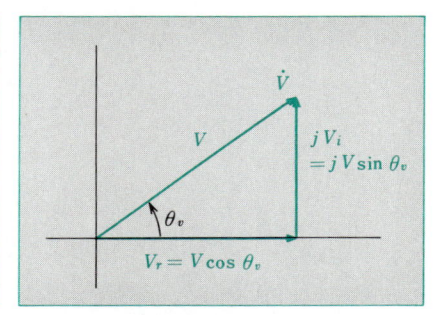

図 2・29 電圧のフェーザ図

ーザ表示 $\dot{V} = V \angle \theta_v$ の複素数表示は，図 2・29 から次式のようになる。
$$\dot{V} = V\cos\theta_v + jV\sin\theta_v = V_r + jV_i \tag{2・40}$$
次に，式(2・39)を Z と θ の極座標形式で表せば，図 2・28 から，
$$\dot{Z} = Z \angle \theta = Z(\cos\theta + j\sin\theta) \tag{2・41}$$
となる。これに**オイラーの式**
$$e^{j\theta} = \cos\theta + j\sin\theta \tag{2・42}$$
を用いれば，$\dot{Z}$ は次式のようにも表せる。
$$\dot{Z} = Ze^{j\theta} \tag{2・43}$$

このように，複素数表示は指数関数も使えて便利である。そこで，本書では，式(2・43)の形で表すことにする。

〔例題〕**2・8** $\dot{V} = Ve^{j\theta_v}$ のとき，$\dot{V}' = j\dot{V}$，$\dot{V}'' = j\dot{V}'$ および $\dot{V}''' = j\dot{V}''$ を求め，フェーザ図を描け。

〔解答〕 $j = \sqrt{-1}$，$jj = j^2 = -1$ であることを考慮して，式(2・40)から，
$$\dot{V}' = j\dot{V} = jV_r - V_i = Ve^{j(\theta_v + 90°)} = jVe^{j\theta_v}$$

$$\dot{V}'' = j\dot{V}' = -V_r - jV_i = Ve^{j(\theta_v + 180°)} = -Ve^{j\theta_v}$$

$$\dot{V}''' = j\dot{V}'' = -jV_r + V_i = Ve^{j(\theta_v + 270°)} = -jVe^{j\theta_v}$$

と求められ，フェーザ図は図 2・30 のようになる。j を掛けることは，位相を 90° 進めることを意味している。

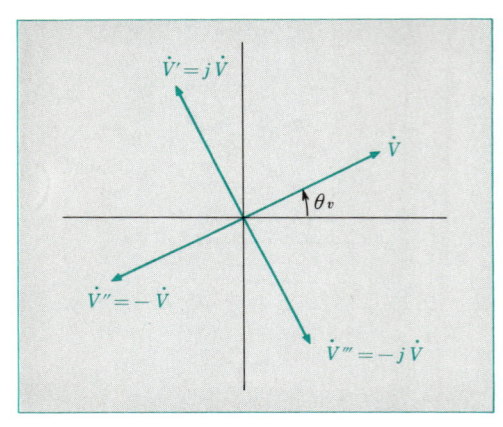

図 2・30

〔2〕 R, L, C の性質

（1）抵抗　　図 2・31（a）の抵抗 R に正弦波電圧 $v = V_m \sin \omega t$ を加えたときの電流 i は，オームの法則（式(1・4)）から，

$$i = \frac{v}{R} = \frac{V_m}{R} \sin \omega t \equiv I_m \sin \omega t \tag{2・44}$$

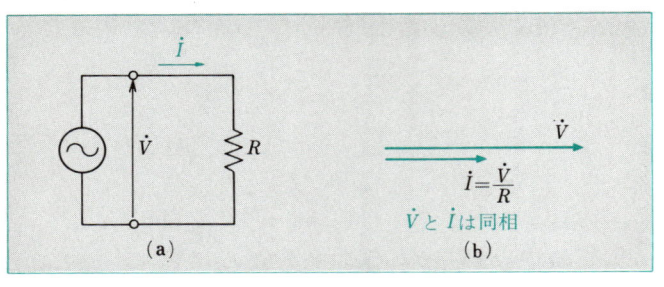

図 2・31　抵抗回路とフェーザ図

となり，v と i は同相である．これを実効値および複素数で表すと，

$$I=\frac{V}{R}, \qquad \dot{I}=\frac{\dot{V}}{R} \tag{2・45}$$

となり，フェーザ図は図 (b) のようになる．

また，電力 P は，式 (2・37) の $\cos\phi=1$ とおいて，次式のようになる．

$$P=VI \tag{2・46}$$

（2）インダクタンス　図 2・32 (a) のインダクタンス L と v, i との関係

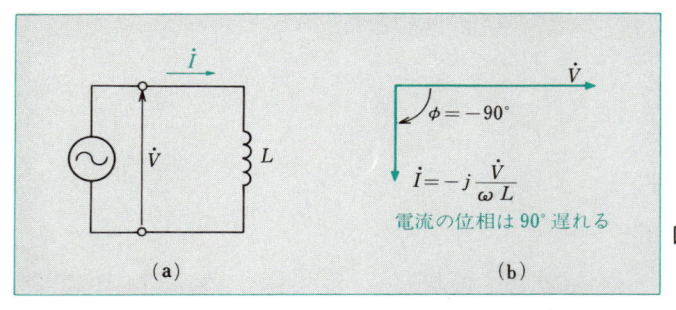

図 2・32　インダクタンス回路とフェーザ図

は，式 (1・67) を用いて，$e=v$ として解けば，

$$i=\frac{1}{L}\int v dt=\frac{V_m}{L}\int \sin \omega t dt=\frac{V_m}{\omega L}\sin\left(\omega t-\frac{\pi}{2}\right) \tag{2・47}$$

となり，電流の位相が 90° 遅れる．したがって，$\cos\phi=0$ であるから，電力 P は零となる．すなわち，インダクタンスには電力は消費されず，電流を 90° 遅らすだけである．また，実効値および複素数表示は，

$$I=\frac{V}{\omega L}, \qquad \dot{I}=-j\frac{\dot{V}}{\omega L} \tag{2・48}$$

となり，フェーザ図は図 (b) のようになる．

（3）キャパシタンス　図 2・33 (a) のコンデンサ C に蓄えられる電荷 $q=Cv$ による電流 i は，式 (1・40) を用いて解けば，

$$i=\frac{d}{dt}q=\frac{d}{dt}CV_m\sin \omega t=\omega CV_m\cos \omega t=\omega CV_m\sin\left(\omega t+\frac{\pi}{2}\right) \tag{2・49}$$

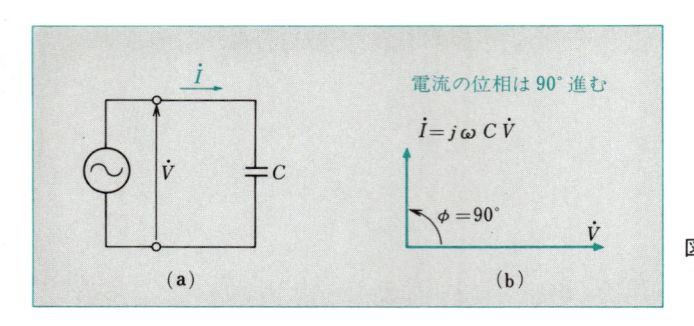

図 2·33 キャパシタンス回路とフェーザ図

となり，電流の位相が 90° 進む。したがって，$\cos\phi=0$ であるから，電力 P は零となり，C もまた L と同様電力を消費しないが，L と違って電流を 90° 進ませる性質がある。実効値および複素数表示は，

$$I=\omega CV, \qquad \dot{I}=j\omega C\dot{V} \tag{2·50}$$

となり，フェーザ図は図(b)のようになる。

ここで，

$$X_L=\omega L=2\pi fL \ [\Omega] \tag{2·51}$$
$$X_C=1/(\omega C)=1/(2\pi fC) \ [\Omega] \tag{2·52}$$

とおくと，抵抗と同じ単位になり，X_L を**誘導性リアクタンス**，X_C を**容量性リアクタンス**という。

(4) インピーダンスとアドミタンス 図 2·34(a) の回路における電圧 $\dot{V}$ は，$\dot{V}_R$ と $\dot{V}_L$ のベクトル和に等しくなる。したがって，式(2·45)と式(2·48)

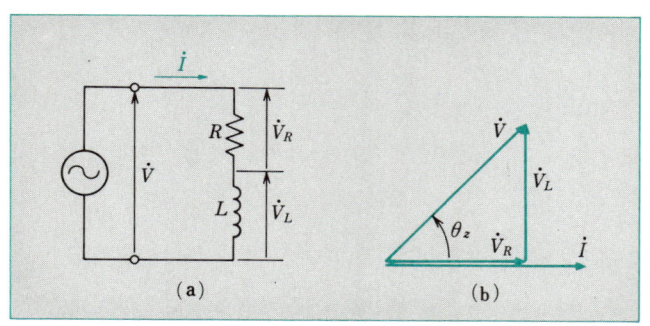

図 2·34 R-L 直列回路とフェーザ図

から，
$$\dot{V} = \dot{V}_R + \dot{V}_L = (R + j\omega L)\dot{I} \tag{2・53}$$
となり，図(b)に $\dot{I} = Ie^{j0°}$ を基準としたフェーザ図を示す．

一般の複雑な回路系の電圧と電流の関係を
$$\dot{V} = \dot{Z}\dot{I} \tag{2・54}$$
とおくと，$\dot{Z}$ は**複素インピーダンス**または単に**インピーダンス**といい，〔Ω〕の単位に等しい．したがって，図 2・34 における $\dot{Z}$ は，
$$\dot{Z} = R + j\omega L = Ze^{j\theta_z} \,〔\Omega〕 \tag{2・55}$$
ただし，
$$Z = \sqrt{R^2 + (\omega L)^2} \quad , \quad \theta_z = \tan^{-1}(\omega L/R)$$
となる．R-L 直列回路は，電圧の位相が電流よりも θ_z 進むので，これを**誘導性インピーダンス**という．

同様にして，図 2・35(a)の回路では，式(2・45)と式(2・50)から，

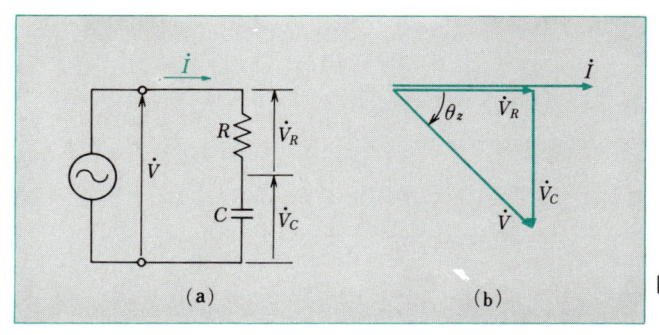

図 2・35 R-C 直列回路とフェーザ図

$$\dot{V} = \dot{V}_R + \dot{V}_C = \left(R - j\frac{1}{\omega C}\right)\dot{I} \tag{2・56}$$

$$\dot{Z} = R - j\frac{1}{\omega C} = Ze^{-j\theta_z} \tag{2・57}$$

ただし，
$$Z = \sqrt{R^2 + \left(\frac{1}{\omega C}\right)^2} \quad , \quad \theta_z = \tan^{-1}\frac{1/\omega C}{R}$$

となり，フェーザ図は図(b)のようになる。この場合は，電圧の位相が電流よりも θ_z 遅れるので，これを**容量性インピーダンス**という。

次に，インピーダンスの逆数を**アドミタンス**といい，次式で表す。

$$\dot{Y}=\frac{1}{\dot{Z}}=\frac{\dot{I}}{\dot{V}}=\frac{1}{Ze^{j\theta z}}=Ye^{-j\theta z}\equiv G-jB \,[\Omega] \tag{2・58}$$

ここで，G は**コンダクタンス**，B は**サセプタンス**といい，$B>0$ を**誘導性サセプタンス**，$B<0$ を**容量性サセプタンス**という。また，単位〔S〕をジーメンスという。

〔**例題**〕**2・9** 図 2・34 において，$V=200$〔V〕，$R=100$〔Ω〕，$L=0.5$〔H〕，$f=50$〔Hz〕とするときのインピーダンスと電流値を求めよ。

〔**解答**〕インピーダンス Z は，式(2・55)から，

$$Z=\sqrt{R^2+(\omega L)^2}=\sqrt{100^2+(2\pi\times 50\times 0.5)^2}=186\,[\Omega]$$

よって，電流 I は，

$$I=V/Z=200/186=1.08\,[\text{A}]$$

〔**3**〕 **交流回路の計算**

（1） インピーダンスの直並列接続 直流回路の抵抗 R に相当するものが，交流回路ではインピーダンス Z になる。したがって，インピーダンスの直

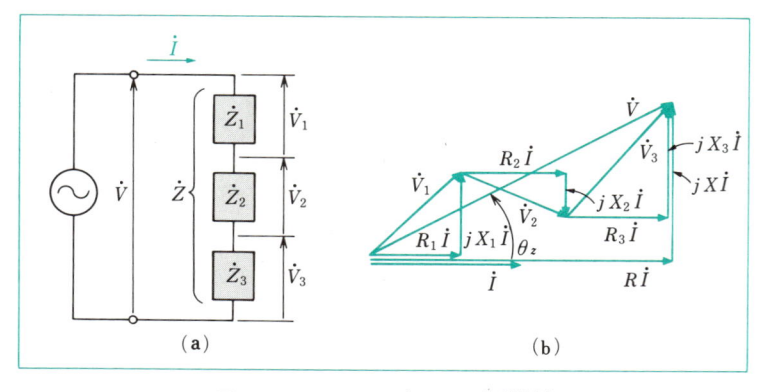

図 2・36 インピーダンスの直列接続

並列回路といえども，Z を R のように考えて全く同様に考えることができる。

例えば，図 2・36(a)の場合，その合成インピーダンス $\dot{Z}$ は，

$$\dot{Z} = \dot{Z}_1 + \dot{Z}_2 + \dot{Z}_3 \tag{2・59}$$

となる。ここで，$\dot{Z}_1, \dot{Z}_2, \dot{Z}_3$ を

$$\dot{Z}_1 = R_1 + jX_1 \quad , \quad \dot{Z}_2 = R_2 + jX_2 \quad , \quad \dot{Z}_3 = R_3 + jX_3 \tag{2・60}$$

とおくと，$\dot{Z}$ は次式のように求まる。

$$\dot{Z} = (R_1 + R_2 + R_3) + j(X_1 + X_2 + X_3) \equiv R + jX \equiv Ze^{j\theta_z} \tag{2・61}$$

ここで，

$$Z = \sqrt{R^2 + X^2} \quad , \quad \theta_z = \tan^{-1}(X/R) = \cos^{-1}(R/Z)$$

いま，電源電圧 $\dot{V} = Ve^{j0°}$ とすると，電流 $\dot{I}$ は，

$$\dot{I} = \frac{\dot{V}}{\dot{Z}} = \frac{Ve^{j0°}}{Ze^{j\theta_z}} = \frac{V}{Z}e^{-j\theta_z} \equiv Ie^{-j\theta_z} \tag{2・62}$$

となる。したがって，電圧と電流の位相差は θ_z となるから，電力 P は，

$$P = VI \cos\theta_z = \frac{V^2}{Z}\cos\theta_z = \frac{V^2}{Z^2}R = I^2 R \tag{2・63}$$

となり，抵抗のみが電力を消費することがわかる。

図 2・36(b)は，$\dot{I} = Ie^{j0°}$ を基準としたフェーザ図である。

〔例題〕**2・10** 図 2・37(a)のように，アドミタンスが並列接続された場合の

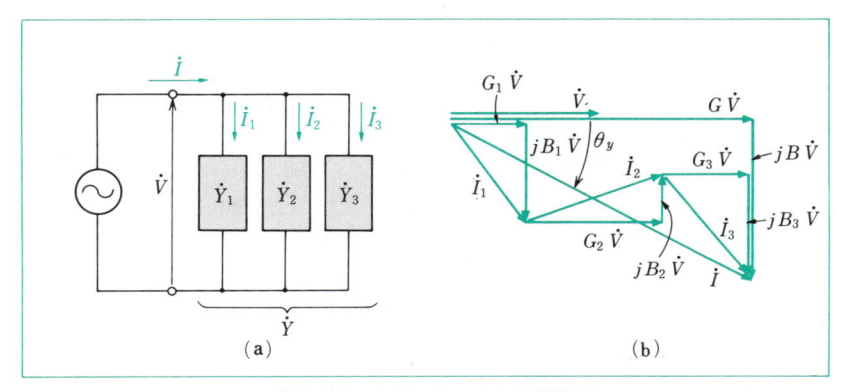

図 2・37 アドミタンスの並列接続

合成アドミタンス $\dot{Y}$ と電力 P を求めよ。

〔解答〕 インピーダンスの場合と同様な考え方で，アドミタンスに置き換えて解けばよい。すなわち，$\dot{Y}_1 = G_1 + jB_1$, $\dot{Y}_2 = G_2 + jB_2$, $\dot{Y}_3 = G_3 + jB_3$ とおいて，

$$\dot{I} = \dot{I}_1 + \dot{I}_2 + \dot{I}_3 = (\dot{Y}_1 + \dot{Y}_2 + \dot{Y}_3)\dot{V} \equiv \dot{Y}\dot{V}$$

$$\dot{Y} = (G_1 + G_2 + G_3) + j(B_1 + B_2 + B_3) \equiv G + jB \equiv Ye^{j\theta_y} \qquad (2\cdot64)$$

ここで，

$$Y = \sqrt{G^2 + B^2} \quad , \quad \theta_y = \tan^{-1}(B/G) = \cos^{-1}(G/Y)$$

となる。いま，$\dot{V} = Ve^{j0°}$ とおけば，

$$\dot{I} = \dot{Y}\dot{V} = Ye^{j\theta_y} \cdot Ve^{j0°} = YVe^{j\theta_y} \qquad (2\cdot65)$$

となり，フェーザ図は図(b)のようになる。また，電力 P は，

$$P = VI\cos\theta_y = YV^2\cos\theta_y = V^2G \qquad (2\cdot66)$$

となり，G は，抵抗 R と同様，電力消費要素である。

(2) 交流回路の諸定理 キルヒホッフの法則など，直流回路で適用される諸定理は，交流回路でもすべて適用できる。例えば，図 2・38 に示す回路に，

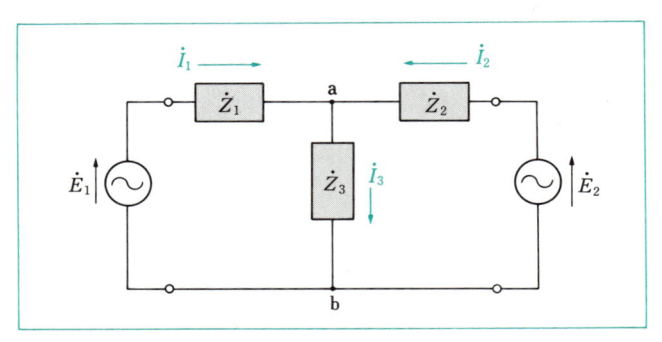

図 2・38 交流回路例

キルホッフの法則を適用すると，節点 a について，第 1 法則（電流則）から，

$$\dot{I}_1 + \dot{I}_2 - \dot{I}_3 = 0 \qquad (2\cdot67)$$

また，ab の右側および左側の各閉回路について，第 2 法則（電圧則）から，

$$\dot{E}_1 = \dot{Z}_1\dot{I}_1 + \dot{Z}_3\dot{I}_3 \quad , \quad \dot{E}_2 = \dot{Z}_2\dot{I}_2 + \dot{Z}_3\dot{I}_3 \qquad (2\cdot68)$$

を得る。式(2・67)と式(2・68)を用いて解くと，$\dot{I}_1$, $\dot{I}_2$, $\dot{I}_3$ は，

$$\left.\begin{array}{l}\dot{I}_1=\dfrac{(\dot{Z}_2+\dot{Z}_3)\dot{E}_1-\dot{Z}_3\dot{E}_2}{\dot{Z}_1\dot{Z}_2+\dot{Z}_2\dot{Z}_3+\dot{Z}_3\dot{Z}_1}\quad,\quad \dot{I}_2=\dfrac{(\dot{Z}_1+\dot{Z}_3)\dot{E}_2-\dot{Z}_3\dot{E}_1}{\dot{Z}_1\dot{Z}_2+\dot{Z}_2\dot{Z}_3+\dot{Z}_3\dot{Z}_1} \\ \dot{I}_3=\dfrac{\dot{Z}_2\dot{E}_1+\dot{Z}_1\dot{E}_2}{\dot{Z}_1\dot{Z}_2+\dot{Z}_2\dot{Z}_3+\dot{Z}_3\dot{Z}_1}\end{array}\right\} \quad (2\cdot69)$$

となり，これは直流回路の R を $\dot{Z}$ に，また起電力，電流を各々 E を $\dot{E}$ に，I を $\dot{I}$ に置き換えたことに等しい。交流回路では複素計算になるので，直流回路の場合よりも計算が複雑になる。

〔例題〕**2・11**　図 2・39 の各電流値を求めよ。ただし，$E_1=100$〔V〕，$r_1=10$〔Ω〕，$r_2=8$〔Ω〕，$r_3=5$〔Ω〕，$X_2=15$〔Ω〕，$X_3=12$〔Ω〕とする。

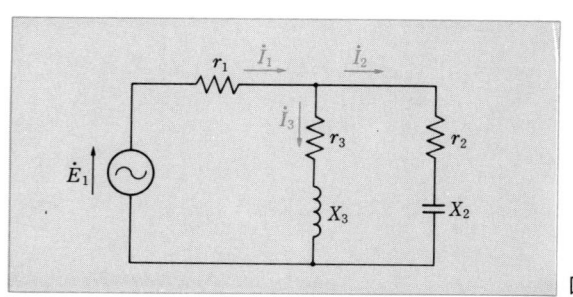

図 2・39

〔**解答**〕　同図は，図 2・38 において，$\dot{E}_2=0$ とおけばよい。よって，$\dot{E}_1=100$〔V〕，$\dot{Z}_1=r_1=10$〔Ω〕，$\dot{Z}_2=r_2-jX_2=8-j15$〔Ω〕，$\dot{Z}_3=r_3+jX_3=5+j12$〔Ω〕として，式(2・69)に代入すれば，次式を得る（$\dot{I}_2$ の方向に注意）。

$$\dot{I}_1=3.73-j0.76\quad,\quad \dot{I}_2=1.34+j3.46\quad,\quad \dot{I}_3=2.39-j4.22$$

したがって，各電流値 I_1, I_2, I_3 は，

$$I_1=\sqrt{3.73^2+0.76^2}=3.81\text{〔A〕}$$
$$I_2=\sqrt{1.34^2+3.46^2}=3.71\text{〔A〕}$$
$$I_3=\sqrt{2.39^2+4.22^2}=4.85\text{〔A〕}$$

(3) ブリッジ回路　図 2·40 を**交流ブリッジ回路**といい，直流で抵抗を測定するホイートストンブリッジと同様に，インピーダンスを測定するのに用い

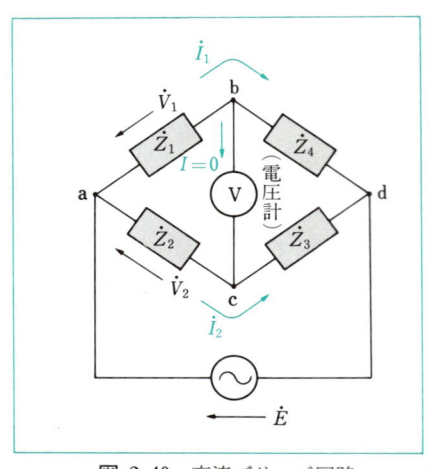

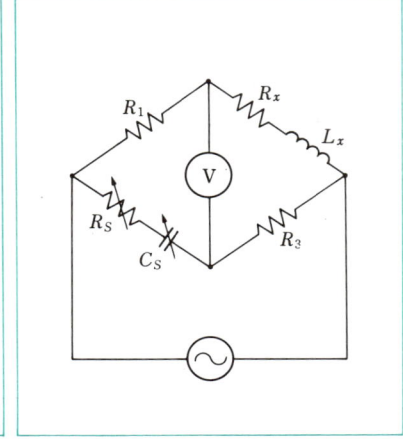

図 2·40 交流ブリッジ回路

図 2·41 インピーダンスを測定するブリッジ回路例

られる．いま，各インピーダンスを調整して，高感度電圧計の指示が零になったとき，

$$\dot{V}_1 = \dot{V}_2 = \dot{I}_1 \dot{Z}_1 = \dot{I}_2 \dot{Z}_2 \tag{2·70}$$

$$\dot{I}_1 = \frac{\dot{E}}{\dot{Z}_1 + \dot{Z}_4} \quad , \quad \dot{I}_2 = \frac{\dot{E}}{\dot{Z}_2 + \dot{Z}_3} \tag{2·71}$$

を得る．両式から次式が導かれ，3つの既知インピーダンスにより，他の1つのインピーダンスが求められる．

$$\dot{Z}_1 \dot{Z}_3 = \dot{Z}_2 \dot{Z}_4 \tag{2·72}$$

〔**例題**〕**2·12**　図 2·41 で，R_s と C_s を調整して電圧計の指示を零にした．このとき，未知のインピーダンス Z_x を求めよ．ただし，$R_1 = R_3 = R_s = 1$〔kΩ〕，$C_s = 0.01$〔μF〕，$f = 1$〔kHz〕とする．

〔**解答**〕　この場合，式(2·72)から次式のようになる．

$$R_1R_3 = \left(R_s - j\frac{1}{\omega C_s}\right)(R_x + j\omega L_x) = R_sR_x + \frac{L_x}{C_s} + j\left(\omega L_xR_s - \frac{R_x}{\omega C_s}\right)$$

上式の右辺と左辺の実数部と虚数部が各々等しいとおけば,

$$R_1R_3 = R_sR_x + \frac{L_x}{C_s} \quad , \quad \omega L_xR_s = \frac{R_x}{\omega C_s}$$

となり，上式を解けば R_x と L_x は次式のようになる。

$$R_x = \frac{R_1R_3R_s(\omega C_s)^2}{(\omega C_sR_s)^2 + 1} \,[\Omega] \quad , \quad L_x = \frac{R_1R_3C_s}{(\omega C_sR_s)^2 + 1} \,[\mathrm{H}] \qquad (2\cdot73)$$

よって，各数値を代入すると，$R_x = 3.95\,[\Omega]$，$L_x = 10\,[\mathrm{mH}]$ となり，インピーダンス Z_x は，次のようになる。

$$Z_x = \sqrt{R_x^2 + (\omega L_x)^2} = 62.9\,[\Omega]$$

（4） 共振回路　　いままでは電源周波数が一定であったが，例えば，図 2・42(a) において，電圧 $\dot{V}$ の周波数が変化した場合，合成インピーダンス $\dot{Z}$ もまた，次式により変化し，図(b)のような特性になる。

$$\dot{Z} = R + j\omega L - j\frac{1}{\omega C} \equiv R + jX \equiv Ze^{j\theta_z} \qquad (2\cdot74)$$

ここで，

$$Z = \sqrt{R^2 + X^2} \quad , \quad \theta_z = \tan^{-1}(X/R)$$

また，電流 I は次式のようになる。

$$I = \frac{V}{Z} = \frac{V}{\sqrt{R^2 + X^2}} \qquad (2\cdot75)$$

したがって，$\omega = \omega_0$ において，Z は最小値 R となり，電流は最大 V/R となる。この状態を**直列共振**という。ω_0 は，$X = 0$ とおいて，次式のように導れる。

$$\omega_0 = 2\pi f_0 = \frac{1}{\sqrt{LC}} \qquad (2\cdot76)$$

この f_0 を**共振周波数**という。また，図(c)の電流-周波数曲線を**共振曲線**といい，ω_0 における電流の鋭さを示す次式の**比帯域幅**（または**半値幅**）が定義されている。

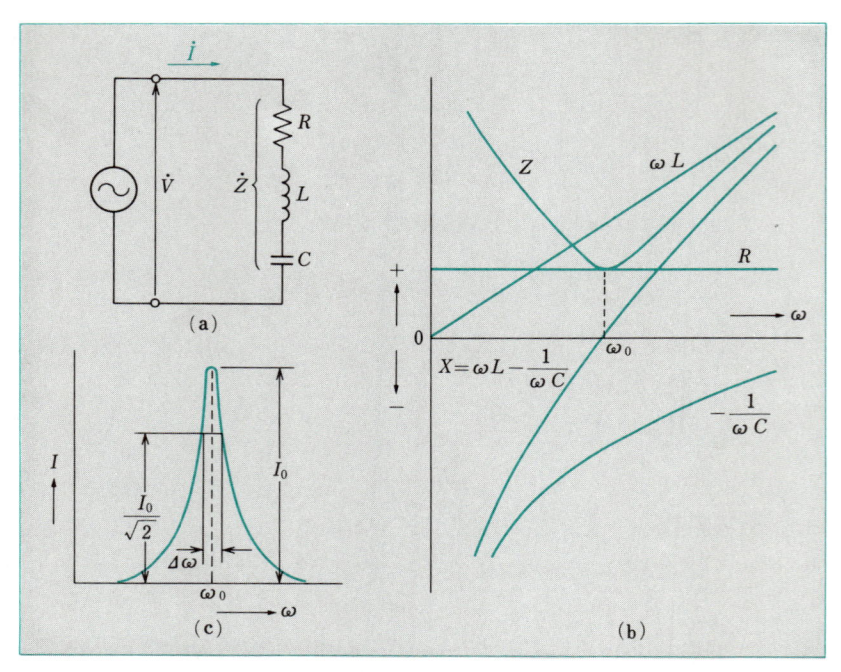

図 2·42 直列共振回路とその特性

$$\frac{\Delta\omega}{\omega_0} \text{ または } \frac{\Delta f}{f_0} \tag{2·77}$$

普通, インダクタンスはコイルで構成されており, 必ず抵抗がある。そこで, 抵抗 R が小さいほど電流曲線が鋭くなるので, これをコイルの質の良さを表す **Q値** といい, 次のように定義される。

$$Q \equiv \frac{\omega_0 L}{R} \tag{2·78}$$

次に, 並列共振回路は, 図 2·43(a)で示される。直列共振の場合と同様, ω_0 において, 合成アドミタンス $\dot{Y}$ が最小になり, 電流 $\dot{I}$ も最小となる。しかし, 一般にはインダクタンス コイルに抵抗があるので, 図(b)のような実際的回路によって共振を考える必要がある。

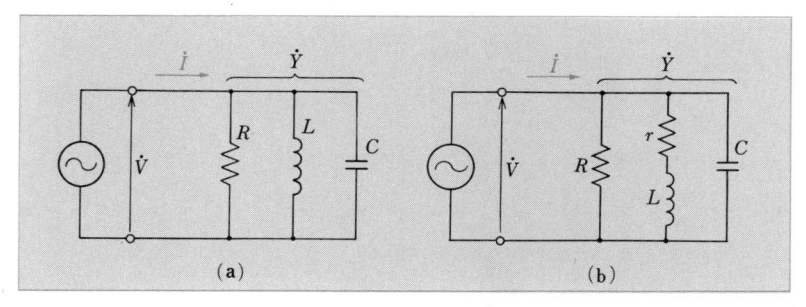

図 2・43　並列共振回路

（5）相互誘導回路　第1章で述べたように，相互インダクタンス M を含む回路，例えば，図2・44（a）の場合，式(1・73)を参考にして，次の回路方程式が成り立つ。

$$\left.\begin{array}{l}\dot{E}_1=(R_1+j\omega L_1)\dot{I}_1+j\omega M\dot{I}_2\\ \dot{E}_2=j\omega M\dot{I}_1+(R_2+j\omega L_2)\dot{I}_2\end{array}\right\} \quad (2\cdot79)$$

式(2・79)を次のように変形すると，図(b)の等価回路が得られる。

$$\dot{E}_1=\{R_1+j\omega(L_1-M)\}\dot{I}_1+j\omega M(\dot{I}_1+\dot{I}_2) \quad (2\cdot80)$$
$$\dot{E}_2=j\omega M(\dot{I}_1+\dot{I}_2)+\{R_2+j\omega(L_2-M)\}\dot{I}_2$$

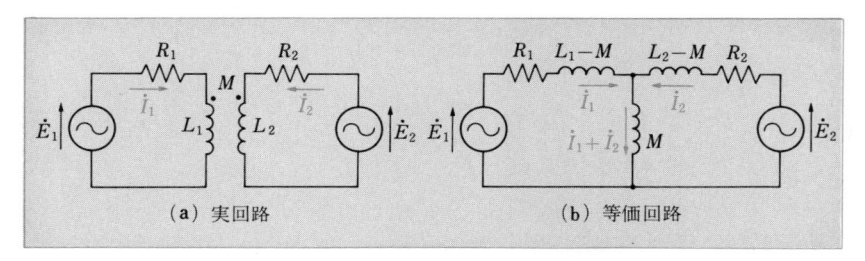

図 2・44　相互誘導回路

ここで，L_1 と L_2 とで作る磁束の向きにより，M による起電力の正負が変わる。図2・44（a）では●印で示され，L_1 の●印側に $\dot{I}_1$ の向きの電流が流れ込めば，M を介して L_2 の●印側を正とする起電力が発生することを意味している。

また，2つの自己インダクタンス L_1, L_2 と相互インダクタンス M との間には，次の関係をもつ。

$$M = k\sqrt{L_1 L_2} \tag{2・81}$$

$k(\leq 1)$ は**結合係数**といい，鎖交磁束の漏れの度合を示す係数であり，$k=1$ は漏れ磁束のない理想的結合状態である。相互誘導作用を利用したのが，第5章で述べる変圧器であり，鉄心を用いて磁束の密結合を図っている。

〔例題〕**2・13** 2つのコイルを図2・45のように接続したとき，端子 ab からみた合成インピーダンス $\dot{Z}$ を求めよ。

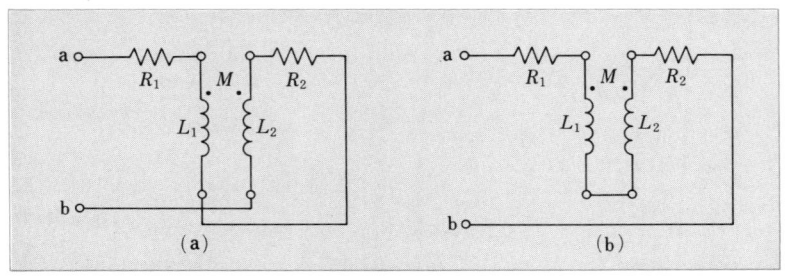

図 2・45

〔解答〕 図(a)の場合，電源起電力を $\dot{E}$, 流入電流を $\dot{I}$ とおくと，次の回路方程式が成り立つ。

$$\dot{E} = (R_1 + j\omega L_1 + j\omega M)\dot{I} + (R_2 + j\omega L_2 + j\omega M)\dot{I}$$

よって，インピーダンス $\dot{Z}$ は，上式を整理して次式を得る。

$$\dot{Z} = \dot{E}/\dot{I} = (R_1 + R_2) + j\omega(L_1 + L_2 + 2M)$$

同様にして，図(b)の場合は，次式のようになる。

$$\dot{Z} = (R_1 + R_2) + j\omega(L_1 + L_2 - 2M)$$

〔4〕 三相交流

（1） **対称三相交流電源**　周波数が等しく，位相が互いに異なる2つ以上の交流電圧と電流を得る方式を**多相交流**という。このうち，すべての電圧と電

2・2 交流回路

流の大きさがそれぞれ等しく，その位相が順次 120° ずつ異なる 3 つの起電力 $\dot{E}_a, \dot{E}_b, \dot{E}_c$ を有する電源を**対称三相交流**といい，その接続は大別して図 2・46 のように表す（図 2・17 参照）。同図（a）と（b）が等価であると，$\dot{E}_{ab} = \dot{E}_a - \dot{E}_b$ である。$\dot{E}_a$ を基準としたフェーザ図は，図 2・47（a）のようになり，各電圧は次

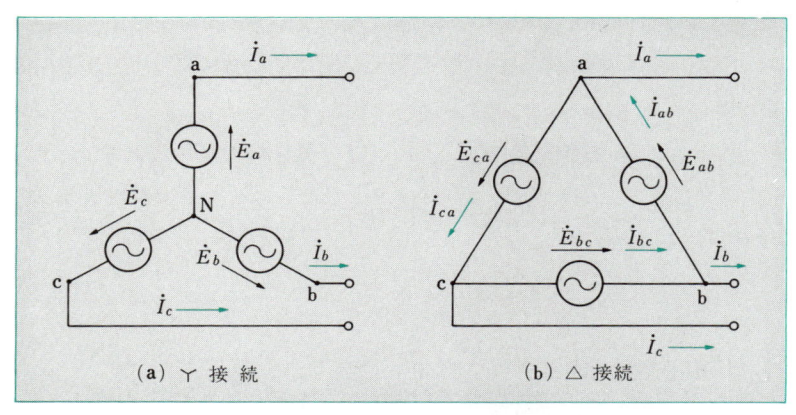

図 2・46 三相電源の接続方式

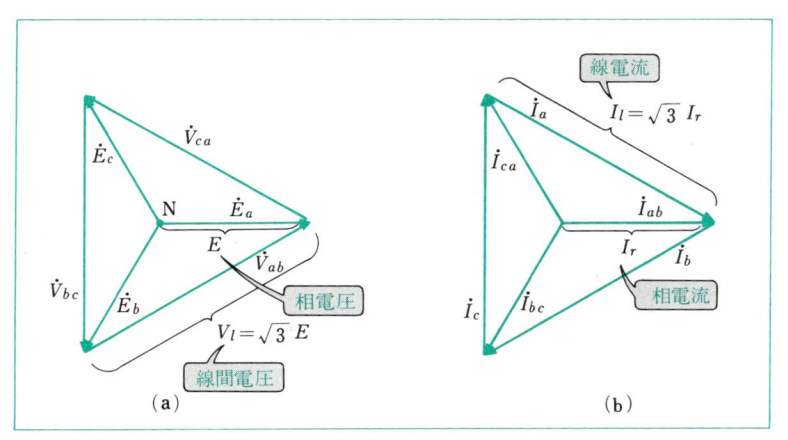

図 2・47 三相電圧・電流のフェーザ図

式で示される。

$$\dot{E}_a = E e^{j0°}, \quad \dot{E}_b = E e^{-j120°}, \quad \dot{E}_c = E e^{-j240°} \tag{2・82}$$

$$\left.\begin{array}{l}\dot{V}_{ab}=\dot{E}_a-\dot{E}_b=\sqrt{3}\,E e^{j30°}\\ \dot{V}_{bc}=\dot{E}_b-\dot{E}_c=\sqrt{3}\,E e^{-j90°}\\ \dot{V}_{ca}=\dot{E}_c-\dot{E}_a=\sqrt{3}\,E e^{j150°}\end{array}\right\} \tag{2・83}$$

ここで，$\dot{E}_a$, $\dot{E}_b$, $\dot{E}_c$ を**相電圧**，$\dot{V}_{ab}$, $\dot{V}_{bc}$, $\dot{V}_{ca}$ を**線間電圧**といい，相電圧 E と線間電圧 V_l との間に，

$$V_l=\sqrt{3}\,E \tag{2・84}$$

の重要な関係をもち，一般に三相の場合は線間電圧で示す．

次に，$\dot{I}_a$, $\dot{I}_b$, $\dot{I}_c$ を**線電流**，$\dot{I}_{ab}$, $\dot{I}_{bc}$, $\dot{I}_{ca}$ を環状電流または**相電流**といい，$\dot{I}_{ab}$ を基準としたフェーザ図は，図 2・47(b) のようになり，線電流 I_l と環状電流 I_r との間に，

$$I_l=\sqrt{3}\,I_r \tag{2・85}$$

の関係をもつ．

(2) 三相平衡負荷回路　図 2・48 に負荷回路の例を示す．ここで，$\dot{Z}_a=\dot{Z}_b=\dot{Z}_c\equiv\dot{Z}$ とする負荷を**平衡負荷**という．また，電源や負荷が△接続であっても，

(a) Y 接続三相平衡負荷回路　　　**(b) フェーザ図**

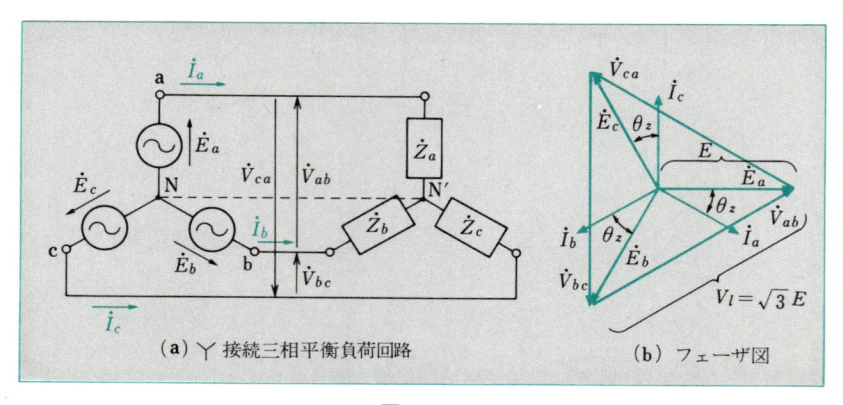

図 2・48

等価変換により常に図 2・48 の形で表し得る．対称三相電源-平衡負荷回路では，**中性点** N と N′ の電位が等しく，かつ，$\dot{I}_a+\dot{I}_b+\dot{I}_c=0$ となるので，N N′間に電流は流れない．そこで，線電流を求める場合，N N′間を接続したと考え，

$$\dot{I}_a = \frac{\dot{E}_a}{\dot{Z}_a} = \frac{Ee^{j0°}}{Ze^{j\theta_z}} = \frac{E}{Z}e^{-j\theta_z} \equiv I_l e^{-j\theta_z} \tag{2・86}$$

となり，$\dot{I}_a$, $\dot{I}_c$ はそれぞれ $\dot{I}_a$ から 120° ずつ位相を異にする図 2・48 のフェーザ図を得る。これから，三相電力 P は，一相当たりの電力の 3 倍として，

$$P = 3EI_l \cos\theta_z = \sqrt{3}\, V_l I_l \cos\theta_z \tag{2・87}$$

となる。すなわち，三相電力は線間電圧，線電流および力率の積の $\sqrt{3}$ 倍である。

〔例題〕**2・14** 図 2・49(a)に示すように，2 台の電力計を用いて三相平衡負荷の電力が測定できる。電力 $P = W_1 + W_2$ であることを示せ。

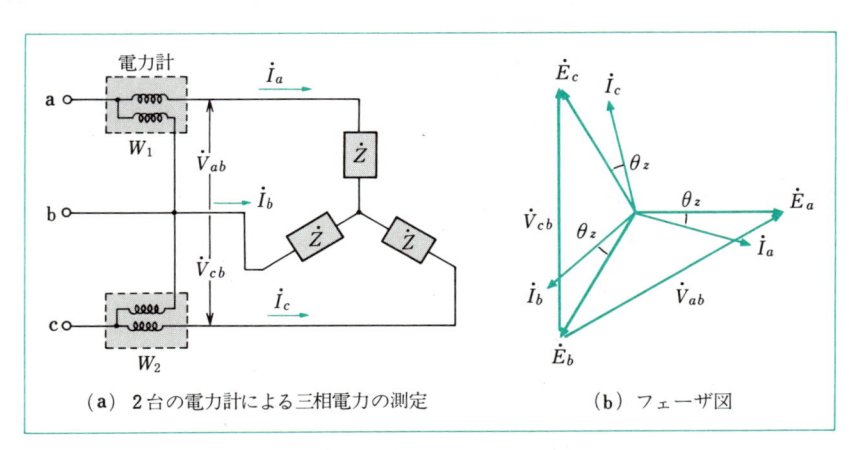

図 2・49

(a) 2 台の電力計による三相電力の測定 (b) フェーザ図

〔解答〕 図 2・49(b)に示すフェーザ図から，電力計の指示 W_1 と W_2 は，

$$W_1 = |\dot{V}_{ab}||\dot{I}_a|\cos\left(\frac{\pi}{6} + \theta_z\right)$$

$$W_2 = |\dot{V}_{cb}||\dot{I}_c|\cos\left(\frac{\pi}{6} - \theta_z\right)$$

となる。線間電圧 $V_l = |\dot{V}_{ab}| = |\dot{V}_{cb}|$，線電流 $I_l = |\dot{I}_a| = |\dot{I}_c|$ として，P は，

$$P = W_1 + W_2 = V_l I_l \left\{\cos\left(\frac{\pi}{6} + \theta_z\right) + \cos\left(\frac{\pi}{6} - \theta_z\right)\right\} = \sqrt{3}\, V_l I_l \cos\theta_z$$

となり，式(2・87)に一致する。

〔5〕 ひずみ波交流

図2・50のように，正弦波でない周期波形を**ひずみ波**といい，例えば，整流波形，三角波形や周期的パルス波形もひずみ波である。ひずみ波は，また周期T

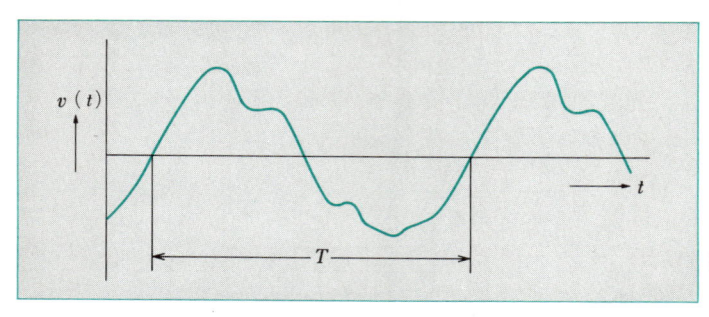

図2・50 ひずみ波交流

の異なったいくつかの正弦波交流の集まりと考えることができ，次式のようにフーリェ級数で示される。

$$v(t) = V_0 + \sum_{n=1}^{\infty} a_n \sin n\omega t + \sum_{n=1}^{\infty} b_n \cos n\omega t$$
$$= V_0 + \sum_{n=1}^{\infty} V_{mn} \sin(n\omega t + \theta_n) \tag{2・88}$$

ここで，

$$V_0 = \frac{1}{T}\int_0^T v(t)dt$$

$$a_n = \frac{2}{T}\int_0^T v(t) \sin n\omega t\, dt$$

$$b_n = \frac{2}{T}\int_0^T v(t) \cos n\omega t\, dt$$

$$V_{mn} = \sqrt{a_n^2 + b_n^2}$$

$$\theta_n = \tan^{-1}(b_n/a_n)$$

V_0は直流成分を表す。$n=1$の場合を**基本波**といい，それ以上を**第n高調波**あるいは単に**高調波**という。ひずみ波の実効値Vは，式(2・33)の定義から，次

式のようになる。ただし、各調波の実効値 $V_n = V_{mn}/\sqrt{2}$ である。

$$V = \sqrt{V_0^2 + V_1^2 + V_2^2 + \cdots + V_n^2} \tag{2・89}$$

いま、電圧 $v(t)$ と電流 $i(t)$ とが

$$\left. \begin{array}{l} v(t) = V_0 + \sum_{n=1}^{\infty} \sqrt{2}\, V_n \sin(n\omega t + \theta_n) \\ i(t) = I_0 + \sum_{n=1}^{\infty} \sqrt{2}\, I_n \sin(n\omega t + \theta_n - \phi_n) \end{array} \right\} \tag{2・90}$$

であるとき、ひずみ波の平均電力 P は、等しい周波数の電圧、電流による電力の総和として、次式のように表される。

$$P = V_0 I_0 + \sum_{n=1}^{\infty} V_n I_n \cos \phi_n \ [\text{W}] \tag{2・91}$$

次に、ひずみ波における力率は、次式のように定義される。

$$\text{力率} = P/VI \tag{2・92}$$

ここで、VI は**皮相電力**である。また、ひずみの度合を示す係数として、次式の**ひずみ率**が定義されている。

$$\text{ひずみ率} = \frac{\text{全高調波の実効値}}{\text{基本波の実効値}} = \frac{\sqrt{V_2^2 + V_3^2 + \cdots + V_n^2}}{V_1} \tag{2・93}$$

〔例題〕**2・15** ある回路の電圧 v と電流 i が

$$v = \sqrt{2} \times 100 \sin \omega t + \sqrt{2} \times 30 \sin 3\omega t \ [\text{V}]$$
$$i = \sqrt{2} \times 5 \sin (\omega t + 30°) \ [\text{A}]$$

であった。この回路の電力、力率およびひずみ率を求めよ。

〔解答〕 電流が基本波のみであるから、電力も基本波電力のみである。したがって、$V_1 = 100$ [V]、$I_1 = 5$ [A]、$\phi_1 = 30°$ として、

$$P = V_1 I_1 \cos \phi_1 = 100 \times 5 \times \cos 30° = 433 \ [\text{W}]$$

電圧の実効値 $V = \sqrt{V_1^2 + V_3^2}$ であるから、ひずみ波の力率 $\cos \phi$ は、

$$\cos \phi = \frac{P}{VI} = \frac{433}{\sqrt{100^2 + 30^2} \times 5} = 0.829$$

ひずみ率 $= 30/100 = 0.3$

2・3 過渡応答

〔1〕 定常状態と過渡状態

（1） 定常状態　すでに，2・1節の直流回路，さらに2・2節の交流回路で学んだことは，いずれも定常状態についてである。ここで，我々が日常生活でよく経験する実例に基づき，この定常状態の意味を考えてみよう。図2・51(a)に示したように，コップの中に水位 h_0 なる高さに水が満たされるとき，コップの中心上の適当な高さのところにある鉄の小球をコップの中に落下させる。この小球が水面上に接する時点から十分時間が経過したとき，この小球の体積に相当した分だけ水面の高さは，Δh だけ上昇し，コップの水位は式(3・94)で与えられる水位 h_1 に変化する。

$$h_1 = h_0 + \Delta h \tag{3・94}$$

このように，小球が落下する以前の状態，さらには落下後十分時間が経過したときの状態を，それぞれ**定常状態**という。また，それぞれの定常状態におけ

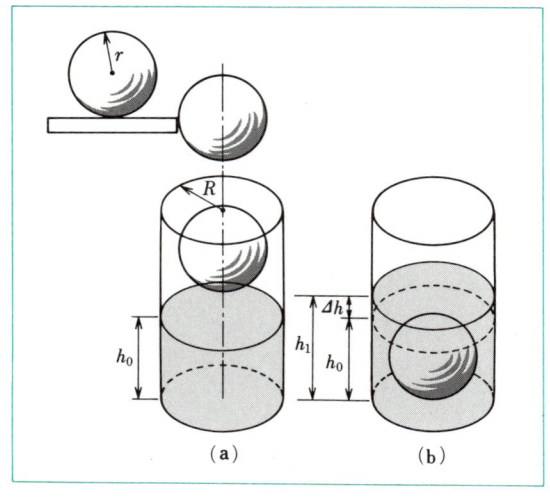

図 2・51　水面の高さ

る水位 h_0 と h_1 を**定常値**という。

〔**例題**〕**2・16** 図 2・51 において，$h_0=5\times10^{-2}$〔m〕，$R=3\times10^{-2}$〔m〕，$r=2\times10^{-2}$〔m〕としたときの定常値 h_1 を求めよ。

〔**解答**〕 球の体積 V は，

$$V=\frac{4}{3}\pi r^3 \text{〔m}^3\text{〕}$$

コップの水位の増加分 Δh による水量の増加分 Q は，

$$Q=\pi R^2 \Delta h \text{〔m}^3\text{〕}$$

となる。これらの値が等しいことから，水位の増加分 Δh は，次式で与えられる。

$$\Delta h=\frac{\frac{4}{3}\pi\cdot r^3}{\pi R^2}=\frac{\frac{4}{3}\pi\times(2\times10^{-3})^3}{\pi(3\times10^{-2})^2}=\frac{4\times2^3\times10^{-6}}{3\times9\times10^{-4}}=1.18\times10^{-2} \text{〔m〕}$$

図（b）で示された水位の定常値 h_1 は，

$$h_1=h_0+\Delta h=6.18\times10^{-2} \text{〔m〕}$$

となる。

（**2**） **過渡状態** 図 2・51 に示したように，小球が落下する以前の定常値 h_0 と，落下後十分時間が経過した後の定常値 h_1 との間には，小球の体積に相当

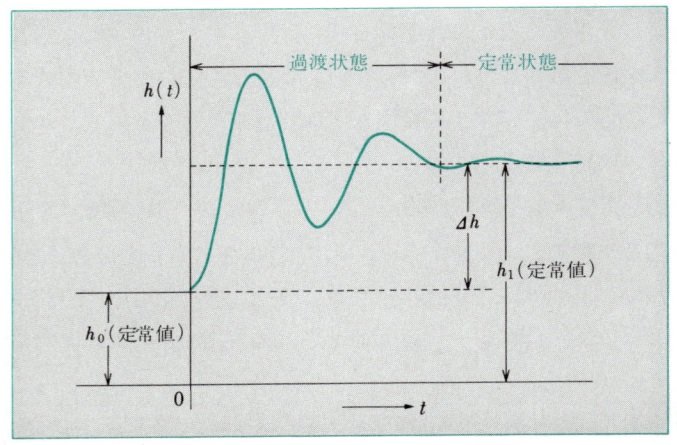

図 2・52 過渡状態

した分 Δh だけ水位が増加している。この変化分 Δh は，小球の落下後一瞬にして上昇することはできず，水の粘性，コップの形状，さらには球の大きさなどの物理的諸量に依存し，図2・52に示すように，ある時間的な変化を経過した後に到達する値である。

このように，水位が時間的に変化している状態を**過渡状態**といい，この状態における時間的な変化量を定量的に扱うことを**過渡現象**，あるいは最近では**過渡応答**という。この過渡応答においては，図2・51に示したコップの底面からの水位を取り扱う例は少なく，水位の変化分 Δh について解析することが一般的である。同図の例では，Δh は変化分の定常値であり，過渡応答では，図2・52に示したように，その変化分を時間関数 $h(t)$ で表示する。これらの関係を一括して表すと式(2・95)となる。

$$\left.\begin{array}{lll} h(t)=0 & t<0 & \text{定常(値)状態(初期値)} \\ h(t) & 0<t<\infty & \text{過渡状態} \\ h(t) \to \Delta h & t \to \infty & \text{定常(値)状態} \end{array}\right\} \quad (2 \cdot 95)$$

このような過渡状態は，物理現象のみならず電気系，機械系，さらには化学系と多くの分野において，外部条件などによりエネルギー状態が変化したとき，常に存在する状態である。

(3) **ラプラス変換の適用** 電気・機械，さらには化学反応といった広い分野において過渡応答を求める際には，それぞれの分野における物理的な諸量から成り立つ微分方程式を解かなければならない。しかし，この微分方程式が線形常微分方程式の場合には，ラプラス変換を用いて過渡応答を求めるのが便利である。図2・53にその手法を示す。

同図で，①は過渡応答を与える微分方程式であり，②はラプラス変換表*を用いて①の微分方程式を複素領域に変換する。さらに，③は変換された関数 $F(s)$ の代数演算を行い，最後に，④はこの関数をラプラス逆変換表*を用いて時間領域に逆変換することにより，過渡応答 $g(t)$ が求められる。次に，これを実例に基づいて説明しよう。

---

* ラプラス変換表・ラプラス逆変換表の例が，巻末の〈付録1.〉に示してある。

2・3 過渡応答

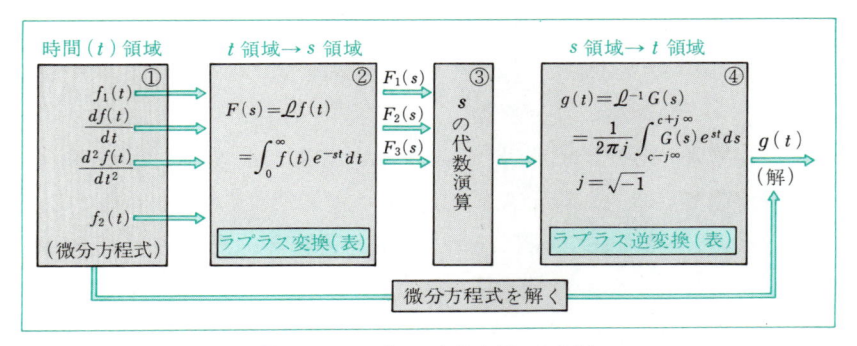

図 2・53 ラプラス変換を用いた解法

〔例題〕**2・17** 微分方程式が一階常微分方程式（一次系）
$$\frac{dx}{dt}+ax=A$$
で，初期値が $x_{(t=0)}=X_0$ であるときの過渡応答 $x(t)$ を求めよ．

〔解答〕 以下式中の番号（　）は巻末の変換表の番号を，また手法番号○は図 2・53 の番号をそれぞれ示す．

手法① ⇨ $\dfrac{dx}{dt}+ax=A \qquad x(0)=X_0$

　　　　　　　(3)　(2)　　　(5)

手法② ⇨ $\{sX(s)-X_0\} \quad a\cdot X(s) \quad \dfrac{1}{s}A$

手法③ ⇨ $\{sX(s)-X_0\}+a\cdot X(s)=A/s$

　　　　　　$(s+a)X(s)=X_0+A/s$

　　∴　$X(s)=\underbrace{\dfrac{X_0}{s+a}}_{(6)}+\underbrace{\dfrac{A}{s(s+a)}}_{(7)}$

手法④ ⇨ $x(t)=\underbrace{X_0 e^{-at}}_{\text{(零入力応答)}}+\underbrace{A(1-e^{-at})}_{\text{(零状態応答)}}$

$$=\underbrace{(X_0-A)e^{-t/T}}_{\text{過渡項}}+\underbrace{A}_{\text{定常項(値)}}$$

ここで，**零入力応答**とは，初期値 X_0 によって生ずる過渡応答 ($A=0$) であり，**零状態応答**とは，外部入力 A によって生ずる過渡応答 ($X_0=0$) である。また，この両者の和を**完全応答**という。次に，**過渡項**とは，$t\to\infty$ の定常状態において零になる項であり，**定常項**とは，$t\to\infty$ の定常状態における定常値を与える項である。なお，**時定数**とは，$T=(1/a)$ で与えられ，応答の速さを示す。

〔2〕 直流回路の過渡応答（一次系）

次に，電気回路の基礎である抵抗とインダクタンス (R-L 回路)，抵抗とキャパシタンス (R-C 回路)からなる回路に，外部入力として直流電圧あるいは直流電流が加えられたときの過渡応答について述べる。ここで，小文字の記号 v, i は，それぞれ電圧および電流の瞬時値を表す。

（1） **R-L 直列回路**（零状態応答）　　抵抗 R 〔Ω〕とインダクタンス L 〔H〕からなる直列回路を図 2·54 に示す。この回路で，$t=0$ の時刻にスイッチ S を投

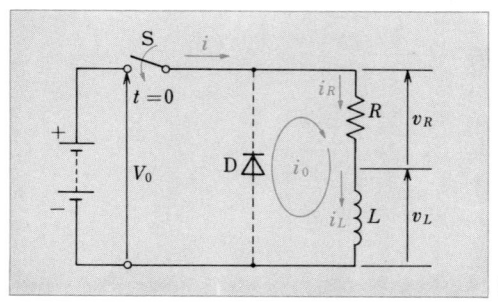

図 2·54　R-L 直列回路

入することによって，直流電圧 V_0 が加えられたときの，電源電流 i〔A〕と抵抗 R およびインダクタンス L にかかる電圧 v_R〔V〕，v_L〔V〕の過渡応答を 2·3 節〔1〕の（3）で述べたラプラス変換を用いて求める。

1. 各素子 R, L にかかる電圧と各素子を流れる電流との間には，それぞれ

$$v_R = R \cdot i_R \quad , \quad v_L = L \cdot di_L/dt \tag{2・96}$$

なる関係が成り立つ.

2. 各素子が直列に接続されていることから,各電圧と電流について,

$$v_R + v_L = V_0 \quad , \quad i_R = i_L = i \tag{2・97}$$

が得られる.

式(2・97)の電圧方程式に式(2・96)の関係を代入すると,

$$Ri_R + L\frac{di_L}{dt} = L\frac{di}{dt} + Ri = V_0 \tag{2・98}$$

なる過渡応答を表す一階常微分方程式が得られる.ここで,スイッチ S 投入前において,電源電流 i は零である ($i_{(t=0)}=0$).

式(2・98)をラプラス変換表(3)と(5)を用いて変換すると,

$$L\{sI(s) - 0\} + RI(s) = V_0/s$$

$$I(s) = \frac{V_0}{s(Ls+R)} = \frac{V_0}{L} \cdot \frac{1}{s\left(s + \dfrac{1}{T}\right)} \tag{2・99}$$

ここで,$T = \dfrac{L}{R}$ (時定数)

として,電流 i のラプラス変換 $I(s)$ が求まる.

ここで,$I(s)$ の逆変換 i は,ラプラス逆変換表(7)を用いて,

$$i = \frac{V_0}{R}(1 - e^{-t/T}) \tag{2・100}$$

で与えられる.

また,各素子にかかる電圧 v_R と v_L は,式(2・96)の関係から,

$$v_R = V_0(1 - e^{-t/T}) \quad , \quad v_L = V_0 e^{-t/T} \tag{2・101}$$

として,それぞれの過渡応答が求まる.

〔例題〕**2・18** 図 2・54 において,各素子の電圧,電流が定常状態に達したとき,スイッチ S を開放する.このとき,(1) 電流 i_0,(2) 電圧 v_L, v_R,さらには,(3) 抵抗 R 中で消費されるエネルギー W_R を求めよ(零入力応答).

〔**解答**〕(1) インダクタンス L 中の磁束は連続性を保つことから,スイッ

チSの開放時においても電流 i_L は連続性を保ち,式(2・100)から,定常値は V_0/R となり,この電流は同図の破線で示したダイオードと抵抗からなる閉回路を通して流れる。

この関係から,過渡応答を表す微分方程式と初期値は ($i_L=i_0$ とする),

$$v_L+v_R=L\frac{di_0}{dt}+Ri_0=0 \quad , \quad i_{0(t=0)}=V_0/R$$

となる。上式のラプラス変換 $I_0(s)$ は,変換表(3)を用いて,

$$L\left\{sI_0(s)-\frac{V_0}{R}\right\}+RI_0(s)=0$$

$$\therefore \quad I_0(s)=\frac{V_0}{R}\cdot\frac{1}{s+\frac{1}{T}} \quad \left(T=\frac{L}{R}\right)$$

が得られる。電流 i_0 は,上式にラプラス逆変換表(6)を適用すると,

$$i_0=i_R=i_L=\frac{V_0}{R}e^{-t/T}$$

となる。

(2) 一方,各素子の電圧 v_L と v_R は,式(2・96)を用いて,それぞれ次式となる。

$$v_L=-V_0e^{-t/T} \quad , \quad v_R=V_0e^{-t/T}$$

(3) 抵抗 R 中で消費されるエネルギー W_R は,

$$W_R=R\int_0^\infty (i_0)^2 dt$$

で与えられることから,

$$W_R=R\left(\frac{V_0}{R}\right)^2\int_0^\infty e^{-2t/T}dt=\frac{1}{2}L\left(\frac{V_0}{R}\right)^2 〔J〕$$

となる。この値は,スイッチSが開放される以前にインダクタンスに蓄積されていた電磁エネルギーに等しいことがわかる。

(2) **R-C 直列回路**(完全応答)　図2・55は,抵抗 R〔Ω〕とコンデンサ C〔F〕の直列回路を示し,スイッチSが投入されたとき,直流電圧 V_0〔V〕が回路に印加される。このときコンデンサには,すでに図に示す極性で $v_C(0)$〔V〕に

2・3 過渡応答

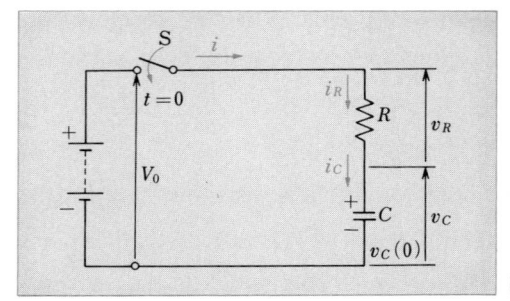

図 2・55 R-C 直列回路

充電されているものとして，各素子の電圧，電流の過渡応答を求める。

すでに(1)で述べたように，直列回路であるから，各電圧，電流について，

$$v_R + v_C = V_0 \quad , \quad i_R = i_C = i \tag{2・102}$$

の関係が成り立つ。また，各素子の電圧，電流の関係は，

$$i_C = C\frac{dv_C}{dt} \quad , \quad i_R = \frac{1}{R}v_R \tag{2・103}$$

となる。式(2・102)の電流式と，式(2・103)の関係から，

$$v_R = Ri_R = Ri_C = CR\frac{dv_C}{dt}$$

の関係が得られ，式(2・102)の電圧方程式に代入し，初期値を考慮すると，

$$CR\frac{dv_C}{dt} + v_C = V_0 \quad , \quad v_{C(t=0)} = v_C(0) \tag{2・104}$$

なる一階常微分方程式が成り立つ。式(2・104)にラプラス変換表を適用すると，

$$CR\{sV_C(s) - v_C(0)\} + V_C(s) = \frac{V_0}{s}$$

$$\therefore \quad V_C(s) = \frac{V_0}{T} \cdot \frac{1}{s\{s+(1/T)\}} + \frac{v_C(0)}{s+(1/T)} \tag{2・105}$$

となる。ここで，$T = CR$ （時定数）である。式(2・105)に逆変換表(7)と(6)を用いて v_C の過渡応答は，

$$v_C = V_0(1 - e^{-t/T}) + v_C(0)e^{-t/T} \tag{2・106}$$

となる。また，電圧，電流の過渡応答は，式(2・102)と(2・103)を用いて，

$$i = i_C = i_R = C\frac{dv_C}{dt} = \frac{V_0 - v_C(0)}{R}e^{-t/T} \left.\begin{matrix}\\\\\end{matrix}\right\} \quad (2\cdot107)$$
$$v_R = Ri_R = \{V_0 - v_C(0)\}e^{-t/T}$$

となる。

〔例題〕**2・19** 図 2・55 において，$v_C(0)=0$ なるとき，電源が負荷側に供給したエネルギー W_0，抵抗中で消費されたエネルギー W_R，さらにはコンデンサに蓄積されたエネルギー W_C を求めよ。

〔解答〕 式(2・107)の結果を用いて，

$$W_0 = \int_0^\infty V_0 \cdot i\,dt = \frac{V_0^2}{R}\int_0^\infty e^{-t/T}dt = CV_0^2 \ [\mathrm{J}]$$

$$W_R = \int_0^\infty Ri_R^2\,dt = \frac{V_0^2}{R}\int_0^\infty e^{-2t/T}dt = \frac{1}{2}CV_0^2 \ [\mathrm{J}]$$

$$W_C = W_0 - W_R = (1/2)\cdot CV_0^2 \ [\mathrm{J}]$$

各エネルギーの値は，抵抗値 R に無関係であることがわかる。もし抵抗が零の回路でコンデンサを充電した場合においても，コンデンサには電源が供給したエネルギーの 1/2 しか充電されず，残りのエネルギーはスイッチング時に発生する電磁波エネルギーとして消費される。

（3） *R-C* 並列回路（零状態応答）　　（1），（2）では，電源が電圧源であるときの過渡応答を述べたが，ここでは電子回路によく用いられる電流源を印加した場合の過渡応答を求める。

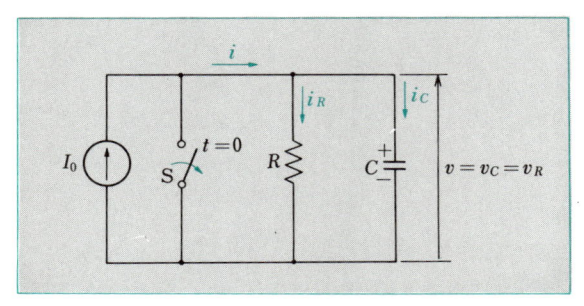

図 2・56 *R-C* 並列回路

2・3 過渡応答

図 2・56 は，抵抗 R 〔Ω〕とコンデンサ C 〔F〕が並列に接続され，スイッチ S を開放したとき，負荷回路に電流 I_0 〔A〕が供給される場合の各素子の電圧，電流を示す（初期電圧は零とする）。この並列回路における電圧，電流の関係は，次式で与えられる。

$$v_C = v_R = v, \qquad i_R + i_C = I_0 \tag{2・108}$$

また，各素子の電圧，電流の関係は，式(2・103)の関係と同様に，

$$i_C = C\frac{dv_C}{dt}, \qquad i_R = \frac{1}{R}v_R \tag{2・109}$$

が成り立つ。式(2・109)を式(2・108)の電流方程式に代入すると，

$$C\frac{dv_C}{dt} + \frac{1}{R}v_R = I_0 \tag{2・110}$$

なる一階常微分方程式が得られる。式(2・110)にラプラス変換表(3),(5)を適用すると，

$$C\{sV(s) - 0\} + \frac{1}{R}V(s) = I_0/s$$

$$\therefore \quad V(s) = \frac{I_0}{C} \cdot \frac{1}{s\left(s + \dfrac{1}{CR}\right)} \tag{2・111}$$

となる。式(2・111)に逆変換表(7)を用いて，電圧の過渡応答 v は（$T = CR$），

$$v = RI_0(1 - e^{-t/T}) \tag{2・112}$$

が得られる。この結果から，各電圧，電流の過渡応答は，式(2・113)で与えられる。

$$v_R = v_C = v$$

$$i_R = \frac{v}{R} = I_0(1 - e^{-t/T}), \qquad i_C = C\frac{dv}{dt} = I_0 e^{-t/T} \tag{2・113}$$

〔**例題**〕**2・20** 図 2・56 において，$R = 10$ 〔Ω〕，$C = 100$ 〔μF〕，$I_0 = 1$ 〔A〕なるときの v，i_C および i_R を図示せよ。

〔**解答**〕 時定数 $T = CR = 100 \times 10^{-6} \times 10 = 1$ 〔ms〕となり，電圧 v は，式(2・112)から，

$$v = 10 \times 1 \times (1 - e^{-10^3 t})$$

電流 i_C と i_R は，式(2・113)を用いて，

$$i_C = 1 \cdot e^{-10^3 t}$$

$$i_R = 1(1 - e^{-10^3 t})$$

となる。この結果を図2・57に示す。

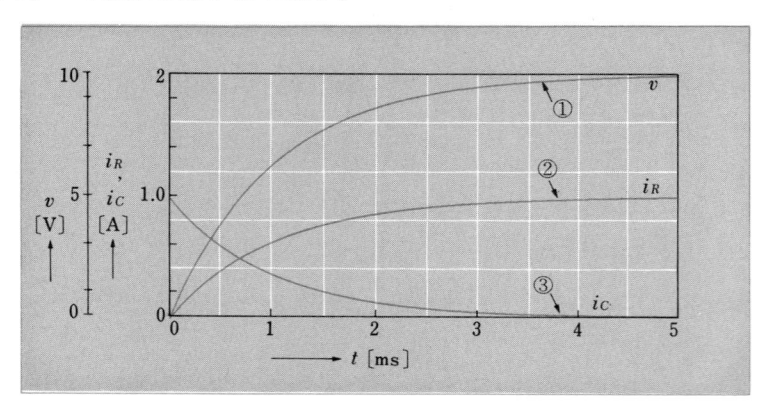

図 2・57　v, i の過渡応答

〔3〕 交流回路の過渡応答（一次系）

ここでは，電源から一定周期の**正弦波交流**（以後，単に交流という。）の電圧，または電流が負荷に印加されたときの，各素子の電圧，電流の過渡応答について述べる。

（1）　R-L 直列回路（零状態応答）　　図2・58に，抵抗 R〔Ω〕とインダク

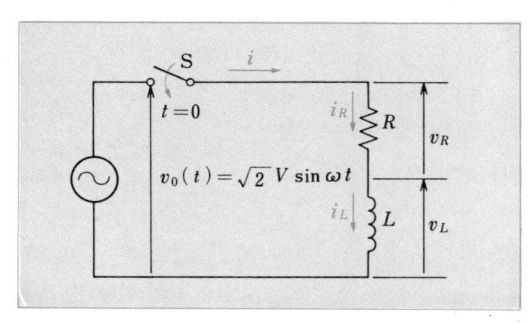

図 2・58　R-L 直列回路

タンス L 〔H〕とが直列に接続された負荷に，スイッチ S を通して，交流電圧が印加されるときの回路を示す。

同図と図 2・54 を比較すると，直流電圧 V_0 の代わりに，交流電圧 $v=\sqrt{2}\,V\sin\omega t$ （V：実効値，$\omega=2\pi f$，f：周波数）が印加される点が異なる。このことから回路の電圧-電流方程式は，式(2・98)を用いて，

$$L\cdot\frac{di}{dt}+Ri=\sqrt{2}\,V\sin\omega t \quad , \quad i_{(t=0)}=0 \qquad (2\cdot114)$$

となる。上式の左辺にはラプラス変換表（3）を，右辺には変換表(10)を適用すると，

$$L\{sI(s)-0\}+RI(s)=\sqrt{2}\,V\frac{\omega}{s^2+\omega^2}$$

$$\therefore\quad I(s)=\frac{\sqrt{2}\,V\omega}{L}\cdot\frac{1}{\{s+(R/L)\}(s^2+\omega^2)} \qquad (2\cdot115)$$

が得られる。式(2・115)の逆変換は，ラプラス変換表(11)を用いて（表中 $a=R/L=1/T$）

$$i=\frac{\sqrt{2}\,V\omega}{L}\cdot\left[\frac{1}{(R/L)^2+\omega^2}e^{-t/T}+\frac{1}{\omega\sqrt{(R/L)^2+\omega^2}}\sin(\omega t-\phi)\right]$$

$$=\underbrace{\frac{\sqrt{2}\,V}{\sqrt{R^2+(\omega L)^2}}\sin\phi\cdot e^{-t/T}}_{\text{過渡項}}+\underbrace{\frac{\sqrt{2}\,V}{\sqrt{R^2+(\omega L)^2}}\sin(\omega t-\phi)}_{\text{定常項}} \qquad (2\cdot116)$$

$$\phi=\tan^{-1}(\omega L/R)$$

となる。また，抵抗にかかる電圧 v_R は，$v_R=Ri$ となり，インダクタンスの電圧 v_L は，

$$v_L=L\frac{di}{dt}$$

$$=-\frac{\sqrt{2}\,RV}{\sqrt{R^2+(\omega L)^2}}\sin\phi\,e^{-t/T}+\frac{\sqrt{2}\,\omega LV}{\sqrt{R^2+(\omega L)^2}}\sin(\omega t-\phi+\pi/2)$$

$$\qquad (2\cdot117)$$

となる。

〔例題〕**2・21** 図2・58において，$R=4〔\Omega〕$，$\omega L=3〔\Omega〕$，$V=100〔V〕$，$\omega=100\pi〔rad/s〕$であるとき，電流 i の過渡応答を求め，図示せよ．

〔**解答**〕 $L=\dfrac{1}{\omega}\times 3=\dfrac{3}{100\pi}\fallingdotseq 0.01〔H〕=10〔mH〕$，

$T=\dfrac{L}{R}=10/4=2.5〔ms〕$

$\phi=\tan^{-1}(3/4)=36.8°$，$\sin\phi=0.6$

となり，式(2・116)に代入すると，

$$i=\dfrac{\sqrt{2}\times 100}{\sqrt{4^2+3^2}}\times 0.6\times e^{-t/(2.5\times 10^{-3})}+\dfrac{\sqrt{2}\times 100}{\sqrt{4^2+3^2}}\sin(100\pi t-36.8°)$$

$$=\underbrace{\sqrt{2}\times 12 e^{-4\times 10^2 t}}_{\text{過渡応答 }i_t}+\underbrace{\sqrt{2}\times 20\sin(100\pi t-36.8°)}_{\text{定常項 }i_s}$$

が得られる．この結果を図2・59に示す．

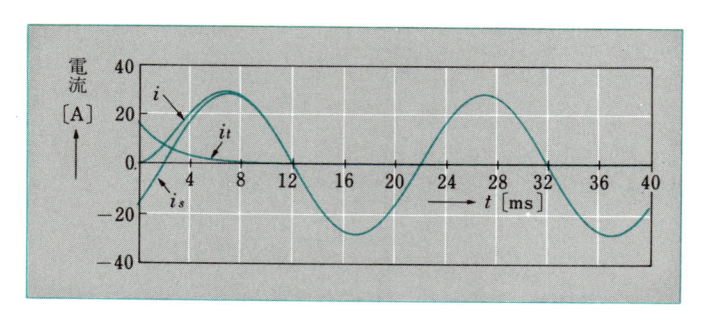

図 2・59 過渡応答

(2) R-C 並列回路（零状態応答） 図2・60には，抵抗 $R〔\Omega〕$ とコンデ

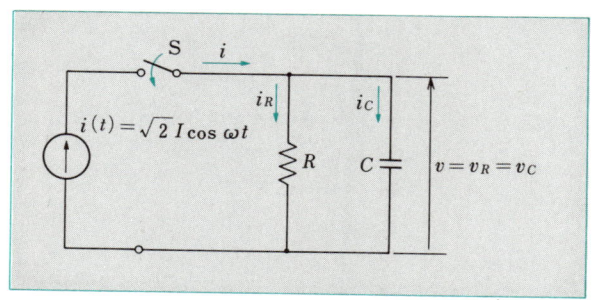

図 2・60 C-R 並列回路

ンサ C 〔F〕が並列に接続された負荷に，交流電流 i が印加された回路が示されている（図 2·56 と比較せよ）。

すでに述べた式 (2·109) と (2·110) を用いて，電流方程式は，

$$C\frac{dv}{dt}+\frac{1}{R}v=\sqrt{2}\,I\cos\omega t\quad,\quad v_{C(t=0)}=0 \tag{2·118}$$

となる。式 (2·118) のラプラス変換は，表(3)と表(12)を適用すると，

$$C\{sV(s)-0\}+\frac{1}{R}V(s)=\sqrt{2}\,I\frac{s}{s^2+\omega^2}$$

$$\therefore\quad V(s)=\frac{\sqrt{2}\,I}{C}\cdot\frac{s}{\left(s+\frac{1}{CR}\right)(s^2+\omega^2)} \tag{2·119}$$

となる。式 (2·119) にラプラス変換表(13)を用い（$a=1/(CR)=1/T$），$V(s)$ の逆変換 v は，

$$v=\frac{\sqrt{2}\,I}{C}\Bigg[-\frac{\dfrac{1}{CR}}{\left(\dfrac{1}{CR}\right)^2+\omega^2}e^{-t/T}+\frac{1}{\sqrt{\left(\dfrac{1}{CR}\right)^2+\omega^2}}\sin(\omega t+\phi)\Bigg]$$

$$=\sqrt{2}\,RI\Bigg[-\frac{1}{1+(\omega CR)^2}e^{-t/T}+\frac{1}{\sqrt{1+(\omega CR)^2}}\sin(\omega t+\phi)\Bigg]$$

$$\phi=\frac{\pi}{2}-\tan^{-1}(\omega CR)$$

$$\tag{2·120}$$

となり，電流 i_R は，$i_R=v/R$ から，また電流 i_C は，（式 2·109）から，

$$i_C=C\frac{dv}{dt}=\sqrt{2}\,I\Bigg[\frac{1}{1+(\omega CR)^2}e^{-t/T}+\frac{\omega CR}{\sqrt{1+(\omega CR)^2}}\cos(\omega t+\phi)\Bigg] \tag{2·121}$$

となる。

〔例題〕 **2·22** 式 (2·120) と (2·121) から，$i_R+i_C=i$ なることを証明せよ。

〔解答〕 両式の〔　〕中の第 1 項の和は零となり，第 2 項について，

$$\frac{1}{\sqrt{1+(\omega CR)^2}}=\cos\phi'\quad,\quad\frac{\omega CR}{\sqrt{1+(\omega CR)^2}}=\sin\phi'$$

さらに，$\tan\phi' = (\omega CR)$ とおくと，
$$i_R + i_C = \sqrt{2}\,I\{\cos\phi'\sin(\omega t + \phi) + \sin\phi'\cos(\omega t + \phi)\}$$
$$= \sqrt{2}\,I\sin\left(\omega t + \frac{\pi}{2}\right) = \sqrt{2}\,I\cos\omega t$$

〔4〕 状態方程式による解法（二次系）

ここでは，抵抗，インダクタンスさらにコンデンサが直列に接続された回路例を用いて，すでに〔2〕，〔3〕項で学んだラプラス変換法と，非線形回路にも適用可能な状態変数法とを比較検討し，各部の過渡応答について述べる。

（1） $R\text{-}L\text{-}C$ 直列回路（零入力応答）　図2·61に示した極性で，初期電圧 V_0 に充電されたコンデンサ C〔F〕と抵抗 R〔Ω〕およびインダクタンス L〔H〕からなる直列回路において，スイッチ S を投入したときのコンデンサ電圧 v_C の過渡応答を求める*。直列回路であるから，$v_R + v_L + v_C = 0$，$i_R = i_L = i_C$

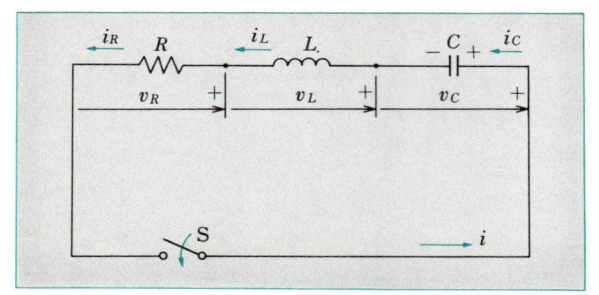

図 2·61　$R\text{-}L\text{-}C$ 直列回路

$= i$ の関係が成り立つ。各素子の電圧，電流については，$i_C = C(dv_C)/(dt)$ から，

$$v_R = Ri_R = CR\frac{dv_C}{dt}\quad,\quad v_L = L\frac{di_L}{dt} = CL\frac{d^2v_C}{dt^2} \qquad (2\cdot122)$$

の関係を $v_R + v_L + v_C = 0$ の電圧方程式に代入し整理すると，次式で与えられる二階常微分方程式が得られる。

---

* v_C を求めれば，$i = i_R = i_L = i_C = C\dfrac{dv}{dt}$ から，$v_R = Ri$，さらに $v_L = L\dfrac{di}{dt} = CL\dfrac{d^2v}{dt^2}$ の関係から，すべての値が得られる。

$$\frac{d^2 v_C}{dt^2} + 2 \cdot \left(\frac{R}{2L}\right)\frac{dv_C}{dt} + \left(\frac{1}{\sqrt{CL}}\right)^2 v_C = 0 \tag{2・123}$$

ただし，初期値は $v_{C(t=0)} = V_0$, $\left.\dfrac{dv_C}{dt}\right|_{t=0} = 0$

式(2・123)の第1項に変換表(4)を，第2項に変換表(3)を適用すると ($\alpha = R/(2L)$, $\omega_0 = 1/(\sqrt{CL})$),

$$\{s^2 V_C(s) - sV_0 - 0\} + 2\alpha\{sV_C(s) - V_0\} + \omega_0{}^2 V_C(s) = 0$$

$$V_C(s) = \frac{(s+2\alpha)}{s^2 + 2\alpha s + \omega_0{}^2} V_0 = \frac{(s+a)}{(s+b)(s+c)} V_0 \tag{2・124}$$

となる。ここで，$a = 2\alpha$, $b = \alpha - \sqrt{\alpha^2 - \omega_0{}^2} = \alpha - \beta$, $c = \alpha + \sqrt{\alpha^2 - \omega_0{}^2} = \alpha + \beta$ とおく。ラプラス変換表(8)を用いて，式(2・124)の逆変換 v_C は，

$$v_C = \frac{1}{2\beta}[(\alpha+\beta)e^{\beta t} - (\alpha-\beta)e^{-\beta t}]e^{-\alpha t} \cdot V_0 \tag{2・125}$$

として求まる。一般に，2次系の過渡応答は，$\beta = \sqrt{\alpha^2 - \omega_0{}^2}$ の値によって，次の4つの形式に分類される。

① **$\beta > 0$ の場合**（過減衰）$\to \alpha > \omega_0$, α, β 共に実数

式(2・125)に，直接 α, β の値を代入すればよい。

② **$\beta = 0$ の場合**（臨界減衰）$\to \begin{cases} \alpha = \omega_0 \\ b = c = \alpha \end{cases}$ となるので，変換表(9)を用いて，

$$v_C = (1 + \alpha t)e^{-\alpha t} \cdot V_0 \tag{2・126}$$

③ **$\beta^2 < 0$ の場合**＊（不足減衰）$\to \begin{cases} \alpha < \omega_0, \ \alpha : 実数, \ \beta : 虚数 \\ \beta = j\sqrt{\omega_0{}^2 - \alpha^2} = j\beta_0 \text{ を式(2・125)に代入する。} \end{cases}$

$$v_C = \left(\frac{\alpha}{\beta_0}\sin\beta_0 t + \cos\beta_0 t\right)e^{-\alpha t} V_0 \tag{2・127}$$

④ **$\beta = j\omega_0$ の場合**（無損失）$\to \alpha = R/2L = 0$, $\beta_0 = \omega_0$

$$v_C = \cos\beta_0 t \cdot V_0 = \cos\omega_0 t \cdot V_0 \tag{2・128}$$

＊ 式(2・127)において，$\beta_0 \to 0$ としたとき，$\displaystyle\lim_{\beta_0 \to 0}\left(\frac{\alpha}{\beta_0}\sin\beta_0 t\right) \to \alpha t$, $\displaystyle\lim_{\beta_0 \to 0}\cos\beta_0 t \to 1$ となることから，②の場合の式(2・126)と同一の結果が得られる。

〔**例題**〕**2・23** 図2・61において，$V_0=10$〔V〕, $R=10$〔Ω〕, $L=10$〔mH〕, $C=200$〔μF〕であるとき，コンデンサ電圧 v_C と電流 i_C を求め，図示せよ．

〔**解答**〕

$$\alpha = \frac{R}{2L} = \frac{10}{2\times 10\times 10^{-3}} = \frac{1}{2}\times 10^3$$

$$\omega_0 = \frac{1}{\sqrt{LC}} = \frac{1}{\sqrt{10\times 10^{-3}\times 200\times 10^{-6}}} = \frac{1}{\sqrt{2}}\times 10^3$$

なる値が得られ，この結果から $\alpha < \omega_0$ となる．この場合は，すでに述べた③に相当するので，式(2・127)に $\beta_0 = \sqrt{\omega_0{}^2 - \alpha^2} = (1/2)\times 10^3$ を代入し，

$$v_C = \left(\frac{\frac{10^3}{2}}{\frac{10^3}{2}}\sin\frac{10^3}{2}t + \cos\frac{10^3}{2}t\right)e^{-\frac{10^3}{2}t}\times 10$$

$$= \sqrt{2}\times 10\sin\left(\frac{10^3}{2}t + \frac{\pi}{4}\right)e^{-\frac{10^3}{2}t}$$

$$i_C = C\frac{dv_C}{dt} = -2\sin\frac{10^3}{2}t\cdot e^{-\frac{10^3}{2}t}$$

となる．この結果を図2・62に示す．

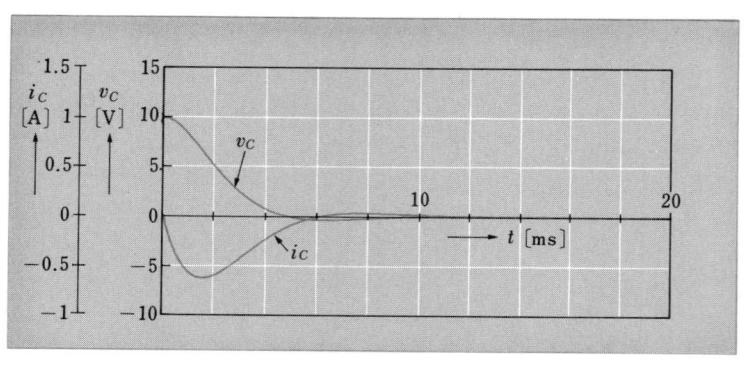

図2・62 過渡応答

(2) 状態方程式（零入力応答） （1）の R-L-C の直列回路においては，

2・3 過渡応答

コンデンサ電圧 v_C の過渡応答を求めるために，式(2・123)で与えられる二階常微分方程式を誘導した。ここでは，コンデンサ電圧 v_C とインダクタンスの電流 i_L の過渡応答を同時に求めるために，v_C と i_L に関する一階の連立微分方程式を求める。

図 2・61 に示された回路を用いて，コンデンサについて，

$$C\frac{dv_C}{dt} = i_C = i_L$$

$$\therefore \quad \frac{dv_C}{dt} = \frac{1}{C}i_L \tag{2・129}$$

が成り立つ。また，電圧方程式 $v_L + v_R + v_C = 0$ の関係から，

$$v_L = L\frac{di_L}{dt} = -v_R - v_C = -Ri_L - v_C$$

$$\therefore \quad \frac{di_L}{dt} = -\frac{R}{L}i_L - \frac{1}{L}v_C \tag{2・130}$$

が得られる。式(2・129)と(2・130)の関係をマトリクスを用いて表すと，

$$\frac{d}{dt}\boldsymbol{x} = \frac{d}{dt}\begin{bmatrix} i_L \\ v_C \end{bmatrix} = \begin{bmatrix} -\dfrac{R}{L} & -\dfrac{1}{L} \\ \dfrac{1}{C} & 0 \end{bmatrix} \begin{bmatrix} i_L \\ v_C \end{bmatrix} = \boldsymbol{Ax} \tag{2・131}$$

となる。ここで，

$$\boldsymbol{x} = \begin{bmatrix} i_L \\ v_C \end{bmatrix} \quad \rightarrow \quad \text{状態ベクトル}(i_L, v_C \text{を状態変数}) \tag{2・132}$$

$$\boldsymbol{A} = \begin{bmatrix} -\dfrac{R}{L} & -\dfrac{1}{L} \\ \dfrac{1}{C} & 0 \end{bmatrix} \quad \rightarrow \quad \text{系行列} \tag{2・133}$$

$$\frac{d}{dt}\boldsymbol{x} = \boldsymbol{Ax} \quad \rightarrow \quad \text{状態方程式（零入力応答）} \tag{2・134}$$

という。式(2・131)で与えられた状態方程式は，i_L と v_C についての一階の連立微分方程式である。この方程式は，(3)で述べるように，コンピュータを用いた数値解析により過渡応答を求めるのに便利であり，特に回路定数が非線形の

場合に有力な解析手法といえよう。

（3） 状態変数の軌道　すでに図2・57，図2・59さらには図2・62に示したように，過渡応答が時間の関数として求められることを述べた。

ここでは，〔4〕の（2）の状態方程式を用いて，例えば，i_Lとv_Cの2つの状態変数の過渡応答を時間をパラメータとした1つの平面上に記述する方法について述べる。このようにして示されたi_L（横軸）とv_C（縦軸）からなる曲線を**状態変数の軌道**という。

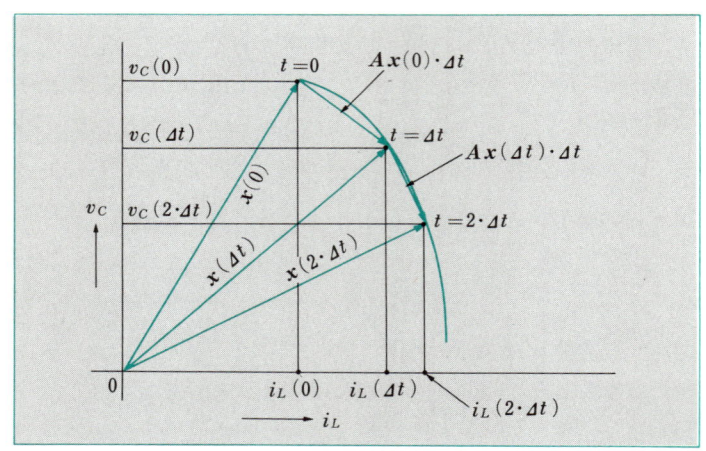

図 2・63　状態変数の軌道

図2・63において，$t=0$における状態変数$i_L(0)$と$v_C(0)$からなる状態ベクトル$\boldsymbol{x}(0)$は，零入力応答の初期値として与えられる。次に，微少時間$t=\Delta t$だけ経過した後の状態ベクトル$\boldsymbol{x}(\Delta t)$について，式(2・134)を用いることによって，

$$\left.\frac{d}{dt}\boldsymbol{x}\right|_{t=0} = \boldsymbol{A}\boldsymbol{x}(0) \fallingdotseq \frac{\boldsymbol{x}(\Delta t)-\boldsymbol{x}(0)}{\Delta t} \tag{2・135}$$

なる関係が得られる。この値を$t=0$における**状態ベクトルの速度**という。

式(2・135)から，$t=\Delta t$における状態ベクトル$\boldsymbol{x}(\Delta t)$は，

$$x(\Delta t) \fallingdotseq x(0) + Ax(0) \cdot \Delta t \tag{2・136}$$

となる。次に，$t=2\cdot\Delta t$ における状態ベクトル $x(2\cdot\Delta t)$ は，式(2・136)において，$x(\Delta t)$ が与えられるので，

$$x(2\cdot\Delta t) \fallingdotseq x(\Delta t) + Ax(\Delta t) \cdot \Delta t \tag{2・137}$$

が得られる。このように，十分小さい時間幅 Δt を定めることにより，一般に $t=\overline{k+1\cdot\Delta t}$ における状態ベクトル $x(\overline{k+1\cdot\Delta t})$ は，単位行列 $\mathbf{1}$ を用いて，

$$x(\overline{k+1\cdot\Delta t}) = \begin{bmatrix} i_L(\overline{k+1\cdot\Delta t}) \\ v_C(\overline{k+1\cdot\Delta t}) \end{bmatrix} \fallingdotseq (\mathbf{1}+A\cdot\Delta t)x(k\cdot\Delta t)^* \tag{2・138}$$

となる。このようにして，種々なる $\overline{k+1\cdot\Delta t}$ における状態変数を i_L-v_C 平面にプロットすることにより，図 2・63 に示すような状態変数の軌道が得られる。この軌道を時間軸に対して，i_L，v_C の値を改めてプロットすると，前項(1)の過渡応答が求められる。

すでに，〔4〕の(1)で述べた過渡応答の算出においては，$\beta=\sqrt{\alpha^2-\omega_0^2}$ の値を判別し，4つの形式に分類されたが，ここで述べた状態変数の軌道の作成においては，β の値に無関係に，時間幅 Δt の定め方に注意し，逐次計算を行うだけでよい。かかる計算は，今日ではコンピュータにプログラムすることにより容易に過渡応答を求めることができ，特に非線形の問題においては不可欠な手法であり，今後ますます工学の広い分野において利用されるであろう。

〔例題〕**2・24** 式(2・131)において，$R=1$〔Ω〕，$L=1$〔H〕，$C=1$〔F〕（実際には存在しない値であるが，計算の簡単化のため）としたときの状態変数の軌道を式(2・138)を用いて求めよ。ただし，$i_L(0)=1$〔A〕，$v_C(0)=1$〔V〕とし，$\Delta t=0.1$〔s〕と $\Delta t=0.2$〔s〕の場合を比較せよ。

〔解答〕 問題に与えられた定数から，系行列 A，状態ベクトル x の初期値は，それぞれ

---

* 式(2・138)で，近似を省いた正確な表現は，$x(\overline{k+1}\cdot\Delta t)=e^{A\cdot\Delta t}x(k\Delta t)$ となる。ここで，$e^{A\Delta t}=\left(\mathbf{1}+\dfrac{(A\Delta t)}{1!}+\dfrac{(A\Delta t)^2}{2!}+\cdots\right)$ である。

$$A = \begin{bmatrix} -1.0 & -1.0 \\ 1.0 & 0 \end{bmatrix} \qquad x(0) = \begin{bmatrix} 1.0 \\ 1.0 \end{bmatrix}$$

① $\Delta t = 0.1$ [s]

$$x(0.1) = \left(\begin{bmatrix} 1.0 & \\ & 1.0 \end{bmatrix} + \begin{bmatrix} -1.0 & -1.0 \\ 1.0 & 0 \end{bmatrix} \cdot 0.1 \right) \begin{bmatrix} 1.0 \\ 1.0 \end{bmatrix}$$

$$= \begin{bmatrix} 0.9 & -0.1 \\ 0.1 & 1.0 \end{bmatrix} \begin{bmatrix} 1.0 \\ 1.0 \end{bmatrix} = \begin{bmatrix} 0.8 \\ 1.1 \end{bmatrix}$$

$$x(0.2) = \begin{bmatrix} 0.9 & -0.1 \\ 0.1 & 1.0 \end{bmatrix} \begin{bmatrix} 0.8 \\ 1.1 \end{bmatrix} = \begin{bmatrix} 0.61 \\ 1.18 \end{bmatrix}$$

$$x(0.3) = \begin{bmatrix} 0.9 & -0.1 \\ 0.1 & 1.0 \end{bmatrix} \begin{bmatrix} 0.61 \\ 1.18 \end{bmatrix} = \begin{bmatrix} 0.431 \\ 1.241 \end{bmatrix}$$

$$x(0.4) = \begin{bmatrix} 0.9 & -0.1 \\ 0.1 & 1.0 \end{bmatrix} \begin{bmatrix} 0.431 \\ 1.241 \end{bmatrix} = \begin{bmatrix} 0.264 \\ 1.284 \end{bmatrix}$$

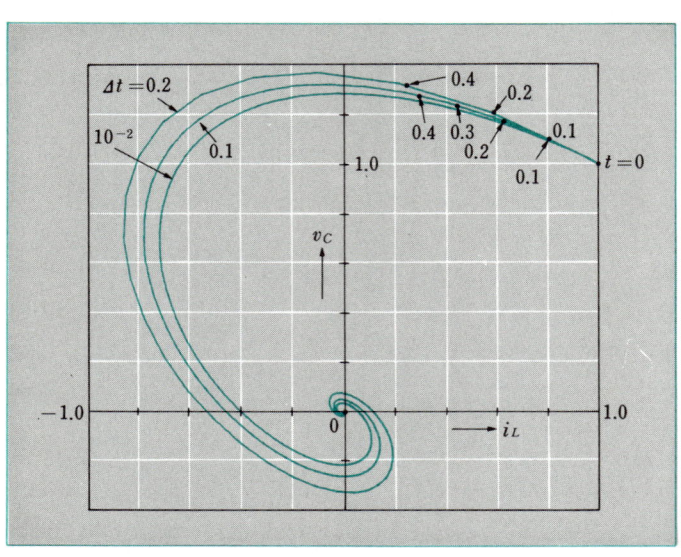

図 2・64　v_C–i_L の軌道

② $\Delta t = 0.2$ [s]

$$x(0.2) = \left(\begin{bmatrix} 1.0 & \\ & 1.0 \end{bmatrix} + \begin{bmatrix} -1.0 & -1.0 \\ 1.0 & 0 \end{bmatrix} \cdot 0.2\right) \begin{bmatrix} 1.0 \\ 1.0 \end{bmatrix}$$

$$= \begin{bmatrix} 0.8 & -0.2 \\ 0.2 & 1.0 \end{bmatrix} \begin{bmatrix} 1.0 \\ 1.0 \end{bmatrix} = \begin{bmatrix} 0.6 \\ 1.2 \end{bmatrix}$$

$$x(0.4) = \begin{bmatrix} 0.8 & -0.2 \\ 0.2 & 1.0 \end{bmatrix} \begin{bmatrix} 0.6 \\ 1.2 \end{bmatrix} = \begin{bmatrix} 0.24 \\ 1.32 \end{bmatrix}$$

となる。図 2・64 に, $\Delta t = 0.1$, $\Delta t = 0.2$, さらには $\Delta t = 10^{-2}$ としたときの結果を示す。

〔注1〕 〔4〕の(1)の式(2・125)との比較

〔例題〕2・24 の定数から, 式(2・125)に必要な諸量を求めると,

$$\beta = \sqrt{\left(\frac{R}{2L}\right)^2 - \frac{1}{LC}} = \sqrt{\left(\frac{1}{2}\right)^2 - 1} \ , \ \left(\frac{1}{2}\right)^2 - 1 < 0$$

$$\therefore \ \beta_0 = \sqrt{1 - \frac{1}{4}} = \frac{\sqrt{3}}{2} \quad \text{(固有角周波数)}$$

となることから, 分類③の式(2・127)を適用する必要がある。減衰の時定数 T は,

$$T = \frac{1}{\alpha} = \frac{2L}{R} = 2 \ \text{[s]}$$

さらに, 振動周波数 f_0 は,

$$f_0 = \frac{1}{2\pi}\beta_0 = 0.138 \ \text{[Hz]}$$

周期 T_0 は,

$$T_0 = 1/f = 7.255 \ \text{[s]}$$

となる。

〔注2〕 Δt の値による軌道の誤差

図 2・64 に示したように, $\Delta t = 0.1$ と $\Delta t = 0.2$, さらには $\Delta t = 10^{-2}$ [s]としたときの計算結果に誤差が生ずることがわかる。Δt は小さい値ほど正確になるが, 演算の回数が増加し演算時間が長くなる。ここで, Δt の値を選択するさいに

は，〔注1〕で求めた，減衰の時定数 T，さらには振動周期 T_0 の値に十分注意して，適切な Δt の値を決定する必要がある。

演 習 問 題 〔2〕

〔問題〕 **1.** 図2・65は，図2・1(a)と同じ形の回路網である。起電力 E_1, E_2 および

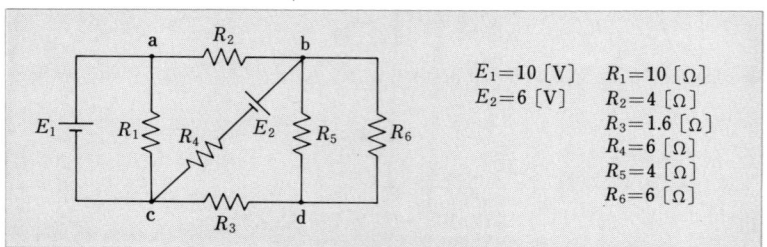

$E_1=10$〔V〕 $\quad R_1=10$〔Ω〕
$E_2=6$〔V〕 $\quad R_2=4$〔Ω〕
$\qquad\qquad R_3=1.6$〔Ω〕
$\qquad\qquad R_4=6$〔Ω〕
$\qquad\qquad R_5=4$〔Ω〕
$\qquad\qquad R_6=6$〔Ω〕

図 2・65

$R_1 \sim R_6$ が図中に記した値であるとき，各抵抗の電流と電圧 V_{ab}, V_{bd}, V_{dc} を求めよ。

答 $\begin{pmatrix} i_1=1\,[\mathrm{A}],\ i_2=19/16\,[\mathrm{A}],\ i_3=21/16\,[\mathrm{A}], \\ i_4=2/16\,[\mathrm{A}],\ i_5=12.6/16\,[\mathrm{A}] \\ V_{ab}=4.75\,[\mathrm{V}],\ V_{bd}=3.15\,[\mathrm{V}],\ V_{dc}=2.1\,[\mathrm{V}] \end{pmatrix}$

〔問題〕 **2.** 図2・66のホイートストンブリッジにおいて，抵抗 R_l を通る電流 I_l

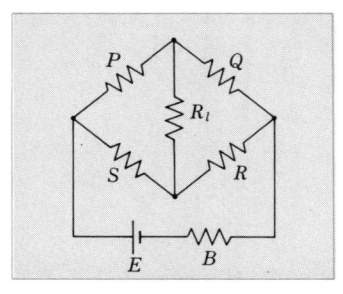

図 2・66

を求めよ。ただし，起電力 $E=16$〔V〕，各抵抗は $P=2$〔Ω〕，$Q=5$〔Ω〕，$R=1$〔Ω〕，$S=3$〔Ω〕，$R_l=3$〔Ω〕，$B=1$〔Ω〕である。

答 $(I_l=1\,[\mathrm{A}])$

〔問題〕 **3.** 正五角形の辺と対角線でできる図 2·67 のような回路において，任意の

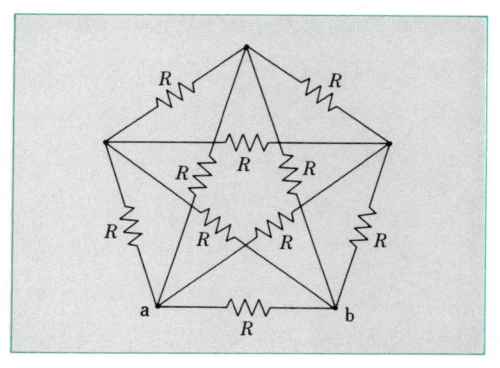

図 2·67

2 頂点，例えば同図の ab からみた合成抵抗 R_{ab} を求めよ。ただし，各辺および対角線の抵抗はすべて等しく R である。また，正 n 多角形 $(n>2)$ の場合の合成抵抗を求めよ。　　　　　　　　答 $(R_{ab}=2R/n,\ n=5$ の場合は $R_{ab}=0.4R)$

〔問題〕 **4.** あるインピーダンス回路の電圧と電流が次式で表される。このインピーダンスと消費電力を求めよ。

$$v=\sqrt{2}\times 100\sin\left(100\pi t+\frac{\pi}{3}\right)\text{[V]}$$

$$i=\sqrt{2}\times 25\sin\left(100\pi t+\frac{\pi}{2}\right)\text{[A]}$$

答 $(4\,\Omega,\ 2165\,\text{W})$

〔問題〕 **5.** 図 2·68 の回路において，$|\dot{I}|$ を一定とするとき，抵抗 R で消費される電力が最大となるような R の値を求めよ。また，そのときの力率はいくらか。

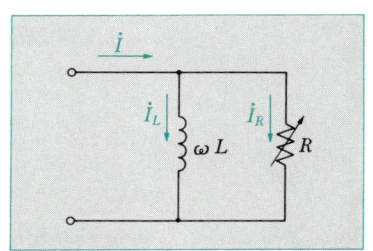

図 2·68

答 $(R=\omega L,\ 70.7\,\%)$

〔問題〕 **6.** 図 2・69 に示す三相平衡負荷回路の線電流,力率および消費電力を求めよ。ただし,$V_l=200$ 〔V〕,$\dot{Z}_\Delta=7+j24$ 〔Ω〕とする。

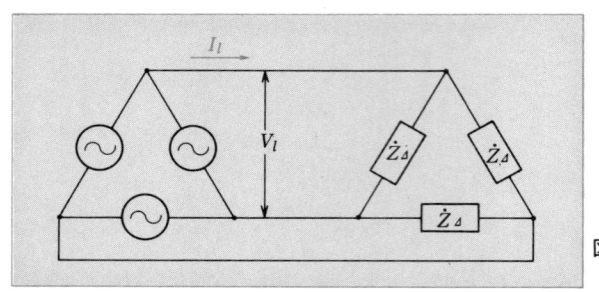

図 2・69 対称三相-平衡負荷回路

答 (13.9 A, 27.9 %, 1343 W)

〔問題〕 **7.** 図 2・70 の回路において,ひずみ波電圧 v が加えられたとき,消費電力と力率を求めよ。ただし,$v=\sqrt{2}\times100\sin\omega t+\sqrt{2}\times50\sin3\omega t+\sqrt{2}\times20\sin5\omega t$ 〔V〕,基本波における $R=5$ 〔Ω〕,$X_C=12$ 〔Ω〕とする。

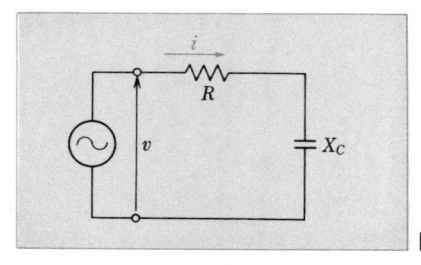

図 2・70 R-C 回路

答 (661 W, 50.4 %)

〔問題〕 **8.** 図 2・56 において,スイッチ S を投入した時,コンデンサには図に示す極性で V_0 〔V〕に充電されていた。このときの v, i_R, さらに i_C の完全応答を求めよ。

〔問題〕 **9.** 図 2・60 において,式(2・120)と式(2・121)の関係を用いて,v, i_R および i_C の定常状態における値を求め,各電圧および電流ベクトルを図示せよ。

〔問題〕 **10.** 〔例題〕2・23 で与えられた各定数を用いて,〔例題〕2・24 と同様に状態変数の軌道を示せ。

第3章　半導体デバイス

　電気・電子機器において，各種半導体デバイスが重要な構成要素となっている。本章では，これらの半導体デバイスを理解するために必要な半導体物理の基礎知識を整理し，これに基づいて，代表的な半導体デバイスの動作原理と特性について述べる。

3・1　半導体デバイスの歴史

〔1〕　整流作用の発見と整流理論の確立

　半導体は，金属と同じ固体でありながら，それとは異なったいくつかの特有な性質をもっている。これらの性質を応用して有益な機能をもたせた素子が**半導体デバイス**である。

　半導体がもつこれらの性質の中で，特に重要なものは，デバイスに広く応用されている**整流作用**である。これは，金属と半導体を接触させて，その端子間に電圧を加えると，ある極性の場合に電流が流れやすいが，これと逆の極性において電流が流れ難いという性質である。これに関する現象は，すでに，1874年頃より知られていたが，整流器への応用が試みられたのは，それより半世紀後の1920年の亜酸化銅整流器，および1923年のセレン整流器などがそれである。

　この当時は，量子力学の黎明期であり，まだ整流作用を理論的に考察できる段階には至っていなかった。その後，量子力学の知識が深まり，1932年から約10年間に，金属と半導体接触に関するいくつかの整流理論が発表された。しかし，これらの理論が実験と一致しないという問題が生じた。

ちょうど，この頃は，第二次世界大戦中であり，マイクロ波レーダ用検波器としての鉱石検波器の改良が必要とされていた。これと関連し，アメリカのベル研究所では，ショックレー（Shockley），バーディン（Bardeen），ブラッティン（Brattain）らを中心として，真空管に代わる固体増幅素子を実現させるため，半導体の性質に関する理論的，実験的研究が精力的に進められていた。その中で，半導体の表面状態の研究を行っていたバーディンは，1947年，半導体表面には金属を接触させる前に，すでに整流作用を起こす原因となる状態（これを**表面準位**という）が存在しているという仮説を提唱した。この表面準位の存在を考慮することにより，それまで問題となっていた整流理論と実験との不一致の原因をみごとに説明することができ，これによって，それまでの整流理論が誤りでないことが示された。その後行われた表面準位に関する実験は，トランジスタを発見する発端となった。

1949年には，ショックレーにより，**ｐｎ接合理論**（p形半導体とn形半導体とからなる接合における整流理論）が発表されるに至り，ゲルマニウムやシリコン単結晶を用いたｐｎ接合整流器の電流-電圧特性が適確に説明できるようになった。これにより，整流理論はほぼ完成の域に達した。その後，ゲルマニウムやシリコン単結晶のｐｎ接合整流器が，亜酸化銅整流器や，セレン整流器に比べて逆耐電圧や電流容量などの特性が優れていることから，これらに置き代わり，今日に至っている。

〔2〕 トランジスタの誕生

半導体の表面準位を提唱したバーディンは，ブラッティンらとともに，これらの特性を実験的に調べるために，図3・1のように，ゲルマニウム単結晶表面に2本の金属針を接近させて立て，表面電位の分布の様子を測定していた。この実験の際中に，片方の金属針に流す電流のわずかな変化が，他方の金属針の電流に大きな変化を引き起こすという増幅作用が見出された。これが，1948年の**点接触形トランジスタ**の発見であり，今日の半導体の隆盛を導く源となった。

この点接触形トランジスタは，金属針を点接触させた状態で動作させるため，

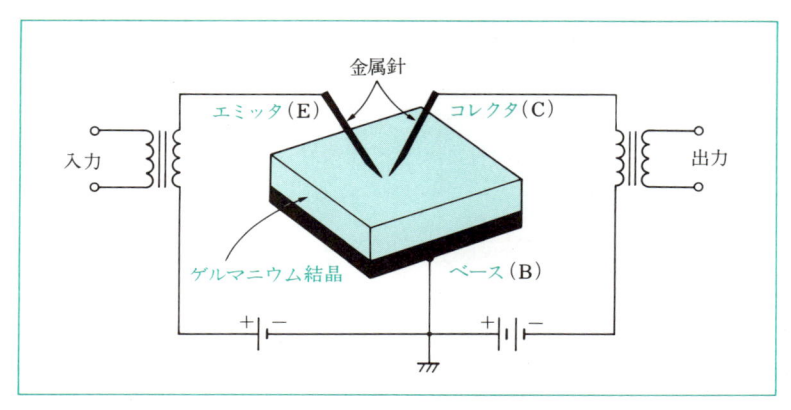

図 3・1　点接触形トランジスタ

信頼性と安定性において劣り，また，動作電力も低いという欠点があった。さらに，増幅作用の機構についても不明であった。1949 年，ショックレーは，pn 接合理論を発表し，点接触でなくても，面接触の pn 接合を用いて増幅作用を起こし得ることを提唱した。翌年の 1950 年には，pn 接合を用いた**接合トランジスタ**の試作に成功した。これが，今日のトランジスタの基本形である。

　1956 年，ショックレー，バーディン，ブラッティンの 3 人は，トランジスタ発明の業績により，ノーベル物理学賞を受賞した。

　このようなトランジスタの誕生は，半導体結晶の製作技術の改良をうながし，トランジスタ材料としては，ゲルマニウム結晶に比べて資源的に有利で，特性が優れているシリコン結晶へと置き代わって行った。一方，トランジスタの製造技術，特に，基板表面にトランジスタを製作するプレーナ技術が急速な進歩をとげ，**接合形電界効果トランジスタ**や **MOS 電界効果トランジスタ**の製作が可能となった。このようにして，トランジスタは，それまでの真空管に代わって，エレクトロニクスを支える重要な地位を築いた。さらに，トランジスタの誕生は，これを契機として数々の半導体デバイスの誕生をうながす発端となった。

〔3〕 半導体集積回路の実現

トランジスタは，真空管に比べて小形で信頼性が高く，電子装置の小形化を可能にした。しかし，さらに高性能の大規模な電子装置を小形化し，信頼性を高めるためには，抵抗，コンデンサ，ダイオード，トランジスタ等の電子部品を半導体の同一基板上に組み込むことが必要となってきた。これを実現したのが，**半導体集積回路** (IC) である。

この集積回路の概念は，ｐｎ接合トランジスタが誕生した2年後の1952年にイギリスのダンマー (Dummer) によって発表された。1958年には，早くもアメリカのテキサス インスツルーメント社によって集積回路の第1号が発表されるに至った。

その後，集積回路の集積度を高める技術改良が重ねられ，最近では，1枚の基板上に，数千個の素子を組み込んだ**大規模集積回路** (LSI) から，数十万個の**超大規模集積回路** (VLSI) への発展の道をたどっている。

集積回路のもつ高集積度で，超小形，軽量という特長は，真空管やトランジスタでは実現できなかった高性能の電子計算機を始めとし，電卓，マイコン，腕時計，その他多くの電子装置を可能にした。また，このような集積回路技術の発達により，電子回路を一まとめにしてシステムとして扱うという考え方へと移行してきた。

3・2 半導体の電気伝導

〔1〕 半導体の種類と諸性質

固体を電気抵抗の点から分類すると，図3・2のように，**導体**，**半導体**，および**絶縁体**の3つに大別できる。この中で，半導体は，抵抗率がおよそ $10^{-4} \sim 10^{6}$ $\Omega \cdot m$ の範囲にある物質である。しかし，エレクトロニクスの分野で，半導体として取り上げられている物質は，単に電気抵抗の点からのみでなく，次のよう

3・2 半導体の電気伝導

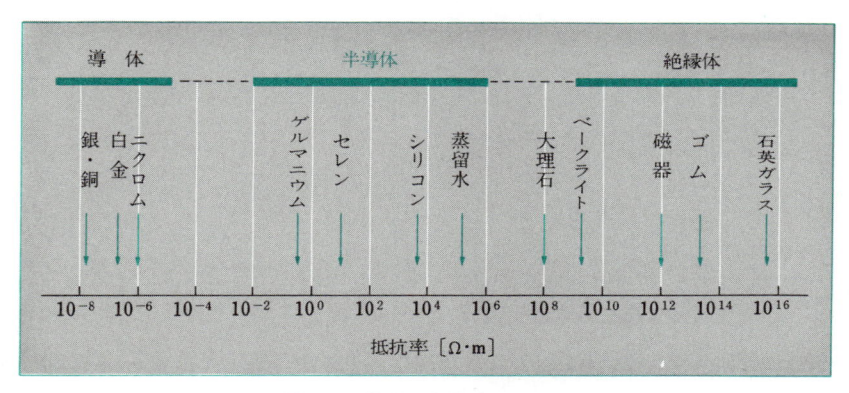

図 3・2 物質の抵抗率（室温）

な特異な性質をもつ物質を指している。すなわち，① 電気伝導が電子と正孔によって行われる。② 電気抵抗の温度係数が負である。③ 不純物添加により抵抗率が著しく変化する。さらに，④ 整流作用，トランジスタ作用，光電効果，熱電効果，磁界効果などが著しく現れる。

半導体は，1種類の元素からなる単元素半導体と2種類以上の元素が化合してできた化合物半導体とに分けられる。前者の代表的なものには，トランジスタや集積回路に広く使われているSi（シリコン）や，さらに，ダイオード，トランジスタ材料として歴史的に重要であったGe（ゲルマニウム）などがある。後者には，半導体レーザに使われるGaAs（ガリウム-ひ素）をはじめとし，磁界素子に使われるInSb（インジウム-アンチモン）や，その他種々の材料がこれに含まれる。これらの材料は主に**結晶質**（原子配列が規則的）であるが，最近，**非晶質**（原子配列が無秩序）のもつ特異な半導体的性質が大きく注目されている。

半導体結晶の示す電気伝導現象は，電子の許されるエネルギーがある幅をもった帯状となるという**帯理論**に基づいて説明することができる。図3・3は，これの基本となる半導体結晶のエネルギー帯を示している。上側のエネルギー帯は，電気伝導に寄与する電子が存在する帯であり，これを**伝導帯**という。下側のエネルギー帯は，価電子が存在する帯であり，これを**価電子帯**という。価電

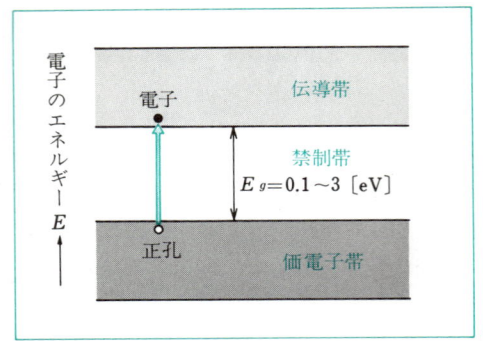

図 3·3 半導体のエネルギー帯

子帯の価電子は，あるエネルギーを得ると伝導帯に上がり**伝導電子**となる。この価電子帯で電子の抜け穴が**正孔**である。電気伝導に寄与する荷電粒子は，伝導帯中の伝導電子と価電子帯中の正孔であり，これらを総称して**キャリア**という。

伝導帯と価電子帯にはさまれたエネルギー帯は，電子の存在が許されない帯であり，これを**禁制帯**という。禁制帯のエネルギー幅 E_g を**エネルギーギャップ**という。半導体の場合，この値はおよそ 0.1～3 eV であり，一般に E_g の大きい材料ほど抵抗率が高い。表 3·1 にその一例を示す。

表 3·1 物質の E_g と真性抵抗率（室温）

	E_g 〔eV〕	ρ_i 〔Ω·m〕
Ge	0.66	0.5
Si	1.11	2.3×10^3
GaAs	1.43	$\sim 10^6$
C（ダイヤモンド）	6～7	$\sim 10^{11}$

半導体は，これに含まれる不純物の存否，およびその種類によって，以下のように分類される。

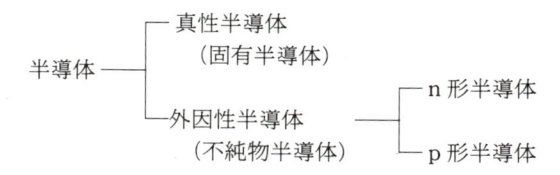

```
            ┌─ 真性半導体
            │  （固有半導体）
半導体 ─────┤
            │                    ┌─ n 形半導体
            └─ 外因性半導体 ─────┤
               （不純物半導体）   └─ p 形半導体
```

ここで，**真性半導体**は不純物を含まない純粋な結晶であり，**固有半導体**ともいう。また，**外因性半導体**は，キャリア密度と抵抗率が，その中に含まれる不純物によって特徴づけられた半導体であり，**不純物半導体**ともいう。その中で，電子密度が正孔密度より大きくなるような不純物を含む半導体を **n 形半導体** といい，これとは逆の場合を **p 形半導体** という。半導体中で，密度の多いほうのキャリアを **多数キャリア**，少いほうのキャリアを **少数キャリア** という。

表 3・2 は，Si, Ge の場合の不純物元素と半導体の伝導形との関係をまとめたものである。

表 3・2 不純物元素と半導体の伝導形

半導体の種類	不純物元素	多数キャリア	少数キャリア	イオンの電荷
真性半導体	不純物添加なし	電子密度 = 正孔密度		—
n 形半導体	（ドナー） 第V族 P, As, Sb	電子	正孔	$+q$
p 形半導体	（アクセプタ） 第III族 B, Al, Ga	正孔	電子	$-q$

〔2〕 **キャリア密度**

不純物を添加した半導体結晶中のキャリアの挙動を説明するため，立体的な結晶を平面的に表示することが行われる。図 3・4 は，Si 結晶の中に不純物とし

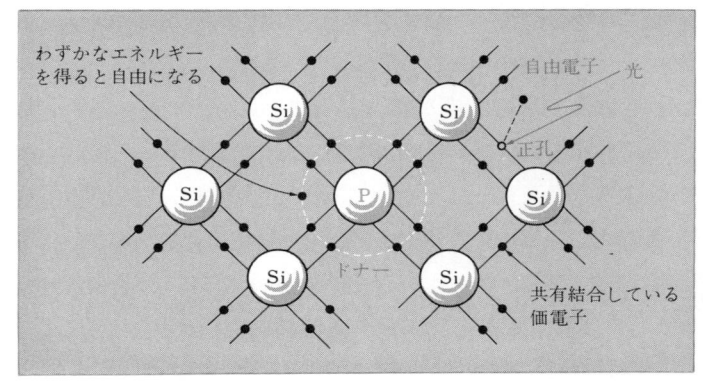

図 3・4　n 形 Si 結晶の平面的表示

て第Ⅴ族のP（りん）原子を添加した場合である。Si原子は，第Ⅳ族で価電子が4個，またP原子の価電子は5個である。したがって，P原子の5個の価電子のうち，4個は隣接の4個のSi原子との共有結合に使われ，残りの1個の電子が余る。この電子は，P原子に弱く束縛されているため，わずかなエネルギーを得て自由になり，結晶中を自由に動き回れるようになる。これが電気伝導に寄与する電子である。このように，結晶中に電子を供給して正に帯電する不純物を**ドナー**という。また，あるエネルギーを得ると共有結合が切れて電子が自由となり，その抜け穴として正孔ができる。この過程は，電子と正孔が対になって生ずることから**対生成**という。この対生成によって生じた電子と正孔も電気伝導に寄与するキャリアとなる。

　この種の半導体の伝導体中の電子の数は，ドナーからの供給分と対生成による分の和であり，価電子帯中の正孔は対生成による分のみである。したがって，この半導体は，電子密度が正孔密度より大きく，n形半導体である。

　ドナーはわずかなエネルギーを得て電子を供給することから，n形半導体のエネルギー帯においては，伝導帯の底近くにドナー準位を配置させてある。

　一方，図3・5は，Si結晶中に，不純物として，第Ⅲ族のB（ほう素）を添加した場合である。Bの価電子は3個であることから隣接のSi原子との共有結合に際して電子が1個不足の状態となる。Si原子とSi原子の間の共有結合にあずかる電子は，わずかなエネルギーを得て，この不足状態に移り，その抜け穴

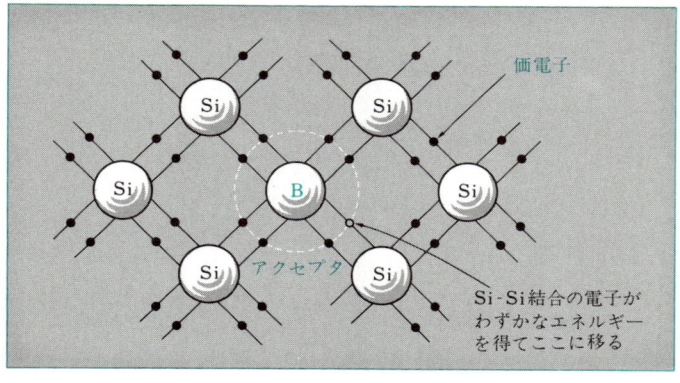

図 3・5　p形Si結晶の平面的表示

として正孔ができる。このように，電子を受け入れて負に帯電し，正孔を作る不純物を**アクセプタ**という。この半導体は，正孔密度が電子密度より大きく，p形半導体である。

アクセプタは，わずかなエネルギーを得た電子がこれに入り込み負に帯電することから，p形半導体のエネルギー帯においては，価電子帯の頂上近傍にアクセプタ準位を配置させてある。

一方，真性半導体は，不純物を含まない純粋な結晶であるため，キャリアは対生成によってできた電子と正孔のみであり，電子密度と正孔密度が相等しいことが特徴である。

3・3 半導体ダイオード

〔1〕 ショットキーダイオード

金属と半導体を接触させると，その界面に整流性の**電位障壁**が形成される。これを**ショットキー障壁**という。この障壁を利用した整流性のダイオードを**ショットキーダイオード**という。

仕事関数 ϕ_M の金属と ϕ_S の n 形半導体を $\phi_M > \phi_S$ の条件の下で，両者を接触

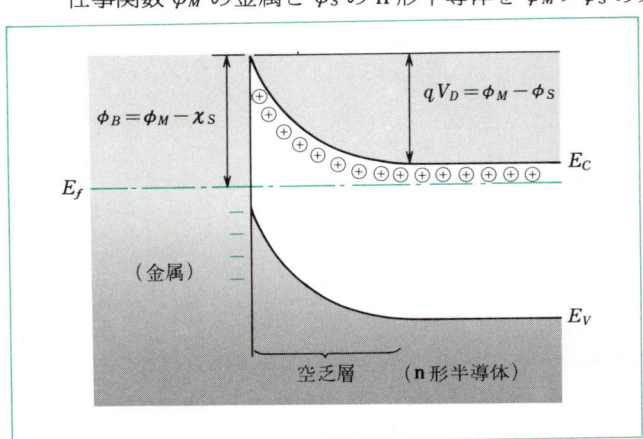

図 3・6 ショットキー障壁

させると，半導体側から金属側に電子が移動して，電位の再配分が起こり，あるところで平衡状態に達する。このとき移動した電子は，金属と半導体の界面に集まる。界面近傍の半導体側では電子が出払うため，ドナーの陽イオンによる空間電荷領域が生ずる。これを**空乏層**という。図 3・6 の電位障壁は，この空乏層の空間電荷による電位によって生じた障壁である。x_sは電子親和力である。

金属側を正，n 形半導体側を負になるようにバイアス電圧を加えると，n 形半導体中の多数キャリアである電子が障壁を通して金属側に流れ込み，大きな電流が流れる。これを**順方向特性**という。これとは逆に，金属側を負，n 形半導体側を正になるようにバイアス電圧を加えたときの電流は，ショットキー障壁の高さ ϕ_B を越えて流れる電子によるものであり，その絶対値は小さい。これは**逆方向特性**という。図 3・7 は，実際のショットキーダイオードの電流-電圧特性の一例である。

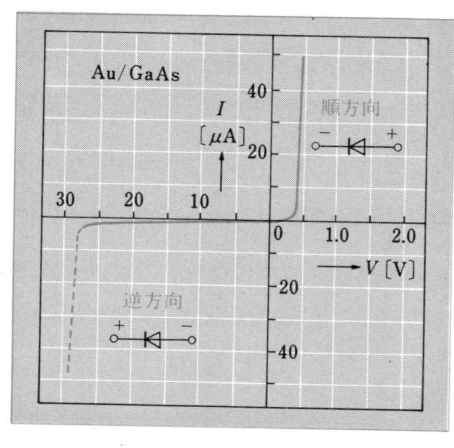

図 3・7 ショットキーダイオードの電流-電圧特性

ショットキーダイオードは，後述の pn 接合ダイオードとは異なり，その動作が多数キャリアによって行われるため，少数キャリアの蓄積効果がなく，高周波用に適している。

3・3 半導体ダイオード

〔2〕 pn接合ダイオード

1つの半導体結晶の中でp領域とn領域を接合させて作った構造の素子を**pn接合**という。この接合は，整流特性をもっており，多くの半導体素子の重要な構成要素となっている。このpn接合の製作法としては，合金法，熱拡散法，イオン注入法，エピタキシャル成長法，その他がある。

pn接合において，アクセプタとドナーが階段状に分布している場合を**階段接合**，また勾配をもって分布している場合を**傾斜接合**という。

図3・8は，熱平衡状態における階段接合のエネルギー帯図を示している。p形とn形を接合させた時点で，p側からn側へ正孔が，またn側からp側へ電子が拡散によって移動し，平衡状態が保たれている。このときのキャリアの移動の平衡は，p側とn側の間に生ずる電位差 V_D によって支えられており，この電位差を**拡散電位**という。この電位差は，接合面近傍で，p側のアクセプタの陰イオンとn側のドナーの陽イオンによって形成される電気二重層により作られている。この電気二重層の領域は，高電界でキャリアが出払ってしまっていることから**空乏層**といい，またp形からn形に移る領域であることから**遷移領域**という。この熱平衡状態において，接合を流れる正味の電流は零である。

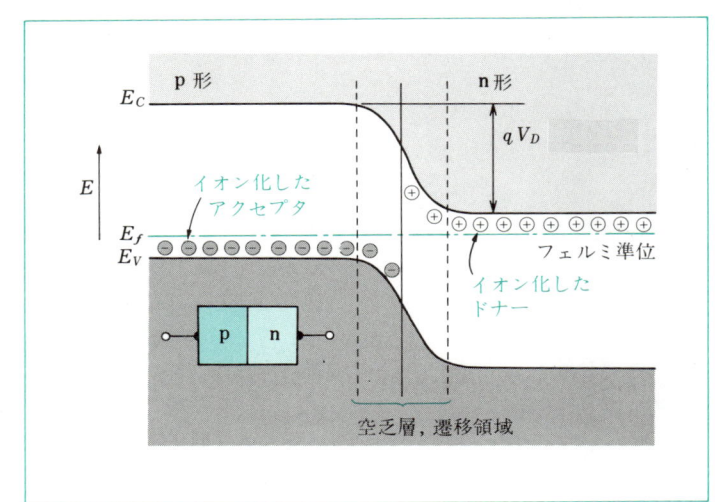

図3・8　熱平衡状態のエネルギー帯

次に，p側を正，n側を負になるようにバイアス電圧を印加すると，縦軸は電子に対するエネルギーをとってあるので，p側のエネルギーは下がり，n側のエネルギーは上がる。p側とn側の同一エネルギー準位において，n側の電子密度はp側の電子密度より高く，またp側の正孔密度はn側の正孔密度より高い。そのため，これらのキャリアは，互いに，密度の低い相手の領域に拡散によって移動し，電流が流れる。この場合，移動するキャリアは多数キャリアであるため流れる電流値は大きく，順方向電流となる。

また，p側を負，n側を正となるようにバイアス電圧を加えると，p側のエネルギーが上がり，n側のエネルギーが下がる。この場合，p側とn側の同一エネルギー準位においては，p側の電子密度がn側の電子密度より大きく，また正孔密度は，p側よりn側のほうが大きい。そのため，電子がp側からn側へ，また正孔がn側からp側へ拡散によって移動し，電流が流れる。この場合に移動するキャリアは少数キャリアであるため，流れる電流は非常にわずかであり，逆方向電流となる。

〔3〕 定電圧ダイオード

pn接合に大きな逆方向電圧を加えると，ある電圧で急激に大きな電流が流

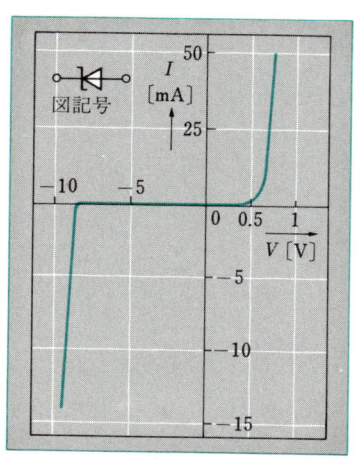

図 3・10 定電圧ダイオードの静特性

れるようになる。これを**降伏現象**といい，この現象の開始する電圧を**降伏電圧**という。p領域とn領域の不純物を適当に調整することにより，図3・10のように，逆方向電圧がほぼ一定のもとに，電流が広範囲に変化する定電圧特性をもったダイオードが製作できる。これを**定電圧ダイオード**という。

降伏現象の発生する過程としては，**なだれ過程**と**ツェナー過程**の2つがある。Si pn接合の場合，降伏電圧が約6V以下ではツェナー降伏，それ以上ではなだれ降伏によって起こっており，その中間近傍の電圧では，両降伏現象が混在している。この定電圧ダイオードは，定電圧装置や電圧標準装置に用いられるほか，サージ吸収や過電圧保護に応用される。

3・4 トランジスタ

〔1〕 バイポーラトランジスタ

図3・11(a)および図(c)のように，pnpあるいはnpnの三層構造をなした半導体増幅素子を**接合トランジスタ**という。これらのトランジスタの電流は，少数キャリアと多数キャリアの両方により運ばれることから**バイポーラトランジスタ**と呼ばれる。電極端子は，**エミッタ**(E)，**ベース**(B)，**コレクタ**(C)

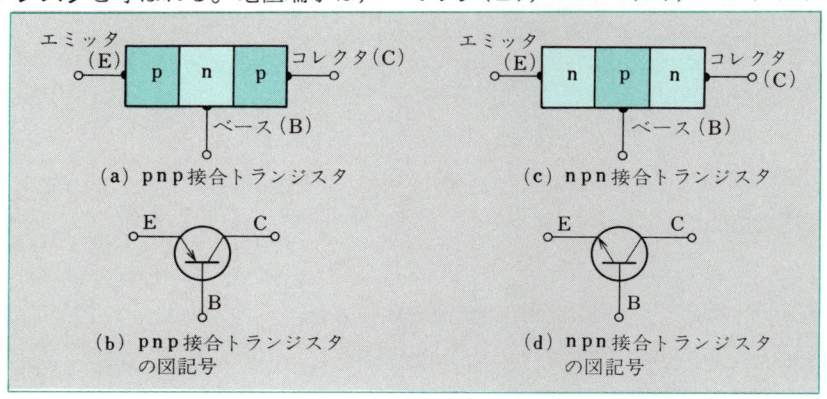

図3・11 接合トランジスタと図記号

とからなり，動作時には，エミッタ-ベース間を順方向バイアス，ベース-コレクタ間を逆方向バイアスにして使用する。

これらのトランジスタにおいては，エミッタからベースに注入された少数キャリアの大部分がコレクタに到達できるよう，ベースの幅は十分に狭く作られている。また，エミッタとベース間の接合に流れる全電流のうち，ベース中の少数キャリアによって生じる電流の占める割合（**注入効率**という）が大きくなるように，ベースの抵抗率に比べて，エミッタの抵抗率を十分に小さくしてある。

ｐｎｐ構造およびｎｐｎ構造のトランジスタの動作原理は，キャリアの種類とバイアス電圧の極性を逆にすれば，両者同じである。

トランジスタは，三電極のうち，いずれか１つを共通電極として使用する。共通電極の名を取って，それぞれ**ベース接地回路，エミッタ接地回路，コレクタ接地回路**という。図3・12にpnp接合トランジスタの基本増幅回路を示す。

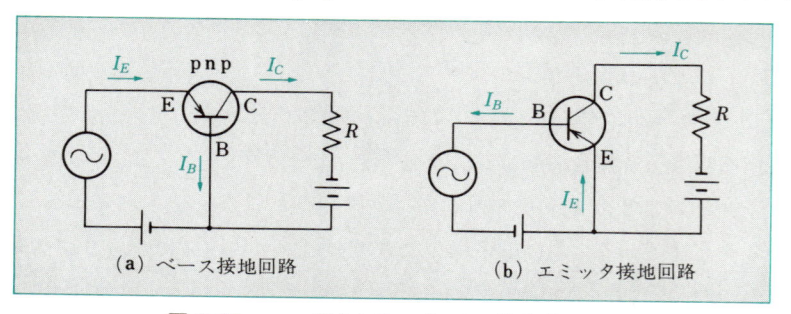

図 3・12 ｐｎｐ接合トランジスタの基本増幅回路

ベース接地回路を例にとると，動作原理は以下のようになる。

エミッタ電流 I_E，ベース電流 I_B，およびコレクタ電流 I_C のそれぞれの変化分を ΔI_E, ΔI_B, ΔI_C とすれば，

$$\Delta I_E = \Delta I_B + \Delta I_C \tag{3・18}$$

である。また，ベース接地回路の電流増幅率 α は，

$$\alpha = \frac{\Delta I_C}{\Delta I_E} \tag{3・17}$$

で定義される。$\Delta I_B \ll \Delta I_C$ であるので，α は，1以下の，ほぼ1に近い値である。

電圧利得 A_V および電力利得 A_P は，入力回路の抵抗を R_{in}，出力回路の抵抗を R_{out} とおけば，それぞれ

$$A_V = \frac{\Delta V_{out}}{\Delta V_{in}} = \frac{R_{out} \Delta I_C}{R_{in} \Delta I_E} = \alpha \frac{R_{out}}{R_{in}} \tag{3・20}$$

$$A_P = \frac{\Delta P_{out}}{\Delta P_{in}} = \frac{R_{out} \Delta I_C{}^2}{R_{in} \Delta I_E{}^2} = \alpha^2 \frac{R_{out}}{R_{in}} \tag{3・21}$$

となる。$R_{out} \gg R_{in}$ であるので，$\alpha<1$ であっても電圧利得，および電力利得が得られる。

図 3・12(b)のエミッタ接地回路においては，電流増幅率 β は，

$$\beta = \frac{\Delta I_C}{\Delta I_B} = \frac{\Delta I_C}{\Delta I_E - \Delta I_C} = \frac{\alpha}{1-\alpha} \tag{3・22}$$

となる。$\alpha=0.98$ とすれば，$\beta=49$ となり，電流増幅率は非常に大きくなる。

図 3・13 および図 3・14 は，それぞれベース接地回路およびエミッタ接地回路の静特性の一例である。ベース接地回路の場合，$\alpha=\Delta I_C/\Delta I_E$ がほぼ 1 に近い値であることがわかる。

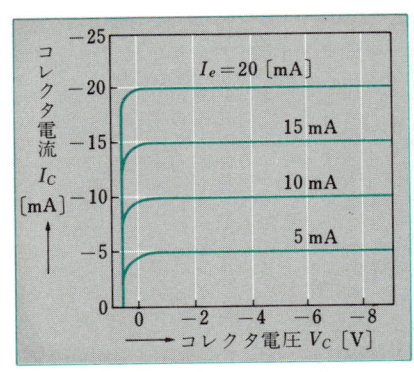

図 3・13　ベース接地回路の静特性　　図 3・14　接地回路の静特性

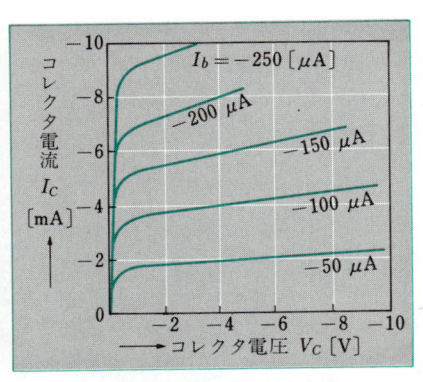

一般に，ベース接地回路は，入力抵抗が低いが出力抵抗が高い。エミッタ接地回路の場合には入力抵抗，出力抵抗ともにそれほど大きくはないが，電流増幅率が高い。また，コレクタ接地回路においては，入力抵抗がきわめて大きく，出力抵抗が小さい。さらに，電流の位相反転を生ずることを特徴としている。

バイポーラトランジスタは，代表的な半導体増幅素子であり，広い分野で使われているが，その用途によって要求される特性がいろいろと異なるため，種々の構造のものが開発されている。大電力用のパワートランジスタでは，耐圧の向上，電流容量の増加，および熱特性の改良を行うため，n^+pnn^+構造（n^+はドナー密度の大きいn領域）や，くし型電極構造のものが使われている。また，高周波トランジスタでは，動作周波数の上限を高めるため，ベース抵抗とコレクタ接合容量を低下させた構造のものが使われている。

〔2〕 接合形電界効果トランジスタ

電流の流れる通路の面積を静電的に変化させて電流を制御できるようにした構造の半導体素子を**電界効果トランジスタ**（FET；field effect transistor）という。前述のバイポーラトランジスタでは，注入された少数キャリアの挙動を利用しているのに対し，この電界効果トランジスタでは多数キャリアの動作を利用している点に本質的な違いがある。

図 3・15 は，接合形電界効果トランジスタ（JFET；junction field effect transistor）の原理的な構造を示している。n形半導体の両端に電流を流すための電極を設けてあり，片方を電子（多数キャリア）の供給源という意味から**ソース**

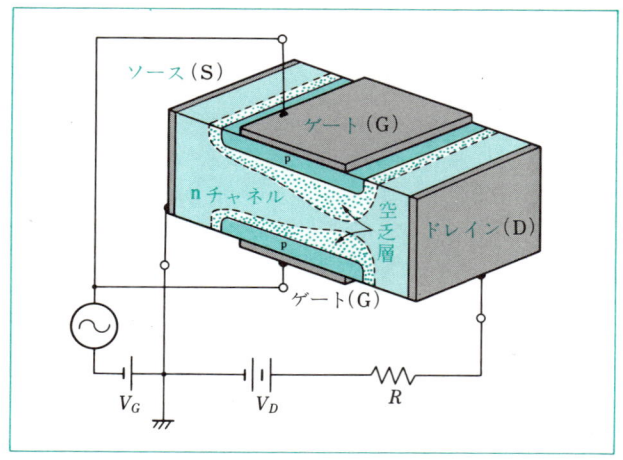

図 3・15 JFETの構造

（S）といい，他方を電子の吸口という意味から**ドレイン**（D）という。

　ソースとドレイン間の半導体側面には，p層を形成させてあり，これはソースとドレイン間を流れる電流を制御するための**ゲート**（G）となる。ゲートとソースの間に，ゲート下のpn接合が逆方向バイアスとなるように電圧を加えると，n領域の空乏層が広がり，ソースとドレイン間の**電流通路**（これを**チャネル**という，この場合，n形であるのでnチャネルという。）が狭められる。すなわち，ゲートに加える電圧により，ソースとドレイン間の電流を制御することができる。JFETの図記号は，図3・16で表される。

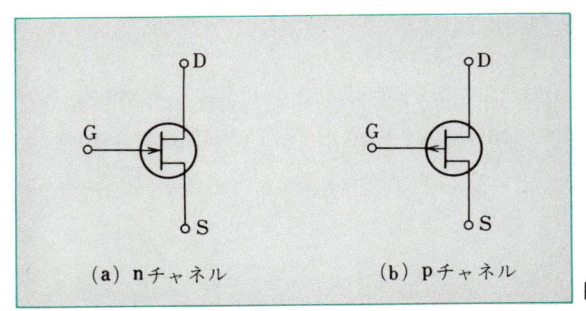

(a) nチャネル　　(b) pチャネル　　図 3・16　JFET の図記号

　図3・17は，ドレイン電圧 V_D とドレイン電流 I_D の関係を表した静特性の一例であり，ゲート電圧 $V_G<0$ の範囲において I_D が制御されている。ドレイン電圧を上昇させて行くと空乏層が広がり，ある電圧値でチャネルの幅が零となる。

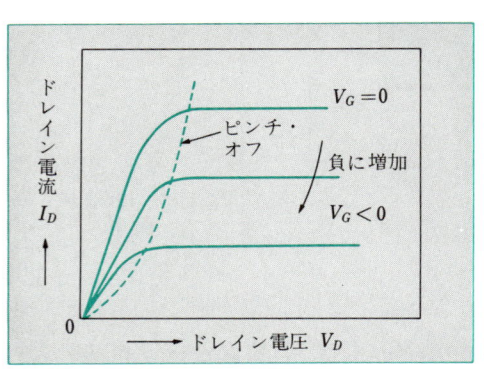

図 3・17　JFET の I_D-V_D 特性

この状態を**ピンチオフ**という。このピンチオフが起こる以上にドレイン電圧を加えるとドレイン電流は飽和特性となる。

JFETは，前述のバイポーラトランジスタに比べて，次のような特長をもっている。① 入力インピーダンスが高い。② 少数キャリアの蓄積効果がないので高速用に適している。③ 入力と出力間を絶縁できるので，回路設計が容易である。

〔3〕 **MOS電界効果トランジスタ**

図3・18のように，p形Si基板表面に，n^+層からなるソース（S）とドレイン（D）を設け，さらに，p形Si表面に絶縁層をはさんでゲート（G）を設け，ソース-ドレイン間の電流をゲート電圧によって制御できるようにした構造の素子を**MOS電界効果トランジスタ**（MOSFET；MOS field effect transistor）という。ここで，Mは金属（metal），Oは酸化膜（oxide），Sは半導体（semiconductor）の略である。

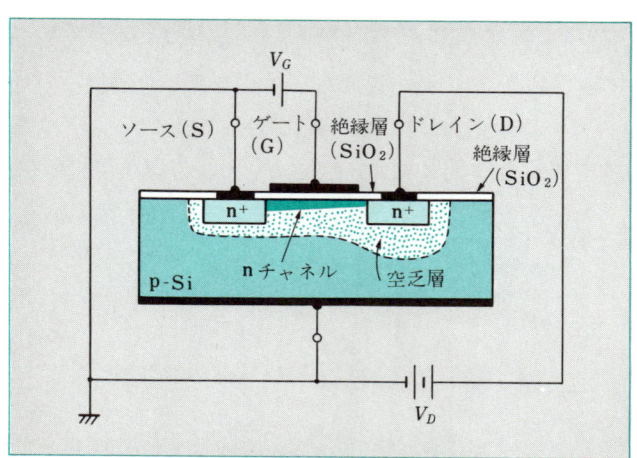

図3・18 MOSFETの構造

このMOSFETにおいて，ソースに対してゲートに正の電圧を加えると，絶縁層下のp形Si表面に電子が集まってn形に反転し，電流通路（nチャネル）

が形成される。このnチャネルの断面積は，ゲートに加える電圧によって変化するので，これによってソース-ドレイン間の電流を制御することができる。

チャネルとしては，図3・18のように，p形Si基板を用いたMOSFETの場合の**nチャネル**と，n形Si基板を用いたMOSFETの場合に形成される**pチャネル**とがある。ゲート電圧の印加によるチャネルの形成状態によって，MOSFETを次のように分類することができる。

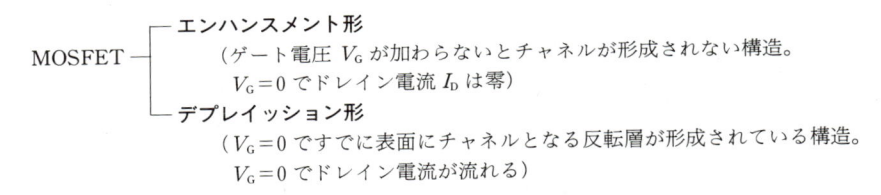

MOSFET ─┬─ **エンハンスメント形**
　　　　　│　　（ゲート電圧 V_G が加わらないとチャネルが形成されない構造。
　　　　　│　　　$V_G=0$ でドレイン電流 I_D は零）
　　　　　└─ **デプレイッション形**
　　　　　　　（$V_G=0$ ですでに表面にチャネルとなる反転層が形成されている構造。
　　　　　　　$V_G=0$ でドレイン電流が流れる）

図3・19は各構造のMOSFETの図記号である。図3・20は，一例として，nチャネルMOSFETの静特性を示したものであり，JFETの特性と定性的に同じ

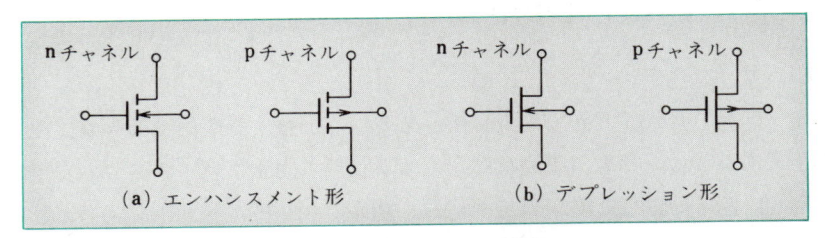

図 3・19　MOSFETの図記号

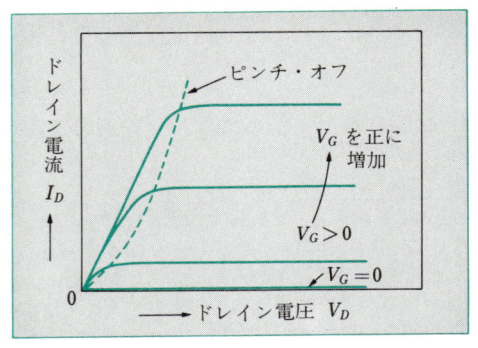

図 3・20　MOSFETの I_D-V_D 特性

である。

　MOSFET は，JFET に比べて次のような特徴をもっている。① 入力抵抗が大きい。② ソース-ドレイン間が電気的に基板から独立できる。③ 1枚の基板上に作り得る素子数が多く，集積回路に用いるのに有利である。しかし，④ 半導体の表面準位の存在による雑音の点や，キャリア移動度が小さくなる点などが劣っている。

3・5　電力用デバイス

　電力用デバイスとしては，一般に，**サイリスタ(SCR)** や **GTO**，**TRIAC** がある。このほか，最近では前節までに学んだダイオードやトランジスタの大電力用のものが用いられるようになっている。

〔1〕　サイリスタ

　サイリスタ*(thyristor)は，pn 接合を 3 つ以上有する電流制御形の負性抵抗素子であり，**オン状態（導通状態）** と **オフ状態（阻止状態）** の 2 つの安定状態を有し，図 3・21 に示すように，pnpn 4 層構造に，制御用ゲート端子を設けた構造である。このサイリスタの陽極と陰極間に，あるしきい値電圧以上の電圧を加えると，図 3・22 のように，オフ状態からオン状態へスイッチングが起こるが，ゲート端子に電流を流すことにより，このしきい値電圧より低い電圧でスイッチングさせることができる。

　導通状態に移ったサイリスタを阻止状態にもどすためには，主回路の電圧を

---

*　**サイリスタ**のうち特定の素子を **SCR** と呼ぶことがある。これは米国 GE 社の商品名であるため，最近この通称を用いる例は少ない。学術名は **逆阻止 3 端子サイリスタ** であるが，この正式名は長すぎること，使用実績の大半をこの通称 SCR が占めていること等により，パワーエレクトロニクスの分野では，単にサイリスタと呼んでいる。本章でもこの慣例に従う。

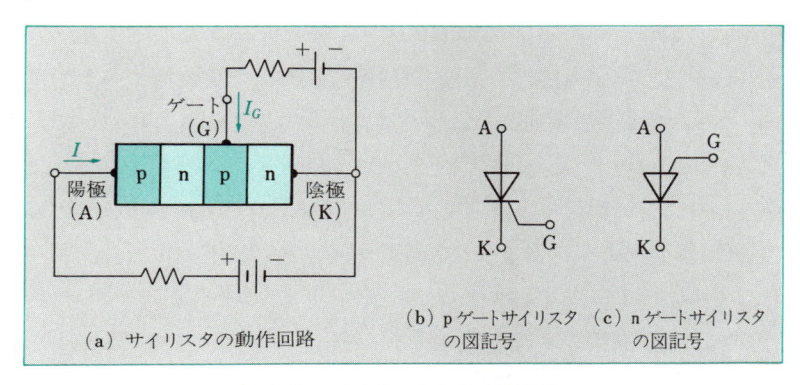

図 3・21 サイリスタとその図記号

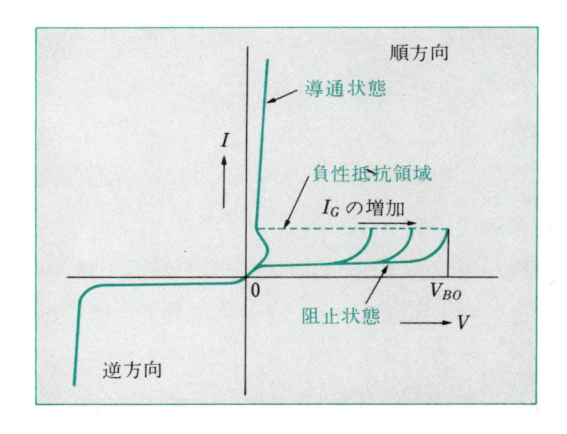

(a) サイリスタの動作回路 (b) pゲートサイリスタの図記号 (c) nゲートサイリスタの図記号

図 3・22 サイリスタの特性

著しく下げるか，または，印加電圧の特性を反転させる必要がある。単にゲート電流を零にしただけでは導通状態から阻止状態へ移すことはできない。**ゲートターンオフサイリスタ**（GTO；gate turn-off thyristor）は，ゲートに逆方向にバイアスを加えて接合付近のキャリアを吸い出し，サイリスタではできなかった，阻止状態にもどす機能をもたせたサイリスタである。

このサイリスタは，各種の電力制御回路や，直流を交流に変換するインバータ回路等に，広く利用されている。

[2] TRIAC

サイリスタは，片側の極性の電流-電圧特性においてのみスイッチングが起こるが，pnpn素子を逆並列に接続した構造にすると，両極性において，対称なスイッチングが生ずる。Siを用いて，1つの素子にこの機能をもたせた構造の素子を**シリコン対称スイッチ**（SSS; silicon symmetical switch）という。このSSSに制御用のゲート端子を設けてスイッチング開始電圧を制御できるようにした構造の素子を**TRIAC**（triod AC switch）という。

サイリスタは，交流の半波の電力制御に用いられるが，このTRIACを用いることにより，1個で交流の正負の両極性に対して電力制御を行うことができる。

3・6 集積回路

[1] 集積回路の基礎概念

近年，電子計算機をはじめとし，各種電気・電子機器に要求される高性能化，多機能化，および高速化に応えるべく，それらの重要な構成要素であるトランジスタ，ダイオード，抵抗，コンデンサなどの部品を1つの基板上に高密度で集積させた，いわゆる**集積回路**（IC; integrated circuit）の製作技術が目覚ましく発達してきた。この集積回路を構造の点から分類すると，次のようになる。

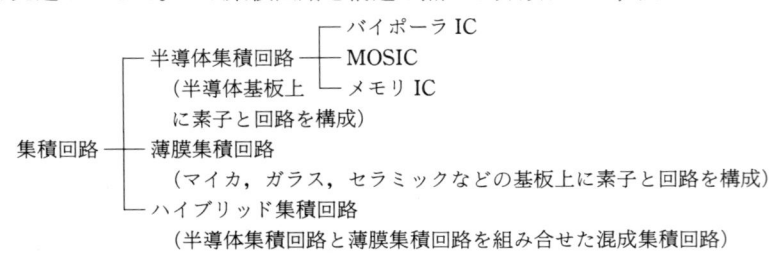

```
集積回路 ─┬─ 半導体集積回路 ─┬─ バイポーラIC
         │   (半導体基板上    ├─ MOSIC
         │    に素子と回路を構成)  └─ メモリIC
         ├─ 薄膜集積回路
         │   (マイカ，ガラス，セラミックなどの基板上に素子と回路を構成)
         └─ ハイブリッド集積回路
             (半導体集積回路と薄膜集積回路を組み合せた混成集積回路)
```

最近では，集積技術の高度化によって，1枚の基板上に集積する素子数が数十万個を超える**超大規模集積回路**(超LSI, VLSI; very large scale integrated circuit）の段階に至っている。このような著しい集積回路の発達の基礎となったのは，半導体表面にトランジスタやダイオードなどを作るプレーナ技術の発達によっている。

集積回路の発達は，電気・電子機器の超小形・軽量化のみならず，信頼性の飛躍的向上と動作の高速化，および価格の低減を可能にし，今日の高性能電子計算機の発達や，マイコン，電卓などの民製品の誕生を実現した。

〔2〕 **バイポーラ集積回路**

半導体集積回路においては，1枚の Si 単結晶基板上に，トランジスタやダイオード，抵抗，コンデンサなどを組み込んであることから，これをモノリシック IC と呼び，IC に組み込むトランジスタとして，バイポーラトランジスタが用いられる場合を**バイポーラ集積回路**という。

集積回路では，多数の素子を同一基板上に製作するため，それらを互に電気的に絶縁して独立させることが重要である。これを**素子間分離**，または**アイソ**

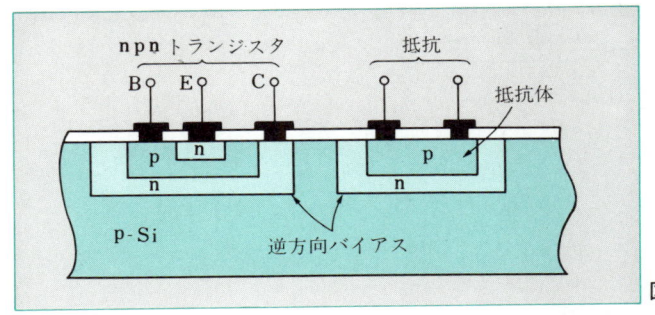

図 3・23 pn接合分離

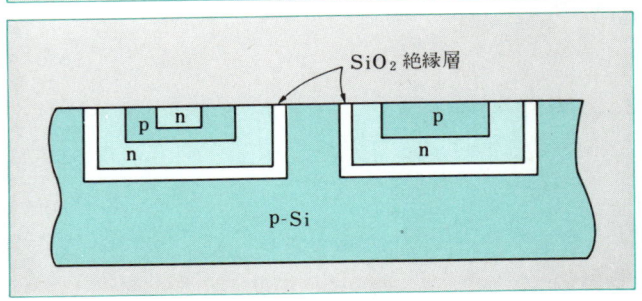

図 3・24 絶縁層分離

レーションという。このアイソレーションには，ｐｎ接合に逆方向バイアスを加えて分離する方式と，酸化膜の絶縁層を用いて分離する方式とがある。図 3・23 は，ｐｎ接合分離の一例であり，ｐ形の Si 基板の電位を最も低い電位になるようバイアスすると，ｐｎ接合部分は逆方向バイアスとなり，素子間を電気的に絶縁することができる。図 3・24 は，絶縁層分離の一例であり，各素子間が酸化膜 SiO_2 の絶縁層で分離されている。図 3・25 に，エミッタ接地バイポーラトランジスタの IC 回路の一例を示す。各配線は，配化膜 SiO_2 上をはって結線されている。抵抗は不純物の拡散層を用いており，コンデンサは，配化膜を金属電極と n^+ 拡散層ではさんだ構造をなしている。各素子は，基板との間に加わる逆方向バイアスによって分離されている。

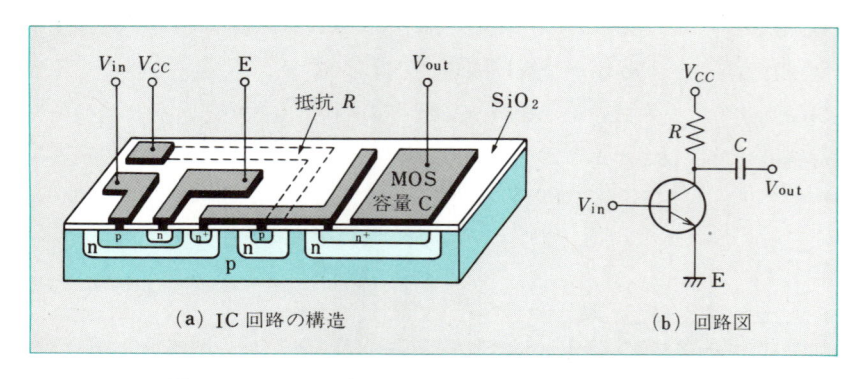

図 3・25 エミッタ接地バイポーラトランジスタの IC 回路

〔3〕 MOS 集積回路

トランジスタとして，前述のバイポーラトランジスタの代わりに，MOSFET を組み込んだ集積回路を **MOS 集積回路** という。この MOS 集積回路は，バイポーラ集積回路に比べて集積度を大きくすることができ，さらに，消費電力が小さいなどの特長をもっている。

ｐチャネル MOSFET とｎチャネル MOSFET を対にして同一基板中に組み込んだものを **相補形 MOS**（C-MOS；complementary MOS）という。これ

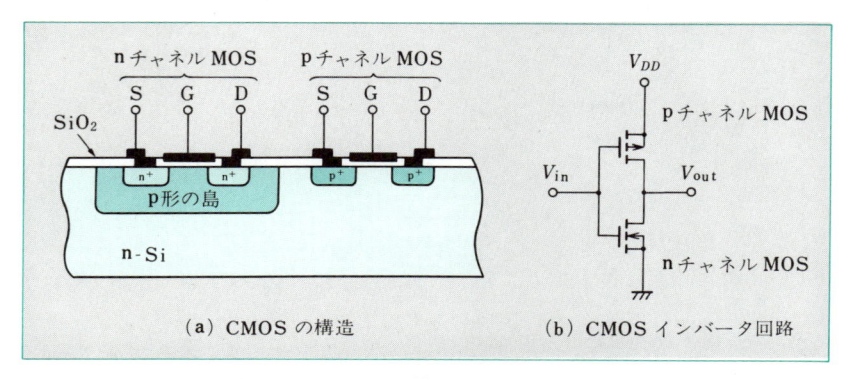

図 3·26　CMOSの構造とインバータ回路

を用いたインバータ回路は，消費電力が非常にわずかであり，雑音余裕（ノイズ マージン）が大きいなどの特長をもつことから，電卓，電子時計，その他に広く利用されている。

図 3·26 は，C-MOS インバータ回路の構成の一例を示す。両チャネルともエンハンスメント形である。入力端子に加える電圧 $V_{in}=V_0(>0)$ のとき，p チャネルがオフ，n チャネルがオンとなり，出力が $V_{out} \fallingdotseq 0$ となる。また，$V_{in} \fallingdotseq 0$ のとき，p チャネルがオン，n チャネルがオフとなり，$V_{out} \fallingdotseq V_{DD}$ となる。いずれの場合も，片方のトランジスタがオフの状態となるため，静止状態ではほとんど消費電力がない。したがって，C-MOS の消費電力としては，2 つの状態が切り換るときに消費される非常にわずかな電力のみである。

演 習 問 題 〔3〕

〔問題〕 1.　エンハンスメント形 MOSFET とデプレッション形 MOSFET の動作原理の違いを説明せよ。

〔問題〕 2.　バイポーラトランジスタの増幅原理について説明せよ。

〔問題〕 3.　C-MOS インバータ回路の動作原理を説明せよ。

第4章　電子回路

1904年にフレミング（John Ambrose Fleming，イギリス）が二極真空管を，また1906年にフォレー（Lee de Forest，アメリカ）が三極真空管を発明して以来，電子回路の基本的な技術が形成された。さらに，1948年〜1951年ショックレー（William Bradford Shockley，アメリカ）グループによるトランジスタの発明，1958年キルビー（Jack S. Kilby，アメリカ）による集積回路技術の確立によって回路素子の小形化，信頼性の向上および低電力動作技術が飛躍的に進歩し，現在の超小形電子回路技術時代を迎えている。

電子回路で取り扱う信号を大別すれば，連続値である**アナログ信号**と離散値としての**ディジタル信号**に分けることができ，それらの信号を扱う回路をそれぞれ**アナログ回路**，**ディジタル回路**という。また，両信号のそれぞれの特長をいかして信号処理を行う技術も電子回路の大きな分野である。そこでの基本回路がアナログ量をディジタル量に，またその逆の変換を行う回路で，これを **A/D 変換回路**および **D/A 変換回路**と呼ぶ。

4・1　電源回路

電子回路は**電池**あるいは**直流安定化電源**によって電力が供給される。電池は手軽であるが寿命に限りがあり，取り換えも面倒であるうえにコストも高くなるため，普通は直流安定化電源が使われる。直流安定化電源は，一般に図4・1のような各部回路により構成されるが，それぞれの回路は扱う電圧，電流の大きさおよび安定度，制御方式の違いによって回路が異なる。ここでは，信号処理を主目的とする電子回路用の小電力直流電源について述べる。

電子回路用小規模電源で使われる整流回路，平滑回路は，手軽さおよび小形

4・1 電源回路

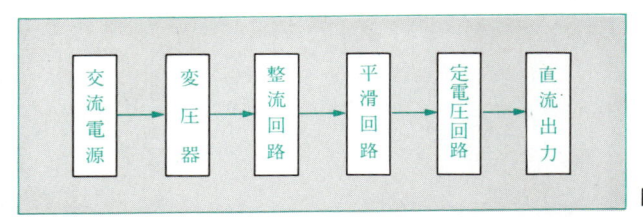

図 4・1 電源回路の構成

にできることから，図 4・2 のように，**ダイオードブリッジ全波整流回路**と**並列コンデンサ平滑回路**がよく用いられる。図 4・2 の回路で，変圧器の二次側電圧

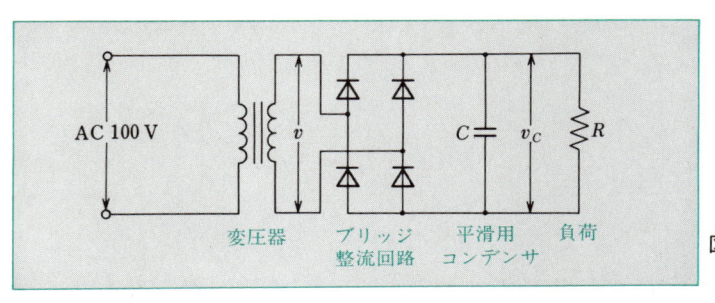

図 4・2 整流回路と平滑回路

v を

$$v = V_m \sin \omega t \tag{4・1}$$

とするとき，コンデンサ電圧 v_c は，図 4・3 のようになる。図に示すように，ωt が θ_1 から θ_2 の間ではダイオードは導通し，電源電圧はそのままコンデンサに

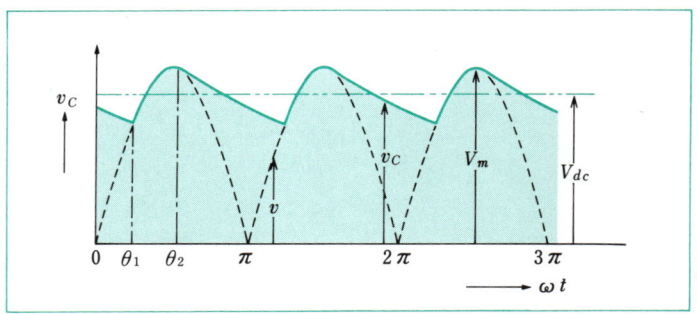

図 4・3 コンデンサ電圧波形

かかる。

$$v_c = V_m \sin \omega t \qquad \theta_1 \leq \omega t \leq \theta_2 \tag{4・2}$$

ωt が θ_2 と $\pi + \theta_1$ の間ではダイオードは非導通となり，コンデンサが負荷に電流を供給する。したがって，その時のコンデンサ電圧は次式となる。

$$v_c = V_m \sin \theta_2 \, e^{-(\omega t - \theta_2)/\omega CR} \qquad \theta_2 \leq \omega t \leq (\pi + \theta_1) \tag{4・3}$$

式(4・2)，(4・3)から，コンデンサの平均電圧 V_{dc} は，次のように計算される。

$$V_{dc} = \frac{1}{\pi}\left[\int_{\theta_1}^{\theta_2} V_m \sin \omega t \, d\omega t + \int_{\theta_2}^{\pi+\theta_1} V_m \sin \theta_2 \, e^{-(\omega t - \theta_2)/\omega CR} d\omega t \right]$$

$$= V_m \cdot \frac{\sqrt{1+\omega^2 C^2 R^2}}{\pi}[1 - \cos(\theta_2 - \theta_1)] \tag{4・4}$$

式(4・4)から，ωCR に対する V_{dc}/V_m を図示すれば，図4・4 となる。図でわか

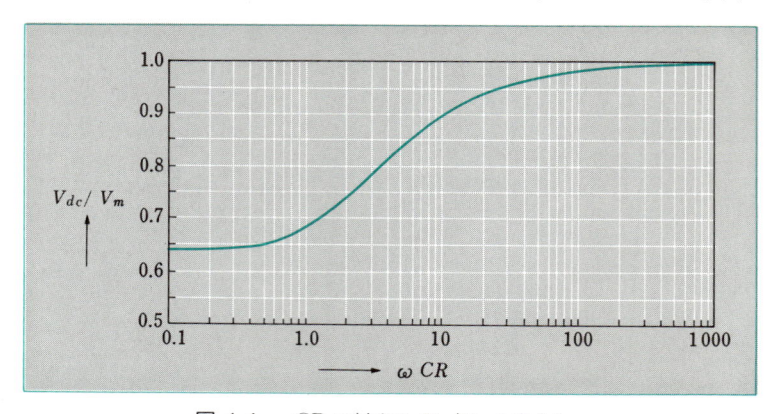

図 4・4 ωCR に対する V_{dc}/V_m の変化*

---

* ダイオードから流れ出す電流 i_d は，コンデンサ電流と抵抗を流れる電流の和であるから，次式となる。

$$i_d = \omega C V_m \cos \omega t + \frac{V_m}{R} \sin \omega t \qquad \theta_1 \leq \omega t \leq \theta_2$$

$\omega t = \theta_2$ で $i_d = 0$ であるから，$-\omega C V_m \cos \theta_2 = \frac{V_m}{R} \sin \theta_2$，それゆえ，$\theta_2 = \tan^{-1}(-\omega CR)$ である。

一方，式(4・3)より，$\omega t = \pi + \theta_1$ でダイオードは再び導通するから，コンデンサ電圧は電源電圧に等しくなる。すなわち，$V_m \sin \theta_2 \, e^{-(\pi+\theta_1-\theta_2)/\omega CR} = V_m \sin \theta_1$ である。したがって，$\sin \theta_1 = \sin \theta_2 \, e^{-(\pi+\theta_1-\theta_2)/\omega CR}$ を解くことによって θ_1 が求められる。求められた θ_1，θ_2 を式(4・4)に代入し，図4・4 が描かれる。

るように，ωCR が大きくなれば，V_{dc}/V_m は 1 に近づき，コンデンサ電圧は脈動が少なくなる．一方，ωCR が小さくなると，すなわち負荷抵抗を小さくし，負荷電流を多く流すようにすると，コンデンサ電圧の脈動が大きくなることがわかる．

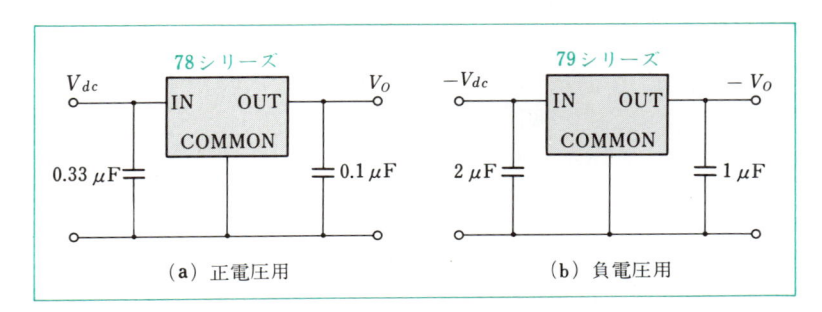

以上のように，交流 100 V を変圧器によって低電圧に変換し，整流回路，平滑回路を通して脈動分の小さい直流電圧を作った後，定電圧回路によって負荷電流が変わっても常に一定な出力電圧となるようにする．この定電圧回路は，最近では 3 端子の専用集積回路（IC）が専ら用いられる．これには正電圧用と負電圧用があり，定格出力電圧は 2.6 V から 24 V 程度まで，出力最大電流は 100 mA から 5 A 程度までの各種が用意されている．このような IC は，図 4・5（a），（b）のような回路接続とし，図 4・2 の負荷 R のところにこれを入れる．図 4・5 の IC の入力側コンデンサ $0.33\,\mu\mathrm{F}$，$2\,\mu\mathrm{F}$ は平滑回路と IC 間がある程度離れている時に安定動作のために挿入する．また，出力側コンデンサ $0.1\,\mu\mathrm{F}$，$1\,\mu\mathrm{F}$ は出力過渡応答を改善するために入れるもので，平滑回路には電解コンデンサが使われるのに対し，ここではセラミックあるいはタンタル コンデンサのように周波数特性の良いコンデンサを使わなければならない．

図 4・5　3 端子定電圧 IC

〔例題〕**4・1**　出力電圧 15 V，出力最大電流 1 A の 3 端子定電圧 IC を使用するとき，図 4・2 の平滑用コンデンサ容量および変圧器の二次側電圧を定めよ．

〔解答〕　図 4・4 の $\omega CR = 20$ として，それぞれの値を求めてみよう．IC の入

力平均電圧を V_{dc}，IC の出力電圧を V_o，IC の最大電圧降下を V_{d0}，入力側のピークリプル電圧を V_R とするとき，次の関係式を満たさなければならない．

$$V_{dc} - V_R > V_o + V_{d0} \tag{4・5}$$

$\omega CR = 20$ のとき，図 4・4 から $V_{dc} \fallingdotseq 0.94\,V_m$，また図 4・3 からほぼ $V_R = V_m - V_{dc}$ となることがわかる．さらに，規格表から $V_{d0} = 2.5\,[\mathrm{V}]$ であることから，

$$0.94\,V_m - (V_m - 0.94\,V_m) > 15 + 2.5$$

すなわち，

$$V_m > \frac{17.5}{1.88 - 1} \fallingdotseq 19.9\,[\mathrm{V}], \quad V_{dc} > 18.7\,[\mathrm{V}]$$

となる．IC の入力平均電圧が 18.7 V，その出力電流が 1 A のとき，入力電流もほぼ 1 A とすれば，IC の等価入力抵抗は 18.7 Ω（図 4・2 の R と考えられる）である．電源周波数 f を 50 Hz とすれば，$\omega = 2\pi f \fallingdotseq 100\pi\,[\mathrm{rad/s}]$ であるから，$\omega CR = 20$ より，C は，

$$C = \frac{20}{100\pi \times 18.7} \fallingdotseq 3404\,[\mu\mathrm{F}]$$

したがって，C としては標準の平滑用電解コンデンサを用いるとして 3300 μF とする．次に，変圧器の二次側電圧は $V_m/\sqrt{2}$ より 14.1 V と計算されるが，さらに整流回路での電圧降下 1 V を考慮し，端数を切り捨て 15 V とする．

以上のように各値を決めればよいが，実際の使用に当たっては，変圧器の電圧降下，IC の放熱，配線をできるだけ短かくすることなどに注意しなければならない．

4・2 アナログ回路

我々の生活において，種々の情報はほとんど連続量，すなわちアナログ量としてとらえており，音響，計測，制御の分野にわたりアナログ信号処理技術は極めて重要である．

[1] 演算増幅器

1964年,ICによる**演算増幅器**(通称,オペアンプ)が開発されて以来,個別のトランジスタで構成されていた増幅器は,抵抗やコンデンサのように,単なる回路素子として使用されるようになった。現在では,それの応用技術がアナログ技術の主要な部分を占めるようになっている。このような演算増幅器は**受動回路**あるいは**能動回路**を外部に接続することにより,その入出力動作が外付け回路の特性だけで決められる高利得(100 dB=100 000倍以上)の直流増幅器(周波数0,すなわち直流から増幅できる増幅器)であって,その記号は図4・6のように描かれる。演算増幅器には,図に示すように,**反転入力端子**(−)(入力が正のとき出力は負となる)と**非反転入力端子**(+)(入力が正のとき出力も正となる)の2つの入力端子と1つの出力端子がある。図には示していないが,

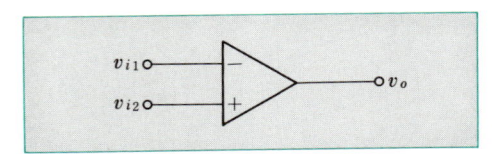

図 4・6 演算増幅器の図記号

そのほかに正負直流電源端子(通常は±15 Vが使われる),位相補償用端子,オフセット調整用端子などがある。演算増幅器の増幅度を A,反転入力端子電圧を v_{i1},非反転入力端子電圧を v_{i2},出力電圧を v_o とすると,次の式が成り立つ。

$$-A(v_{i1}-v_{i2})=v_o \tag{4・6}$$

演算増幅器の正常動作範囲で考えれば,代表的な出力は±10 V以内であり,A を100 000倍とすれば,10 Vの出力を得るための差動入力電圧 $v_{i1}-v_{i2}$ は100 μV という非常に小さな値であるので,これを無視することができ,零としてよい。したがって,演算増幅器では,常に次の関係が成り立つと考えられる。

$$v_{i1}=v_{i2} \tag{4・7}$$

演算増幅器の**入力インピーダンス** R_i は普通100 kΩから10 MΩの間にあり,演算増幅器に流れ込む電流は高々1 nA(=100 μV/100 kΩ)以下であるの

で，無視することができる。以上，式(4・7)と演算増幅器には電流が流れ込まないという特性は，演算増幅器回路を計算するうえで極めて重要である。一方，演算増幅器の**出力インピーダンス** R_o は，50〜200 Ω と非常に小さな値である。

図 4・7 に演算増幅器を使用する場合の基本的な接続法を示す。同図で，演算増幅器の増幅度 $A=\infty$，入力インピーダンス $R_i=\infty$，出力インピーダンス $R_o=0$ の理想条件が満たされた場合の出力電圧 v_o を求めてみよう。初めに，

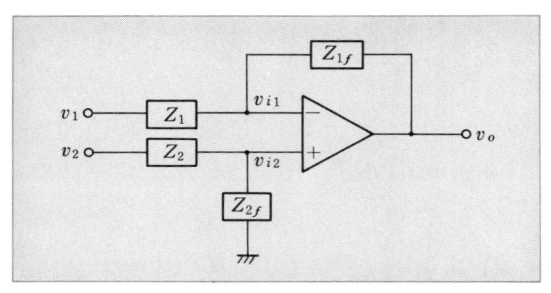

図 4・7 演算増幅器の基本接続法

ひとまず A を有限の値として，同図から v_{i1}, v_{i2} および入出力関係を求めれば，次の 3 つの式が得られる。

$$v_{i1} = \frac{Z_{1f}}{Z_1 + Z_{1f}} v_1 + \frac{Z_1}{Z_1 + Z_{1f}} v_o \tag{4・8}$$

$$v_{i2} = \frac{Z_{2f}}{Z_2 + Z_{2f}} v_2 \tag{4・9}$$

$$-A(v_{i1} - v_{i2}) = v_o \tag{4・10}$$

これらの式から v_{i1}, v_{i2} を消去すれば，v_o は次式となる。

$$v_o = \left(-\frac{Z_{1f}}{Z_1 + Z_{1f}} v_1 + \frac{Z_{2f}}{Z_2 + Z_{2f}} v_2 \right) \Big/ \left(\frac{Z_1}{Z_1 + Z_{1f}} + \frac{1}{A} \right) \tag{4・11}$$

ここで，$A \to \infty$ とすれば，

$$v_o = -\frac{Z_{1f}}{Z_1} v_1 + \frac{Z_{1f}}{Z_2} \cdot \frac{Z_2 \| Z_{2f}}{Z_1 \| Z_{1f}} v_2 \tag{4・12}$$

ただし，$Z_1 \| Z_{1f}$ は Z_1 と Z_{1f} の並列合成インピーダンスである。

$$Z_1 \| Z_{1f} = \frac{Z_1 Z_{1f}}{Z_1 + Z_{1f}}$$

$$Z_2 \| Z_{2f} = \frac{Z_2 Z_{2f}}{Z_2 + Z_{2f}}$$

式(4・12)でわかるように，図4・7の回路の入出力特性は外付けインピーダンスにのみ依存し，演算増幅器には無関係となる．以上は，演算増幅器を理想的と考えて導いたが，実際の使用に対しても式(4・12)は十分に成立する．

〔2〕 演算増幅器の応用

（1） 反転増幅器　　図4・7で，非反転入力端子(＋)を接地($Z_2 \| Z_{2f} = 0$)し，$Z_1 = R_1$, $Z_{1f} = R_2$ とすると，図4・8となる．この場合の入出力関係は，式(4・12)から，

$$v_o = -\frac{R_2}{R_1} v_1 \tag{4・13}$$

となり，出力電圧 v_o の大きさは入力電圧 v_1 の R_2/R_1 倍，位相は逆位相となる．このような接続の増幅器を**反転増幅器**という．ここで使われる R_1, R_2 の値は，利得が50以下であれば，$R_2 < 100$ 〔kΩ〕が普通使われる．

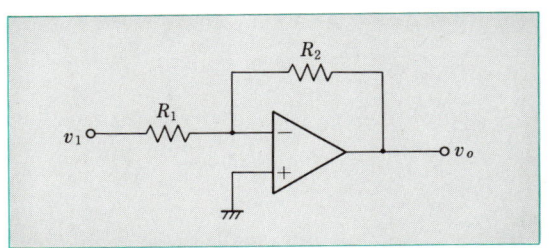

図4・8　反転増幅器

（a）　**反転増幅器の入力インピーダンス**　　反転増幅器では，非反転入力端子(＋)が接地されているので，式(4・7)から常に $v_{i1} = 0$ となっている（反転入力端子(－)は接地されていないが，v_{i1} が常に0であるため，仮想接地されているという）．したがって，反転増幅器への入力電流 i_1 は，

$$i_1 = \frac{v_1}{R_1} \tag{4・14}$$

であり，入力インピーダンス Z_i は，

$$Z_i = \frac{v_1}{i_1} \tag{4・15}$$

として定義されるので，

$$Z_i = R_1 \tag{4・16}$$

となる．この入力インピーダンスは，その前段にある増幅器等の負荷となるため，それに流れ込む電流が前段の増幅器等の許容電流範囲内になるかどうかに常に留意する必要がある．

（b）**反転増幅器の出力インピーダンス**　図4・8の反転増幅器の出力インピーダンス Z_o は，図4・9のように $v_1=0$ とし，出力端子に電圧源 v_o を加え，それから流れ出る電流を測定することにより得られる．図では，演算増幅器の

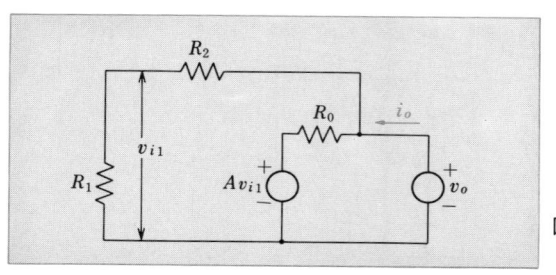

図 4・9　Z_o を求めるための等価回路

増幅度を A，演算増幅器の入力インピーダンス R_i は ∞ として，Z_o を求めるための等価回路を示している．図より電流 i_o は，

$$i_o = \frac{v_o - Av_{i1}}{R_0} + \frac{v_o}{R_1 + R_2} \tag{4・17}$$

であり，また v_{i1} は，

$$-v_{i1} = \frac{R_1}{R_1 + R_2} v_o \tag{4・18}$$

であるから，式(4・18)を式(4・17)に代入し，$AR_1 \gg R_0 + R_2$ であることを考慮すれば，Z_o は次のように求められる．

$$Z_o = \frac{R_0(R_1 + R_2)}{(1+A)R_1 + R_2 + R_0} \fallingdotseq \frac{R_0(R_1 + R_2)}{AR_1} \tag{4・19}$$

実際に，A は既に述べたように100 000倍以上あり，したがって Z_o はほとん

ど0である。出力インピーダンスが小さいことは重要で，もし，これが大きいと出力電流をとった時，Z_oでの電圧降下により出力電圧が低下し，誤差の原因となる。

〔例題〕 **4・2** $R_i=1$〔MΩ〕，$A=100\,000$，$R_0=100$〔Ω〕の演算増幅器で$R_1=5$〔kΩ〕，$R_2=50$〔kΩ〕として反転増幅器を構成した。（a） 増幅度A_v，（b） 入力インピーダンスZ_i，（c） 出力インピーダンスZ_oを求めよ。

〔解答〕 （a） 式(4・13)から，$A_v=-R_2/R_1=-50\times10^3/5\times10^3=-10$
（b） 式(4・16)から，$Z_i=R_1=5$〔kΩ〕
（c） 式(4・19)から，$Z_o=\dfrac{R_0(R_1+R_2)}{AR_1}=\dfrac{10^2\times(5+50)\times10^3}{10^5\times5\times10^3}=0.011$〔Ω〕

（2） 非反転増幅器 図4・7で，$v_1=0$，$Z_1=R_1$，$Z_{1f}=R_2$，$Z_2=0$，$Z_{2f}=\infty$とすると，図4・10となる。このような構成の増幅器を**非反転増幅器**という。こ

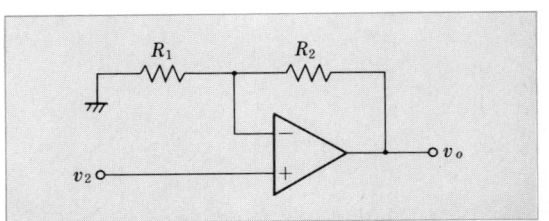

図 4・10 非反転増幅器

の増幅器の入出力関係は，式(4・12)より，

$$v_o=\left(1+\frac{R_2}{R_1}\right)v_2 \tag{4・20}$$

となり，増幅度A_vは$(1+R_2/R_1)$で，位相は同位相となる。この増幅器の特長は，入力インピーダンスが次に示すように極めて大きくなることである。

（a） 非反転増幅器の入力インピーダンス 演算増幅器に流れ込む電流i_iは，$v_{i2}-v_{i1}$，すなわちv_o/AをR_iで割ったものである。v_o/Aは，式(4・20)から，$(1+R_2/R_1)v_2/A$であるので，非反転増幅器の入力インピーダンスZ_iは，

$$i_i = \frac{1+(R_2/R_1)}{AR_i}v_2 \tag{4・21}$$

より，

$$Z_i = \frac{v_2}{i_i} = \frac{AR_i}{1+(R_2/R_1)} \tag{4・22}$$

となる。

（b） **非反転増幅器の出力インピーダンス** この場合の出力インピーダンス Z_o を求めるための等価回路は，図4・9と全く同じであり，Z_o は式(4・19)となる。

〔例題〕**4・3** $R_i=1$〔MΩ〕, $A=100\,000$, $R_o=100$〔Ω〕の演算増幅器で，$R_1=5$〔kΩ〕, $R_2=50$〔kΩ〕として非反転増幅器を構成した。（a） 増幅度 A_v，（b） 入力インピーダンス Z_i，（c） 出力インピーダンス Z_o を求めよ。

〔**解答**〕

（a） 式(4・20)より，$A_v = 1 + \dfrac{R_2}{R_1} = 1 + \dfrac{50\times10^3}{5\times10^3} = 11$

（b） 式(4・22)より，$Z_i = \dfrac{AR_i}{1+\dfrac{R_2}{R_1}} = \dfrac{10^5\times10^6}{1+\dfrac{50\times10^3}{5\times10^3}} \fallingdotseq 10^{10}$〔Ω〕$= 10$〔GΩ〕

（c） 前例題と同じく，式(4・19)より，$Z_o = 0.011$〔Ω〕

以上の例題でわかるように，非反転増幅器の場合，入力インピーダンスは極めて大きく，出力インピーダンスはほとんど零になる。この特性を利用し**緩衝増幅器**（通称バッファ）として非反転増幅器を利用する。すなわち，図4・10で R_2 を短絡し，R_1 を取り除くと増幅度が1で，実際上，入力インピーダンスが ∞，

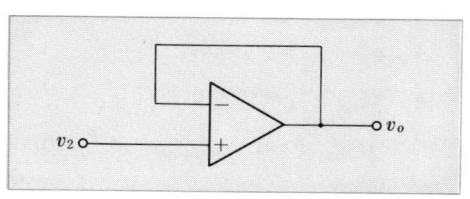

図 4・11 ボルテージ・フォロワー

出力インピーダンスが0の増幅器が得られる(図4・11)。この回路は，**電圧フォロワー**あるいはボルテージ フォロワーといわれるが，これにより入力側回路と出力側回路を分離し，出力側回路の影響を入力側回路に及ぼさないようにすることができる。

以上，演算増幅器を増幅器として利用する方法について述べた。次に，これらの増幅器回路を基礎として，演算増幅器の本来の応用分野である演算器について，その代表例として加算積分器および半波整流回路について述べよう。なお，加減算器については，演習問題〔4〕の〔問題〕2および〔問題〕3を行うことを奨める。

（3） 加算積分器　図4・7の回路で非反転入力端子を接地し，図4・12に示すように，Z_1に抵抗(ここでは2入力としているが，一般にはn入力でもよい)，Z_{1f}にコンデンサを用いれば**加算積分器**を構成することができる。すでに述べ

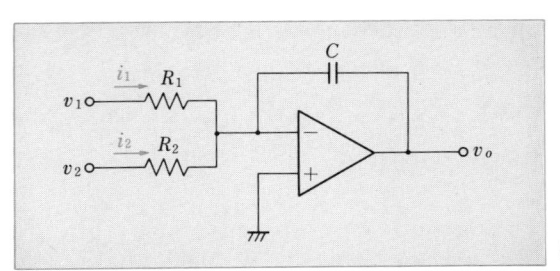

図 4・12　加算積分器

たように，演算増幅器には電流は流れ込まないので，図の抵抗を流れる電流はすべてコンデンサに流れる。コンデンサ電圧v_Cは，

$$v_C = \frac{1}{C}\int (i_1+i_2)dt \tag{4・23}$$

であり，$i_1=v_1/R_1$，$i_2=v_2/R_2$および出力電圧$v_o=-v_C$であることに注意すれば，入出力関係として次式が得られる。

$$v_o = -\left\{\frac{1}{CR_1}\int v_1 dt + \frac{1}{CR_2}\int v_2 dt\right\} \tag{4・24}$$

特に，$R_1=R_2=R$とすれば，

$$v_o = -\frac{1}{CR}\int (v_1 + v_2)dt \tag{4・25}$$

となり，入力電圧の和の積分値に比例した出力が得られる。また，$C=1\,[\mu\mathrm{F}]$（普通，コンデンサとしてはポリスチレンかポリエチレン コンデンサが使われる），$R=1\,[\mathrm{M}\Omega]$とすれば$CR=1\,[\mathrm{s}]$となり，出力は入力電圧の和の積分値となる。

（4）半波整流回路 信号の正あるいは負の値だけを取り出した場合，ダイオートを使えばそれを実現できるが，ダイオードには，図4・13(a)に示すよ

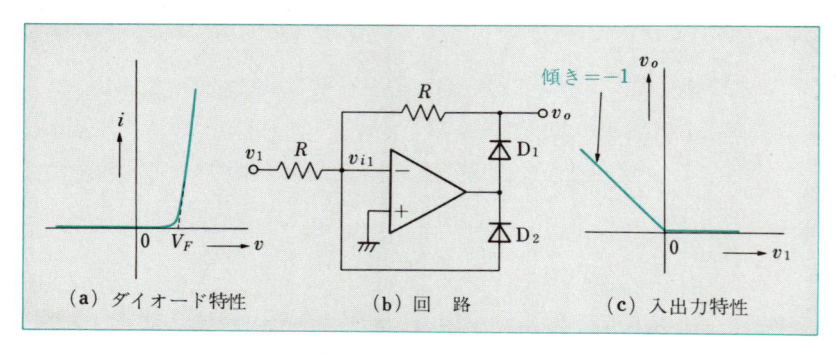

図 4・13 半波整流回路

うに，順方向電圧降下 V_F（約 0.7 V）があるため，これが誤差の原因となる。このような場合，図(b)のように，演算増幅器を応用することにより，順方向電圧降下を無視することのできる**半波整流回路**を実現することができる。ここで，ダイオード D_1, D_2 には，小さな順方向抵抗と極めて大きな逆方向抵抗をもっているシリコン ダイオードを使用し，抵抗 R は，例えば 10 kΩ とする。いま，入力電圧 v_1 が負であるとすると，演算増幅器出力は正となり，D_1 が導通（演算増幅器の利得を A とすれば，$|v_1|$ が V_F/A 以上になるとダイオードが導通する）し，D_2 は逆バイアスされる。電流は2つの等しい抵抗 R を流れ，したがって，回路は増幅度1の反転増幅器を形成し，$v_o = -v_1$ となる。一方，入力電圧 v_1 が正では，演算増幅器出力は負となるので，D_2 が導通し，D_1 は逆バイアスされる。この場合，帰還抵抗が零であるので，v_o には $v_{i1}=0$ が現れ，図(c)のような入

出力特性となる．このような半波整流回路を応用すれば，絶対値演算を行う回路を構成することができる．

〔3〕 トランジスタ電力増幅器

今日では，信号の増幅および波形変換等には，普通，演算増幅器が利用される．一般の演算増幅器では，出力電流は 10～20 mA ぐらいまで取り出せる能力があるが，大きな電流で使用すると，発熱により入力段のバランスがくずれることがあるため，普通は 5 mA 程度で使用するのが好ましい．さらに，大きな電流で負荷を駆動する必要がある場合は，トランジスタを用いた**電力増幅器**を使用する．電力増幅器は，図 4・14 に示すように，**交流負荷直線**(交流信号に対しコレクタ-エミッタ間電圧に対するコレクタ電流の関係を示す直線)上のどこに動作点を置くかによって，A，AB，B，C 級の 4 つに分類することができる．A 級増幅は出力波形の歪を小さくすることができるが，効率が悪い．C 級は，一般に高周波領域で使用される．AB あるいは B 級ではプッシュプル増幅を行うことにより，ほぼ線形に近い動作を行わせることができるため，よく用いられる．

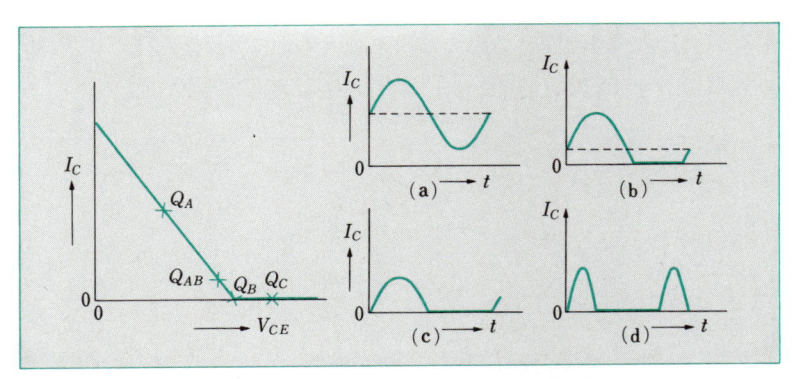

図 4・14 動作点の違いによる種々の電力増幅器と動作波形
　　　　((a)A 級；Q_A, (b)AB 級；Q_{AB}, (c)B 級；Q_B, (d)C 級；Q_C)

(1) B 級プッシュプル電力増幅器 プッシュプル電力増幅器としてはト

ランスを用いる方式があるが，重量が重く，面積を必要とするうえに高価になる欠点がある。これに対し，ｐｎｐとｎｐｎトランジスタを１本ずつ用いることにより，トランスを必要としないB級プッシュプル電力増幅器を構成することができる。これを**コンプリメンタリ電力増幅器**といい，その一例を図 4・15 に示

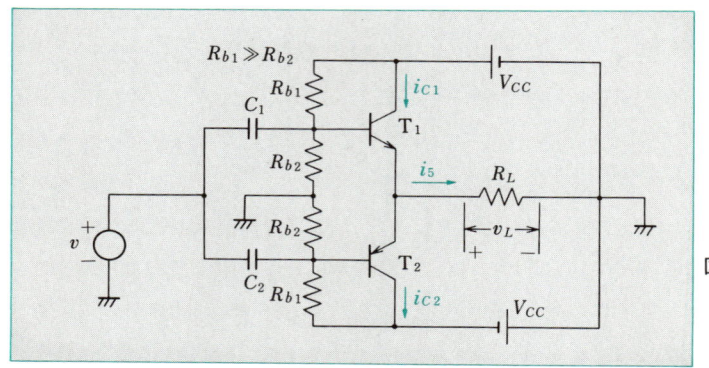

図 4・15　コンプリメンタリ電力増幅器

す。信号電流を正弦波としてこの回路の動作を考えてみると，正の半波では T_1 が導通し，T_2 は非導通となる。一方，負の半波では T_1 が非導通，T_2 が導通となる。負荷 R_L には $i_L = i_{c1} - i_{c2}$ の電流が流れ，結局，信号電流が増幅された正弦波電流が流れる。この回路の動作は対称であるので，片側，例えば T_1 の回路と負荷直線を示せば図 4・16 となる。これをもとに信号電流を正弦波としたとき

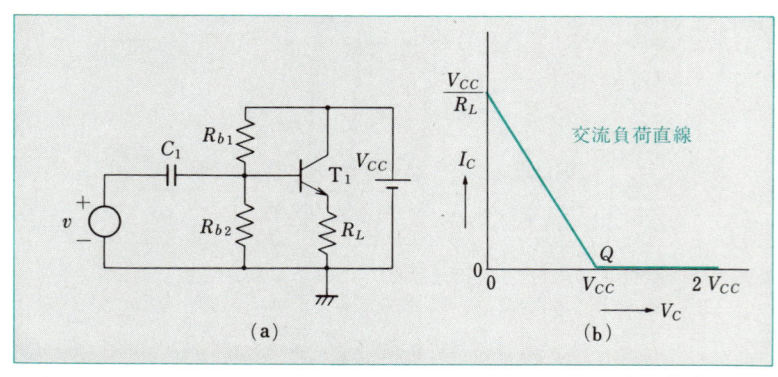

図 4・16　コンプリメンタリ電力増幅器の片側 T_1 の回路（a）と負荷直線（b）

の各部の電力を求めてみよう。

(a) **供給電力** 1つの電源から供給される電力は，全供給電力 P_{dc} の 1/2 であるから，

$$\frac{1}{2}P_{dc} = V_{cc} \cdot \frac{1}{T}\int_0^{\frac{T}{2}} i_{c1} dt \tag{4・26}$$

負荷直線から，i_{c1} は次式の半周期となる。

$$i_{c1} = I_{cm} \sin \omega t \tag{4・27}$$

式(4・27)を式(4・26)に代入して計算すれば，

$$P_{dc} = \frac{2}{\pi} V_{cc} \cdot I_{cm} \tag{4・28}$$

I_{cm} の最大値は V_{cc}/R_L であるので，P_{dc} の最大値 $P_{dc\ max}$ は，

$$P_{dc\ max} = \frac{2}{\pi} \cdot \frac{V_{cc}^2}{R_L} \tag{4・29}$$

(b) **負荷電力** 負荷に供給される電力 P_0 は，電流の実効値が $I_{cm}/\sqrt{2}$ であるから，

$$P_0 = \frac{1}{2} R_L I_{cm}^2 \tag{4・30}$$

P_0 の最大値 $P_{0\ max}$ は，I_{cm} が V_{cc}/R_L のとき生ずるので，

$$P_{0\ max} = \frac{1}{2} \cdot \frac{V_{cc}^2}{R_L} \tag{4・31}$$

(c) **コレクタ損失** トランジスタ T_1, T_2 のそれぞれのコレクタ損失を P_c とすると，全損失は電源からの供給電力 P_{dc} から負荷電力 P_0 を引いたものである。

$$2P_c = \frac{2}{\pi} V_{cc} I_{cm} - \frac{1}{2} R_L I_{cm}^2 \tag{4・32}$$

$$= -\frac{1}{2} R_L \left(I_{cm} - \frac{2}{\pi} \cdot \frac{V_{cc}}{R_L}\right)^2 + \frac{2}{\pi^2} \cdot \frac{V_{cc}^2}{R_L} \tag{4・33}$$

式(4・33)からコレクタ損失の最大値は，コレクタ電流 I_{cm} が

$$I_{cm} = \frac{2}{\pi} \cdot \frac{V_{cc}}{R_L} \tag{4・34}$$

のときに生じ，その最大値は次のようになる。

$$2P_{c\ max} = \frac{2}{\pi^2} \cdot \frac{V_{cc}^2}{R_L} \tag{4・35}$$

個々のトランジスタのコレクタ損失の最大値は，

$$P_{c\ max} = \frac{1}{\pi^2} \cdot \frac{V_{cc}^2}{R_L} \tag{4・36}$$

（d）**効率**　式(4・28)，(4・30)より，動作時の効率 η は，

$$\eta = \frac{\pi}{4} \cdot \frac{I_{cm}}{V_{cc}/R_L} \tag{4・37}$$

となり，最大効率は I_{cm} の最大値 V_{cc}/R_L のときに生ずるので，

$$\eta_{max} = \frac{\pi}{4} \times 100 = 78.5 \ [\%] \tag{4・38}$$

となる。

図 4・16 の C_1 は直流を遮断し，交流分のみを通すためのもので，交流信号に対して十分小さなインピーダンスになるような値に選ぶ。R_{b1}，R_{b2} は動作点を決めるためのバイアス回路で，R_{b1} と R_{b2} はトランジスタのベース-エミッタ間の電圧降下に等しい電圧，0.7 V（シリコントランジスタの場合）になるように選ぶ。

トランジスタの特性を示すパラメータとして**ハイブリッド パラメータ**，すなわち **h パラメータ**が一般に利用されるが，電力増幅器のように大振幅動作を取り扱う場合には，ベース-エミッタ間電圧の変化は入力信号に比べて無視できるので，これを約 0.7 V 一定とする。したがって，出力短絡インピーダンス h_{ie}，入力開放逆電圧比 h_{re} は無視することができる。入力開放出力アドミタンス h_{oe} は 10^{-4} s より小さい値であり，一般に数百 Ω 以下である負荷抵抗と並列になるため，これも無視できる。それゆえ，出力短絡電流利得 h_{fe} のみが重要である。h_{fe} はベース電流 i_b とコレクタ電流 i_c の比を表すパラメータで，$i_c = h_{fe} i_b$ となる。また，エミッタ電流 i_e は $i_e = (h_{fe}+1) i_b$ の関係で結びつけられる。h_{fe} は普通 50〜200 位であるが，大きなコレクタ電流を流すことのできるパワートランジスタでは，これが数十以下になってしまう。このような場合には，2 つのトランジスタを図 4・17 のように**ダーリントン回路**により複合接続し，これを 1 つ

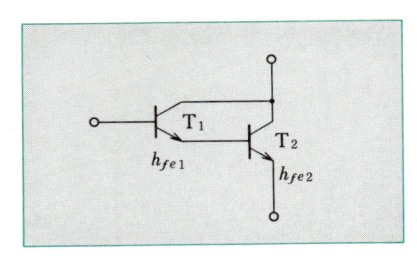

図 4・17 ダーリントン接続

のトランジスタのように働かせれば，その総合の h_{fe} は実効的に $h_{fe1} \cdot h_{fe2}$ となり，非常に大きくすることができる。

〔例題〕**4・4** 図 4・15 で，$V_{cc}=12$ 〔V〕，$R_L=5$ 〔Ω〕，$h_{fe}=100$ とするとき，（a）最大負荷電力，（b） 2 つの電源から供給される最大電力，（c） バイアス電圧を 0.65 V，$R_{b1} \| R_{b2}=10$ 〔kΩ〕とするためのバイアス回路を求めよ。

〔解答〕（a） $h_{fe}=100$ であるので，i_e と i_c は同じと考えてよい。したがって，式(4・31)より，

$$P_{0\,\text{max}} = \frac{V_{cc}^2}{2R_L} = \frac{12^2}{2 \times 5} = 14.4 \text{ 〔W〕}$$

（b） 電源から供給される最大電力は，式(4・29)より，

$$P_{dc\,\text{max}} = \frac{2}{\pi} \cdot \frac{V_{cc}^2}{R_L} = \frac{2 \times 12^2}{\pi \times 5} \fallingdotseq 18.5 \text{ 〔W〕}$$

（c） R_{b1} と R_{b2} の並列抵抗が 10 kΩ であるから，

$$\frac{R_{b1}R_{b2}}{R_{b1}+R_{b2}} = 10 \times 10^3 \tag{4・39}$$

また，バイアス電圧が 0.65 V であるから，

$$\frac{R_{b2}}{R_{b1}+R_{b2}} \times 12 = 0.65 \tag{4・40}$$

式(4・39)，式(4・40)より，R_{b1}，R_{b2} を求めると，

$$R_{b1} = 184.6 \text{ 〔kΩ〕}, \quad R_{b2} = 10.6 \text{ 〔kΩ〕}$$

となるが，標準抵抗として $R_{b1}=180$ 〔kΩ〕，$R_{b2}=10$ 〔kΩ〕を使用する。

この増幅器を励振するのに必要な入力電圧 v は，図 4・16 から負荷電力を 14.

4 W とするには，$v = V_m \sin \omega t$ で $V_m = V_{cc} = 12$〔V〕としなければならない。

〔4〕 発振回路

波形発生器としては，方形波発生器，のこぎり波発生器などのものがあるが，ここでは回路構成が簡単で，一般によく使われる CR 正弦波発振器について述べる。

（1） **ウィーン・ブリッジ発振器**　　図 4·18（a）に**ウィーン・ブリッジ発振器**を示す。図の演算増幅器の非反転入力端子電圧 v_{i2} は，$V_{i2}(s) = \mathcal{L}[v_{i2}]$，$V_o(s) = \mathcal{L}[v_o]$ として次式となる。

$$V_{i2}(s) = \frac{CRs}{C^2R^2s^2 + 3CRs + 1} V_o(s) \tag{4·41}$$

(a) ウィーン・ブリッジ発振器　　(b) 移相形発振器

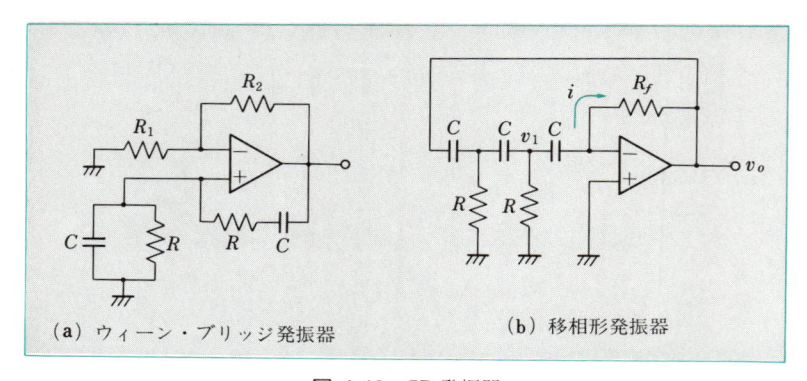

図 4·18　CR 発振器

一方，式（4·20）より，$V_o(s) = (1 + R_2/R_1) V_{i2}(s)$ であることから，これを上式に代入すれば，次の発振条件式が得られる。

$$C^2R^2s^2 + \left(2 - \frac{R_2}{R_1}\right)CRs + 1 = 0 \tag{4·42}$$

角周波数 ω_0 で正弦波発振しているとするとすれば，式（4·42）で $s = j\omega_0$ とし，実数部＝0，虚数部＝0 と置くことにより，発振角周波数および R_2/R_1 の比が次のように求まる。

$$\omega_0 = \frac{1}{CR} \quad , \quad \frac{R_2}{R_1} = 2 \tag{4・43}$$

(2) 移相形発振器　図 4・18（b）に**移相形発振器**の回路を示す。この発振器の特長は，正弦波と余弦波を同時に取り出せるところにある。図の電流 i をラプラス変換して表せば，

$$I(s) = \frac{C^3 R^2 s^3}{3C^2 R^2 s^2 + 4CRs + 1} V_o(s) \tag{4・44}$$

となり，$-R_f I(s)$ が $V_o(s)$ に等しいことより，次の発振条件式が得られる。

$$C^3 R^2 R_f s^3 + 3C^2 R^2 s^2 + 4CRs + 1 = 0 \tag{4・45}$$

角周波数 ω_0 で正弦波発振しているとすれば，前と同様に $s = j\omega_0$ とし，実数部＝0，虚数部＝0 と置くことにより，

$$\omega_0 = \frac{1}{\sqrt{3}CR} \quad , \quad R_f = 12R \tag{4・46}$$

が得られる。図の v_0 より正弦波を，v_1 より余弦波を取り出すことができる。

〔5〕 変調・復調回路

信号 $g(t)$ をある高周波振動 $A\cos(\omega_0 t + \varphi)$ にのせて伝送することを考えて

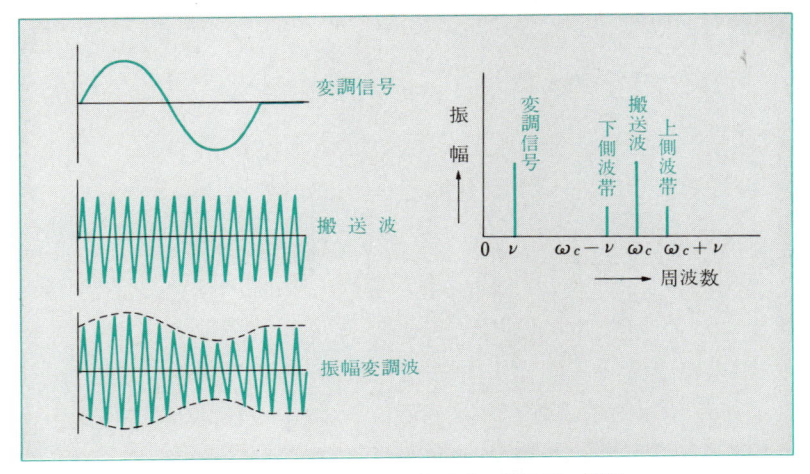

図 4・19　振幅変調波形と搬送波と側波帯の関係

みれば，A，ω_c あるいは φ に信号をのせる必要がある。**変調信号**すなわち変調すべき信号 $g(t)$ により振幅 A に変化を与える操作を**振幅変調**，周波数 ω_c に変化を与える操作を**周波数変調**，位相 φ に変化を与える操作を**位相変調**という。これらの中で振幅変調は古くから開発されており，変調方式の基礎を与えるものである。

（1） 振幅変調　いま変調信号を $g(t)$ としたとき，高周波振動 $A_0 \cos \omega_c t$ の振幅 A_0 に $g(t)$ を加えた次式が**振幅変調波**の一般的な表現である。

$$f(t) = A_0 \{1 + kg(t)\} \cos \omega_c t \tag{4・47}$$

ここで $|kg(t)|$ の最大値を**変調度**と呼ぶ。$g(t) = a \cos \nu t$ とすれば，式(4・47)は，

$$f(t) = A_0 \cos \omega_c t + \frac{A_0 ka}{2} \cos (\omega_c + \nu) t + \frac{A_0 ka}{2} \cos (\omega_c - \nu) t \tag{4・48}$$

となる（図4・19参照）。第1項は，変調をかける前の高周波で，これを搬送波と呼び，信号成分は含んでいない。第2項，第3項は，両者とも信号成分をもっており，これをそれぞれ**上側波帯**，**下側波帯**という。一般に，搬送波は信号伝達に寄与しないにもかかわらず，電力的には相当大きな部分を占めている。したがって，搬送波を除き，上，下側波帯のみを伝送するか，あるいはそのいずれか1つをも除き単一側波帯のみを伝送し，電力を無駄にしないようにする。

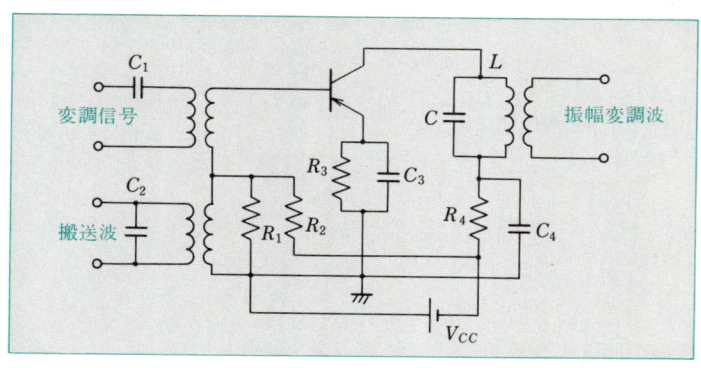

図 4・20　振幅変調回路

振幅変調波を作るには，自乗特性をもった素子に搬送波と変調信号波の2つの信号を加えるのが最も簡単な方法である．図4・20は，トランジスタのベース－エミッタ間電圧 v_b に対するコレクタ電流 i_c がほぼ式(4・49)で表されることを利用した振幅変調回路である．なお，図の R_1, R_2 はバイアス用抵抗, C_3, C_4 は高周波信号のみを通すバイパスコンデンサで, LC からなる同期回路から振幅変調信号が得られるようにしている．

$$i_c = a_0 + a_1 v_b + a_2 v_b^2 \tag{4・49}$$

この式に, $v_b = a \cos \nu t + A_0 \cos \omega_c t$ を代入すれば,

$$i_c = a_0 + \frac{a_2}{2}(a^2 + A_o^2) + a_1(a \cos \nu t + A_0 \cos \omega_c t)$$

$$+ \frac{a_2}{2}(a^2 \cos 2\nu t + A_0^2 \cos 2\omega_0 t)$$

$$+ a_2 a A_0 \{\cos(\omega_c + \nu)t + \cos(\omega_c - \nu)t\} \tag{4・50}$$

となり，同調回路の同調周波数を ω_c に調整しておけば，出力には次式の振幅変調された信号のみを取り出すことができる．

$$i_c = a_1 A_0 \cos \omega_c t + a_2 a A_0 \cos(\omega_c + \nu)t + a_2 a A_0 \cos(\omega_c - \nu)t \tag{4・51}$$

(2) 復調 振幅変調を受けた波からもとの変調信号を取り出す操作を**復調**あるいは**検波**という．復調を行うには種々の方法があるが，最も簡単なのは，式(4・47)をみて明らかなように, $f(t)$ の包絡線に比例した出力を取り出せばよいことがわかる．これは，図4・21のように，整流回路の利用で実現できる．このような復調法を**包絡線復調**または**包絡線検波**といい，回路が簡単であるためよく用いられる．図の出力波形は，図(b)に示されるように，振幅変調搬送波の正の半波のある期間ダイオードが導通して搬送波がそのまま出力に現れる．ダイオードが非導通になると，コンデンサに蓄えられた電荷は R を通して放電し，出力電圧は時定数 RC で指数関数的に減少する．したがって，出力電圧は，図に示すように，必要な情報を運ぶ包絡線に追随した波形となり，直流分を除去することにより，変調信号 $g(t)$ を再現することができる．

振幅変調波 　D
　　　　　R　C　復調波

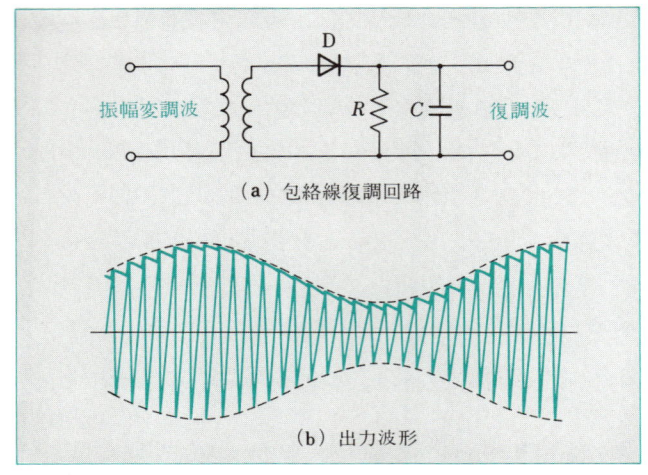

(a) 包絡線復調回路

(b) 出力波形

図 4·21　包絡線復調回路と出力波形

4・3　ディジタル回路

　前節では，連続的な信号を対象としたアナログ電子回路を学んだ。ここでは，離散的な2値信号を扱うディジタル電子回路について，その基礎を述べる。

　離散的な電気信号の応用は，古くモールス電信機の発明にまでさかのぼることができるが，この発明の注目すべきところは，通信手段として電気回路の開閉とその継続時間に記号的な意味をもたせたところであろう。

　その後，電気（電子）回路の開閉を制御することにより，数値計算に伴う演算の論理を表現できることが知られ，これは自動計算機械の開発につながった。この演算論理の数学的基礎としては，すでに19世紀にブール（G. Boole）によって体系づけられていた論理代数が極めて有用であった。論理回路は多くのオンオフ回路で構成されるが，初期の真空管利用からトランジスタへと半導体化され，さらに集積回路（IC）の発明により超小形・高速の論理回路に生まれ変わり，今日の大容量・高速コンピュータの実現に大きな役割を演じた。

　ディジタル電子回路の応用例は極めて広範囲にわたり，大型コンピュータから通信機器，NC工作機械，自動車，ロボット，音響機器，パソコン，時計，体

温計など，様々な機器に及んでおり，今後ますます拡大する情勢にある。

〔1〕 論理代数と基本論理ゲート

（1） **ディジタル論理回路の特徴**　ディジタル回路の基本回路は，NOT，OR，AND の 3 つの回路である。これらは**論理代数（ブール代数）**の「否定」，「論理和」，「論理積」にそれぞれ対応している。このためディジタル回路の解析や設計に際して，論理代数の理解は不可欠であり，実際の電子回路との対応づけが重要である。

ディジタル論理回路は 2 つに分けられる。すなわち，**組合せ論理回路**と**順序回路**である。組合せ論理回路は入力の状態だけで出力の状態が決まるものである。一方，順序回路には記憶機能があり，その動作を知るためには入・出力の時間的推移も考慮する必要がある。

ディジタル回路を実際に構成するには，図 4・22 のようなディジタル IC を用

図 4・22　ディジタル IC の例（いずれも 2 入力 NAND 4 回路を内蔵）
(a) TTL　(b) C-MOS　(c) 高速 C-MOS

いるのが，現在では普通となっている。ディジタル IC は，その演算の種類別にパッケージに納められており，目的の論理に応じて組み合わせて用いる。IC パッケージ内には多数のトランジスタが論理回路を構成しているが，内部のトランジスタそれ自体の構造や動作を熟知していなくても，その IC の入力・出力の論理関係と端子（ピン）がわかれば一応使うことができる。

論理代数における変数，すなわち**論理変数**は「**1**（真）」または「**0**（偽）」の

いずれか一方をとる。ディジタル回路では変数に相当する入力および出力の信号は電圧（電位）であり，その高低に意味があって，「高」電圧または「低」電圧のどちらかを必ずとる。図4・23は，5Vの直流電源からスイッチによって，5Vまたは0Vとなるディジタル信号を発生する回路を示したものである。ここで，電圧の高い状態（信号有り）を論理**1**，低い状態を論理**0**と割り当てることができる。このような約束を「**正論理**」という。また，この逆の決め方を「**負論理**」という。本書では「正論理」を用いる。

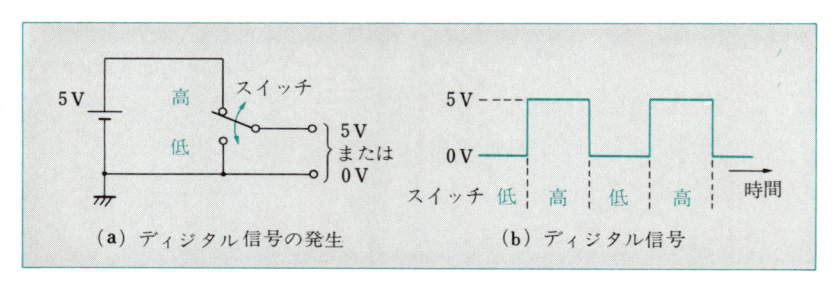

図4・23　ディジタル信号

〔例題〕**4・5**　図4・24の電球の点灯回路で，電球はスイッチのどのような状態に対して点灯するか。

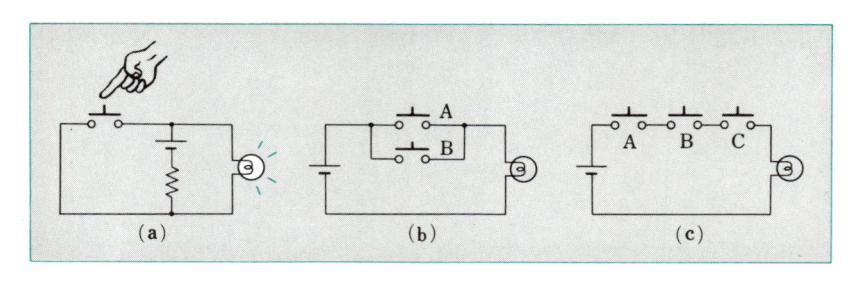

図4・24　電球の点灯回路

〔解答〕　（a）　スイッチを押さない状態で電球は点灯する。スイッチを入れる（押す）と電球間の電圧は零となり消灯する。

（b）　スイッチA，Bのうち少なくとも1つのスイッチを入れれば，電球は

点灯する。

（c）　スイッチA，B，Cのすべてを入れたときだけ，電球は点灯する。

以上の点灯回路において，スイッチの状態（入，切）を入力，電球の状態（点灯，消灯）を出力と考えることができる。この場合，（a）は1入力1出力，（b）は2入力1出力，（c）は3入力1出力である。

（2） NOT演算　　いま，1入力で1出力の論理回路があるとし，その出力が入力の「否定」を表すとすれば，この論理回路は，入力の状態Aが低電位（論理**0**）のとき出力の状態Yが高電位（論理**1**），Aが**1**のときYが**0**となるように働く。

この関係は，例えば，〔例題〕4・5の点灯回路（a）において，スイッチを入れないとき（**0**）に電球が点灯（**1**），スイッチを入れる（**1**）と電球は消灯（**0**）することに対応する。

この関係を論理式で，

$$Y = \overline{A} \tag{4・52}$$

と書く。記号「￣」は「否定」を意味する。この関係を**NOT演算**といい，入・出力間の特性をまとめれば，図4・25（a）となる。このように入・出力の論理関係を示す表を**真理値表**という。

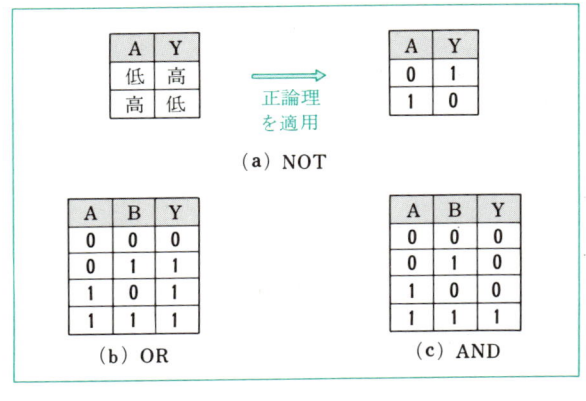

(a) NOT

A	Y
低	高
高	低

正論理を適用 →

A	Y
0	1
1	0

(b) OR

A	B	Y
0	0	0
0	1	1
1	0	1
1	1	1

(c) AND

A	B	Y
0	0	0
0	1	0
1	0	0
1	1	1

図 4・25　基本論理ゲートの真理値表

また，NOT 演算を回路に描くとき，図 4・26（a）の回路記号（**ゲート**と呼ぶ）を用いる。この回路記号は米国の **MIL 規格**による表記であり，JIS 規格との対照表は巻末付録 2.に掲げてある。なお，**NOT ゲート**は入力の状態を反転して出力するので，**インバータ**とも呼ばれている。

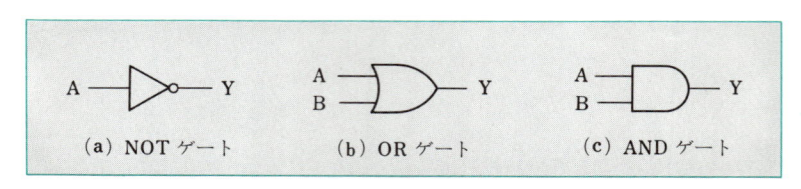

（a）NOT ゲート　　（b）OR ゲート　　（c）AND ゲート

図 4・26　基本論理ゲート

（3）　OR 演算　　OR 演算は入力変数の「**論理和**」を表す。例えば，2 つの入力 A，B に対して出力 Y は論理和の記号「＋」を用いて，次のように書ける。

$$Y = A + B \tag{4・53}$$

この演算をスイッチ回路で示せば，図 4・24（b）の点灯回路で並列に接続された 2 つのスイッチのようになる。OR 演算の真理値表は図 4・25（b）であり，回路記号は図 4・26（b）である。この論理回路は **OR ゲート**と呼ばれる。OR ゲートの特徴は，入力の少なくとも 1 つが 1 であれば出力が 1 となる点である。これは入力が 3 つ以上の場合にもいえる。

（4）　AND 演算　　AND 演算は「**論理積**」をとるもので，例えば，入力変数 A と B に対して出力 Y は，

$$Y = A \cdot B = AB \tag{4・54}$$

となる。「論理積」の記号は「・」印であるが省略してもよい。この演算を行う AND ゲートの記号は図 4・26（c）であり，真理値表は図 4・25（c）となる。一般に，2 つ以上の入力について，それらのすべてが 1 のときだけ出力が 1 となる。AND 演算は，図 4・24（c）において直列に接続されたスイッチの働きに対応していることが容易にわかる。

（5）　論理代数の諸法則　　論理回路の基礎となる論理代数の公理および諸定理をまとめておこう。図 4・27 に論理代数の諸法則を示した。これらは

4・3 ディジタル回路

	A≠0 ならば A=1	A≠1 ならば A=0
公理	$0+0=0$ $0+1=1$ $1+0=1$ $1+1=1$ $\overline{0}=1$	$0\cdot 0=0$ $0\cdot 1=0$ $1\cdot 0=0$ $1\cdot 1=1$ $\overline{1}=0$
基本法則	$A+0=A$ $A+1=1$ $A+A=A$ $A+\overline{A}=1$ $\overline{\overline{A}}=A$	$A\cdot 0=0$ $A\cdot 1=A$ $A\cdot A=A$ $A\cdot \overline{A}=0$
	$A+B=B+A$ $(A+B)+C=A+(B+C)$ $A(B+C)=AB+AC$ $A+AB=A$ $A+\overline{A}B=A+B$	$AB=BA$ $(AB)C=A(BC)$ $A+BC=(A+B)(A+C)$
	$\overline{A+B}=\overline{A}\,\overline{B}$	$\overline{AB}=\overline{A}+\overline{B}$
	（ド・モルガンの定理）	

図 4・27 論理代数の諸法則

論理回路の解析および設計によく用いられるので習熟しておくのが望ましい。特に，**ド・モルガンの定理**は重要である。この図でわかるように，諸式は，「＋」と「・」，「0」と「1」の交換で，対になるもう1つの式に変換できる。つまり，論理代数式は**双対性**を有している。例えば，図 4・27 で式 $A+1=1$ は式 $A\cdot 0=0$ と双対である。

〔2〕 組合せ論理回路

（1）**実用上重要な論理ゲート** 基本論理ゲートである NOT, OR, AND の 3 ゲート以外で実用上重要なゲートについて述べる。一般に，2 つの入力をもつゲートの出力には，$2^4=16$ とおりの論理が考えられる。そのうちの 2 つが先に述べた OR, AND の両ゲートである。そのほかの出力状態の種類は 14 種類あるが，実用上重要なゲートは，表 4・1 に示す NAND, NOR, XOR の 3 ゲートであろう。

表 4·1 主要ゲート

論理関数	論理回路記号	論理式	真理値表 A	B	Y
NAND	A,B→Y	$Y=\overline{A \cdot B}$	0 0 1 0 1 1 1 0 1 1 1 0		
NOR	A,B→Y	$Y=\overline{A+B}$	0 0 1 0 1 0 1 0 0 1 1 0		
XOR	A,B→Y	$Y=A\overline{B}+\overline{A}B$ $=A\oplus B$	0 0 0 0 1 1 1 0 1 1 1 0		

NAND ゲートは，ANDの「否定(NOT)」回路である。回路記号はANDゲートの記号の出力端に「否定」を示す○印を付ける。NADNゲートは，それ1種類であらゆる論理が実現できるなどの特長があるので，非常によく使用される。また，ORの「否定」を表す回路が **NOR ゲート**で，NANDゲート同様よく使われる。

XOR（エクスクルーシブ・オア）回路は「**排他的論理和**」と呼ばれ，その出力は，

$$Y = A \cdot \overline{B} + \overline{A} \cdot B = A \oplus B \tag{4·55}$$

であり，「否定」，「積」，「和」の基本演算で表現できるが，この論理関数を特に記号 ⊕ （リングサム）を用いて表す。この論理の特徴は，2つの入力の論理状態が一致していないとき「真」となることである。このゲートは，後述するように加算器などに用いられる。

〔**例題**〕**4·6** 図4·28(a)の回路は，NANDゲートと等価であることを真理値表で確かめよ。

〔**解答**〕 図(d)のような真理値表が書けて，両者が一致することがわかる。

4・3 ディジタル回路

図4・28

A	B	$\overline{A}$	$\overline{B}$	$\overline{A}+\overline{B}$		$\overline{AB}$
0	0	1	1	1	一致	1
0	1	1	0	1	⇔	1
1	0	0	1	1		1
1	1	0	0	0		0

(d) 真理値表

〔例題〕**4・7** 3入力 NOR ゲートの真理値表を作れ。

〔解答〕 次のような真理値表が書ける。出力 Y は，A＝B＝C＝**0** のときのみ **1** となる。

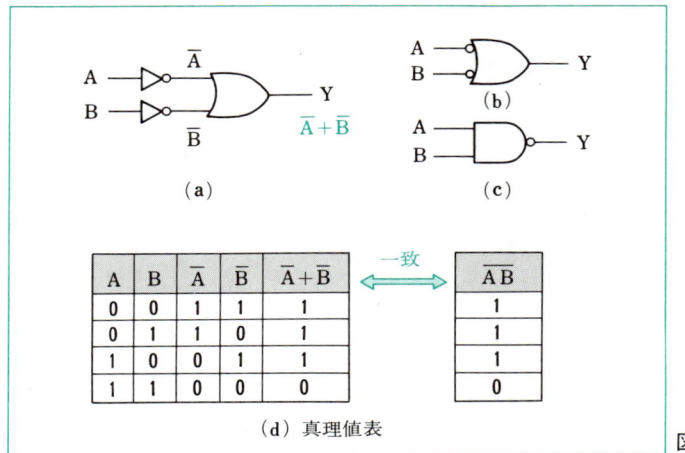

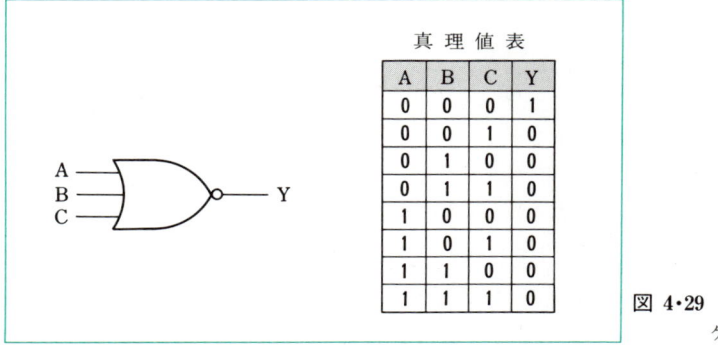

図4・29 3入力 NOR ゲート

真理値表

A	B	C	Y
0	0	0	1
0	0	1	0
0	1	0	0
0	1	1	0
1	0	0	0
1	0	1	0
1	1	0	0
1	1	1	0

〔例題〕**4・8** Y＝A$\overline{B}$＋$\overline{A}$B （排他的論理和）を論理ゲートを用いて構成せよ。

〔解答〕 図4・30(a)のように，A$\overline{B}$の項は B の否定と A との AND 演算を，

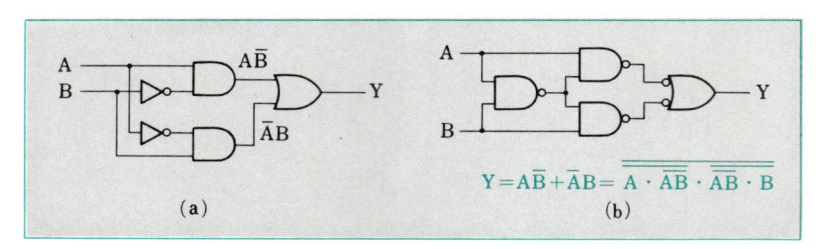

図 4·30　排他的論理和

$\overline{A}B$ の項は A の否定と B の AND 演算をして，両 AND ゲートの出力を OR ゲートに入力すれば，その OR ゲートの出力が Y となる。

また，NAND ゲートのみで同じ論理式の回路を作るには，図（b）のようにすればよい。

（2）　カルノーマップによる論理式の簡略化　　ある論理を論理ゲートを用いて実際の回路に組む場合，その論理式がもうこれ以上簡単にできないものであれば，論理式に従ってそのまま回路に移すほかないが，論理回路は論理式が簡単なほど作りやすく，しかも価格，消費電力，高速化に利点があるので，論理式の段階で，できるだけ簡略化を図る必要がある。

カルノーマップは G. Karnaugh により提案された，論理式の簡略化の方法である。この方法の概略を例題により述べる。

〔**例題**〕**4·9**　カルノーマップにより，次の論理式を簡単にせよ。
$$Y = A\overline{B}C + \overline{A}BC + A\overline{B}\overline{C} + \overline{A}\overline{B}\overline{C} \tag{4·56}$$

〔**解答**〕　この式の右辺は，各項が入力変数の単純な論理積からなり，それらが論理和で結ばれる形式になっている。このような形式を**積和形式**という。わかりやすいように，この式の真理値表を作ってみれば，表 4·2 のようになり，Y＝**1** となる入力の組合せがはっきりする。3入力のカルノーマップは，図 4·31 のようであり，図中 $2^3=8$ の枡目がある。これらの枡目は真理値表の入力の 8 とおりの組合せに対応している。そこで，与式の Y が論理 **1** になる枡目に印（ここでは 1 の文字）を入れる。この例では，4 箇所に 1 が記入される。

表 4·2 真理値表

入力			出力
A	B	C	Y
0	0	0	1
0	0	1	0
0	1	0	1
0	1	1	0
1	0	0	1
1	0	1	1
1	1	0	0
1	1	1	0

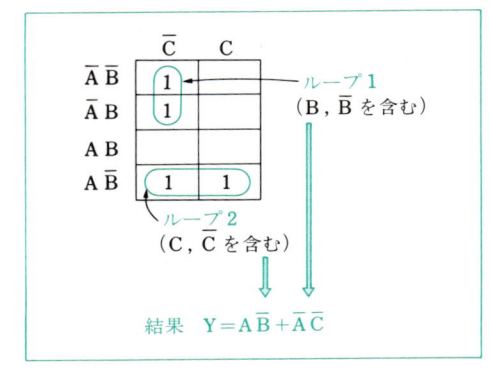

図 4·31 3 変数のカルノーマップ

結果 $Y = A\bar{B} + \bar{A}\bar{C}$

ループ1 ($B, \bar{B}$ を含む)
ループ2 ($C, \bar{C}$ を含む)

さて，印の付いた枡目が隣り合っている場合，図のようにループで囲む。ループ 1 で囲んだ枡目には $B, \bar{B}$ が含まれており，B の状態には関係ないので，このループから読み取れる項は $\bar{A}\bar{C}$ である。同様にして，ループ 2 から $A\bar{B}$ なる項が出てくる。以上で記入した 1 がすべていずれかのループに含まれており，孤立している 1 がないので，Y の簡略式は次のようになる。

$$Y = A\bar{B} + \bar{A}\bar{C} \tag{4·57}$$

式 (4·56) および式 (4·57) に基づいて構成した論理回路が，それぞれ図 4·32 の (a)，(b) である。論理式の簡略化の効果がわかる。

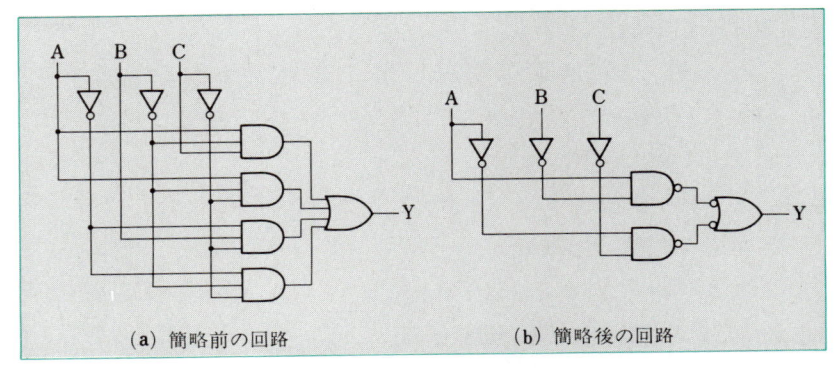

(a) 簡略前の回路　　(b) 簡略後の回路

図 4·32 論理回路の簡略化の例

〔例題〕**4・10** カルノーマップにより，次の論理式を簡単にせよ。
$$Y = AB\bar{C}\bar{D} + A\bar{B}CD + A\bar{B}C\bar{D} + \bar{A}B\bar{C}\bar{D} + \bar{A}BC\bar{D} + \bar{A}\bar{B}C\bar{D} + \bar{A}\bar{B}CD$$

〔解答〕 4 変数のカルノーマップに，$Y=1$ に対応する枡に 1 を記入すれば，図 4・33 のようになる。次に，隣接する 1 を囲むようにループを作る。このとき，

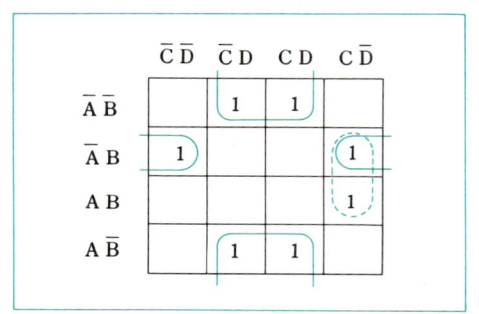

	$\bar{C}\bar{D}$	$\bar{C}D$	CD	$C\bar{D}$
$\bar{A}\bar{B}$		1	1	
$\bar{A}B$	1			1
AB				1
$A\bar{B}$		1	1	

図 4・33 4 変数のカルノーマップ

最上段と最下段の枡目，また左端と右端の枡目は切れているようだが，論理のうえで，それぞれ隣接していることに注意する。各ループから読み取れる項を合わせれば，求める簡略式は次のようになる。

$$Y = \bar{B}D + \bar{A}B\bar{D} + BC\bar{D}$$

カルノーマップによる論理式の簡略化手順は，次のようにまとめられる。
① 論理式を積和形式とする。
② カルノーマップで論理式が論理 1 となる枡目に印 1 を付ける。
③ 隣接する印をループで囲む（できるだけ大きいループ，少ないループ個数。囲める印の数は 2^n 個）。
④ ループから項を読み取る（孤立した 1 は一つの項に相当）。
⑤ 各項を論理和「＋」で結ぶ。

（3） 加算器 これまで論理ゲートによっていくつかの論理回路を構成した。ここでは，ディジタル回路の算術計算への応用例として加算器を取り上げ，その構成について検討しよう。加算器は，2 つの数を加算し和を求める演算回

路であるが，ディジタル回路では，我々が使い慣れている 10 進数ではなく 2 進数が計数の基本となっている。これは，2 進数では「0」と「1」の2種類の数字だけを使用することと，ディジタル回路が 2 つの状態をもつこととが対応しているからである。

2 進数は 2 を基数とした数で，第 n 桁の重みは 2^{n-1} で与えられる。2 進数と 10 進数の対応例を表 4・3 に示す。例えば，2 進数 1 1 0 1（便宜上，1 1 0 1$_{(2)}$

表 4・3　10 進数と 2 進数

10 進数	2 進数	10 進数	2 進数
0	0	11	1 0 1 1
1	1	12	1 1 0 0
2	1 0	13	1 1 0 1
3	1 1	14	1 1 1 0
4	1 0 0	15	1 1 1 1
5	1 0 1	16	1 0 0 0 0
6	1 1 0	32	1 0 0 0 0 0
7	1 1 1	50	1 1 0 0 1 0
8	1 0 0 0	64	1 0 0 0 0 0 0
9	1 0 0 1	100	1 1 0 0 1 0 0
10	1 0 1 0	128	1 0 0 0 0 0 0 0

と書く）は 10 進数で，
$$1 1 0 1_{(2)} = 1 \times 2^3 + 1 \times 2^2 + 0 \times 2^1 + 1 \times 2^0 = 13_{(10)}$$
となる。2 進数 1 桁を**ビット**といい，最上位の桁を MSB(most significant bit)，最下位の桁を LSB (least significant bit) という。

まず，1 ビットの加算について考えよう。図 4・34(a) における加算で，1 と 1 の和は 1 0$_{(2)}$ となり，ひとつ上位の桁に繰り上がりが観察される。

この加算は，どのような論理ゲートで実現されるかを念頭におき，真理値表で考えると和 S に対しては XOR ゲート，桁上げ信号 C に対しては AND ゲートが当てはまることがわかる。すなわち，$S = A \oplus B$, $C = AB$ であり，論理回路は，図(d)または NAND ゲート 5 個を使い，図(e)のようになる。しかし，この加算器は 1 桁目だけの加算にはよいが，2 桁目以上の計算には不適当である。

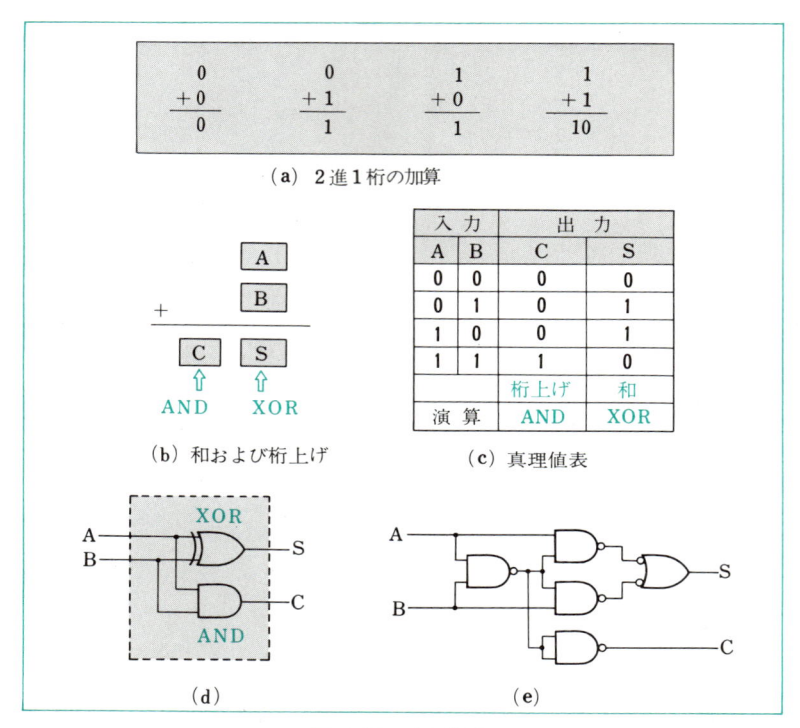

図 4・34　半加算器

その理由は，注目している桁に下位から繰り上がってくるかもしれない桁上げを考慮していないからである。そこで，この加算器を**半加算器**と称し，下位桁からの繰り上がりも考慮した加算器を**全加算器**という。

第 n 桁に注目すれば，図 4・35(a) に示されるように，全加算器の入力は，2つの数字 A_n, B_n と下位から第 n 桁への繰上がり C_n の合計3つで，出力は第 n 桁の結果 S_n と上位第 $(n+1)$ 桁への繰上がり C_{n+1} である。この場合の真理値表は，図(b)のようになる。これより論理式は次式となる。

$$S_n = A_n \oplus B_n \oplus C_n \tag{4・58}$$

$$C_{n+1} = (A_n \oplus B_n)C_n + A_n B_n \tag{4・59}$$

両式より，全加算器は2つの半加算器と1つの OR ゲートによって，図(c)

4・3 ディジタル回路

真理値表

入力			出力	
C_n	A_n	B_n	C_{n+1}	S_n
0	0	0	0	0
0	0	1	0	1
0	1	0	0	1
0	1	1	1	0
1	0	0	0	1
1	0	1	1	0
1	1	0	1	0
1	1	1	1	1
			$n+1$ 桁への桁上げ	和

(a)

(b)

(c)

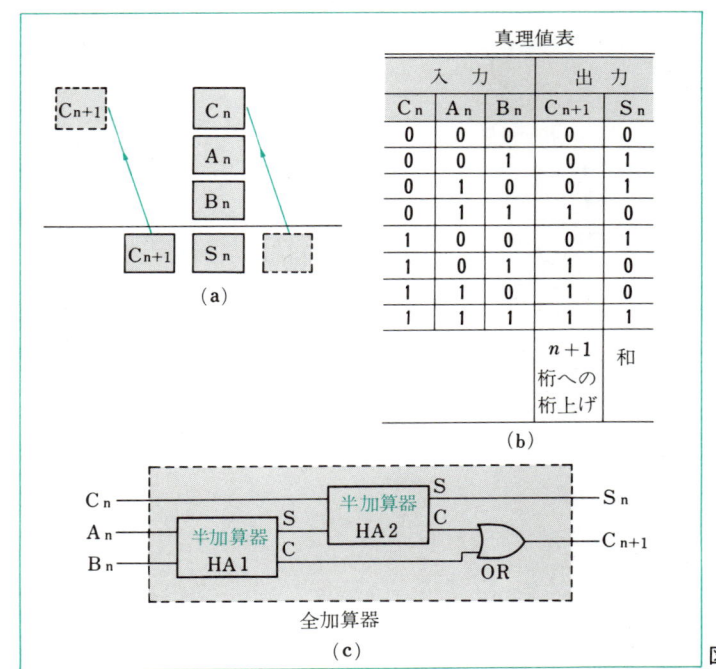

図 4・35 全加算器

のように構成できることがわかる。

〔例題〕**4・11** 2進3桁の2数を加算する加算器を構成せよ。

〔解答〕 全加算器によれば2進数の任意の桁の加算ができる。本例題では3桁であるので，最小位桁を半加算器で，上位の2桁については全加算器2台で実現できる。数の並びが A_2 A_1 A_0 の数と B_2 B_1 B_0 の数との和は，最上位桁からの繰上がりを考慮すれば和として S_3 S_2 S_1 S_0 の4桁を用意すればよい。したがって，求める加算器は図4・36のようになる。

 全加算器は2つの半加算器とORゲートででき，半加算器はNANDゲート5個（図4・34(e)）から構成できる。この例のような複雑な論理回路も基本的な論理ゲートの集まりであることがわかる。

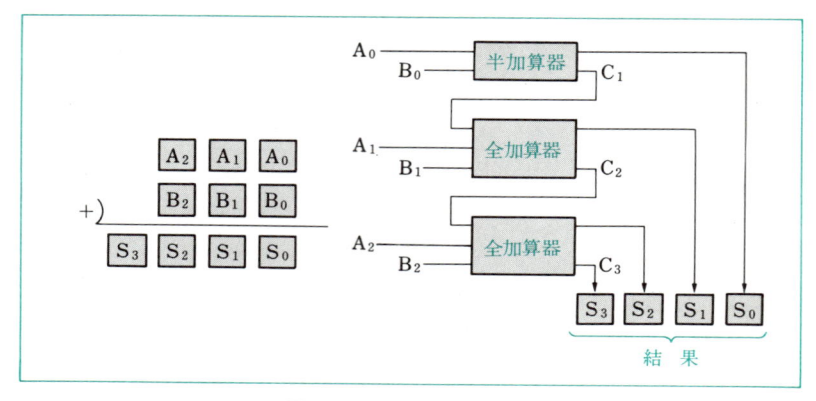

図 4・36　2進3桁の加算器

〔3〕　**順序回路**

　前節で述べた組合せ論理回路においては，ある時点の出力はその時点の入力の状態に完全に依存して決まるものであった。あるデータに所望の処理を行うようなとき，データの状態または数値を一時保存したり，ある形に変換したい等の要求もあるであろう。このような場合には，一度ある状態が入力されたならば，入力を取り去った後でもその状態を保持できるような回路が必要となる。この種の動作をする回路が，2つの安定状態を有する電子回路，すなわち**フリップ フロップ**である。フリップ フロップはすでに学んだ組合せ論理回路と異なり，出力が入力の現在の状態だけでは定まらず，過去の状態にも依存するため**順序回路**と呼ばれている。このように順序回路には時間的な要素が入ってくる。

　順序回路の主な応用例はカウンタとシフト レジスタである。カウンタはパルス数を計数する場合，またシフト レジスタは多ビットのデータを処理する際に必要な回路である。ここでは，これらの回路が，順序回路の基本回路であるフリップ フロップによってどのように構成されているかを述べる。

　（1）　**RS フリップ フロップ**　　NOR ゲートを使った RS フリップ フロップは，図 4・37（a）のように，2つの NOR ゲートの出力を互いに他方の入力に帰還して作ることができる。ここで，R は**リセット入力**，S は**セット入力**であり，

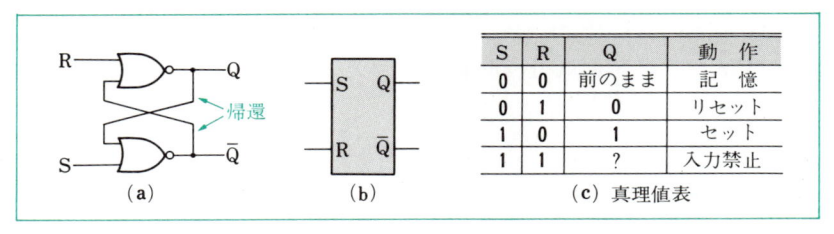

図 4·37 RS フリップフロップ

また Q は出力で，$\bar{Q}$ は Q の**補出力**である。回路記号は図（b）である。動作を表す真理値表は（c）のようであり，R＝S＝0 とすると，出力 Q は前の状態のままで変化しない。つまり，R＝S＝0 となる直前の状態が **1** であれば Q は **1** のまま，**0** であれば **0** のままということになる。状態の記憶とはまさにこの動作である。このフリップフロップを**ラッチ**（状態の記憶回路）とも呼んでいる。

しかし，RS フリップフロップでは，R＝S＝1 とすると Q が 0 になるか 1 になるかが予測できない状態に陥るので，論理回路としてこの入力を用いるのはまずい。そのため「入力禁止」としている。

〔例題〕 **4·12**　NAND ゲートによって RS フリップフロップを構成せよ。

〔解答〕　フリップフロップは NAND ゲート 2 個で実現できるが，図 4·37（c）と同じ真理値表をもつ RS フリップフロップは NOT ゲートを 2 個付

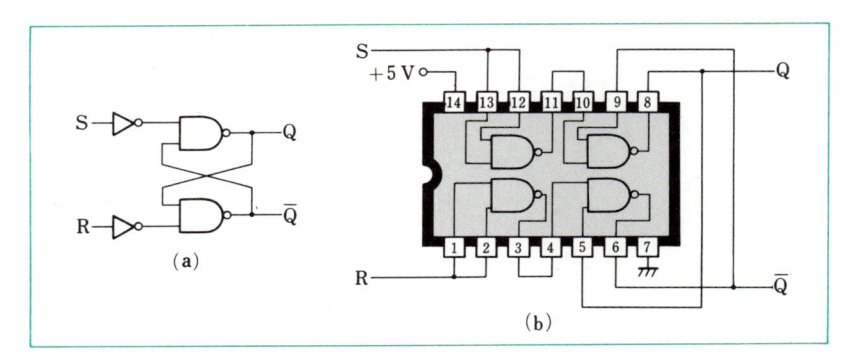

図 4·38　NAND ゲート RS フリップフロップ

け加えることで，図 4・38(a) のように構成できる。さらに，2 入力の NAND ゲートが 4 個入っている IC (SN 7400, テキサス・インスツルメンツ社) 1 個で図(b)のように作ることができる。

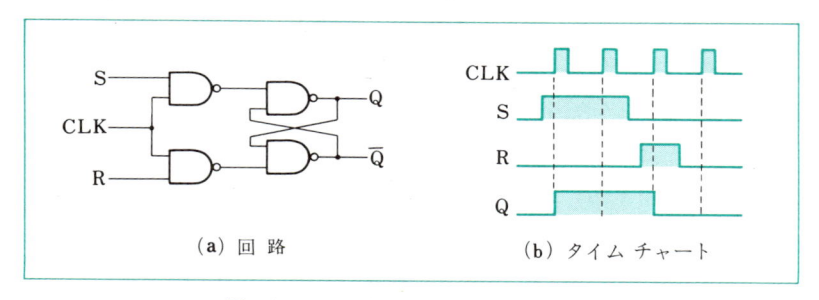

(2) 同期式 RS フリップフロップ　　RS フリップフロップは，もちろん単独でも使用されるが，他の回路や装置と歩調をあわせて（同期させて）働かせたい場合，そのままでは使えない。そこで考えられたのが**同期式 RS フリップフロップ**であり，前例の図 4・38(a) の回路を図 4・39(a) のように変形した回路である。CLK は**クロックパルス**で，回路全体の同期をとるために用いられる。図 4・39(b) の**タイムチャート**（入出力の時間的な状態推移図）で表されるように，R, S の入力の後に，このクロックパルスを入れて出力 Q の状態の変化時刻を外部から決められるようになっている。

(a) 回　路　　　　　　　　(b) タイムチャート

図 4・39　同期式 RS フリップフロップ

(3) JK フリップフロップ　　RS フリップフロップでは，S および R が同時に 1 となるときに出力の状態が定まらない難点があった。これを回避するため，新たにその入力に対しては，「前の出力状態を反転（**1** ならば **0** に，**0** ならば **1** に）して出力する」機能をもたせた同期式のフリップフロップが考案されている。これが **JK フリップフロップ**である。J 入力はセット用，K 入力はリセット用である。真理値表は図 4・40(a) のようであり，J=K=**1** のときの動作が同期式 RS フリップフロップと異なる。CLK の矢印は出力の変化時刻がクロックパルスの立ち下がり時であることを示している。

4・3 ディジタル回路

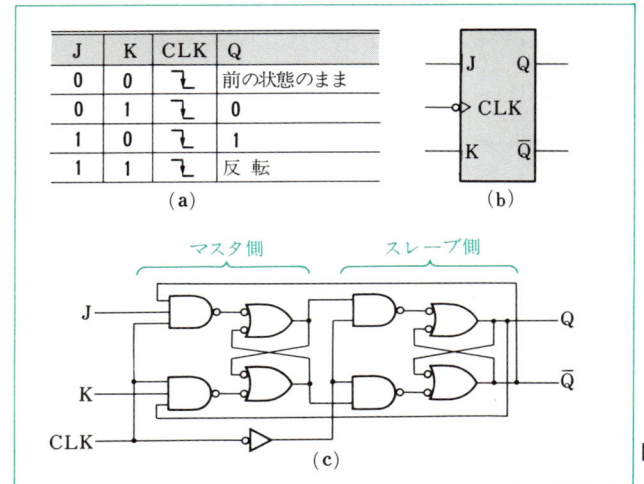

J	K	CLK	Q
0	0	⤸	前の状態のまま
0	1	⤸	0
1	0	⤸	1
1	1	⤸	反転

(a)　　(b)　　(c)

図 4・40　JK フリップフロップ

　この JK フリップフロップのシンボルは図(b)であり，その代表的な内部の回路構成は**マスタ・スレーブ形**と呼ばれる図(c)のような回路である。マスタ・スレーブ形は，マスタ（主）側とスレーブ（従）側の2つのフリップフロップを使い，クロックパルスの立ち上がり，立ち下がり時に両フリップフロップの動作を制御して，誤動作が起こらない工夫が施してある。

　JK フリップフロップは多機能であるので，その一部を取り出して専用のフリップフロップが作られている。JK フリップフロップの J，K 端子の論理を J＝K とした場合には，**T形**と呼ばれるフリップフロップができる。このフリップフロップはクロックパルスが入るごとに出力が反転するものである。

　また，$K=\bar{J}$ とすれば，**D形**と呼ばれる専用のフリップフロップが作れ，クロックパルス1つ分だけ入力を遅延させる独特の回路となる。

〔例題〕**4・13**　T フリップフロップおよび D フリップフロップを JK フリップフロップを用いて構成せよ。

〔解答〕　T フリップフロップを作るには，図 4・41(a)のように，J および K 端子を直接結び，T 入力とする。D フリップフロップは，NOT ゲート1個を

```
  T入力 ─┤J   Q├       D入力 ─┬─┤J   Q├
         │CLK  │              │ │CLK  │
         ┤K   Q̄├              └○┤K   Q̄├
```

(a) Tフリップフロップ　　(b) Dフリップフロップ

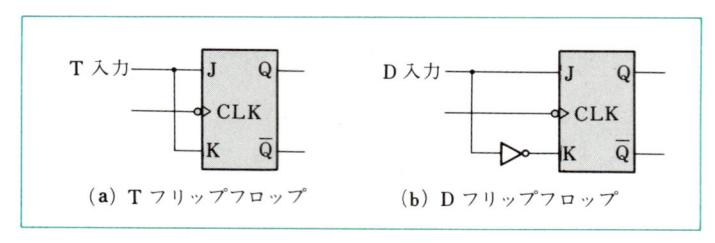

図 4・41　TおよびDフリップフロップ

図(b)のように付け加えればよい。

(4) カウンタ　物や現象の数を器械で自動的に数える場合，個数に応じて発生した電気パルス信号を処理して数値で表すことがよく行われている。ディジタル回路により構成された**カウンタ**は，電気パルス信号の数を計数・表示する装置である。

カウンタの回路は，その動作形態から非同期形か同期形の2つに分けられる。ここでは，それぞれの形の基本形を説明する。

すでに学んだように，T形のフリップフロップは，入力パルスが入るごとに出力の状態が反転する。このフリップフロップを，図4・42(a)のように，2段直列に接続してみよう。タイムチャートは図(b)のようになる。出力はAとBである。初期状態としてカウンタをリセットする専用の入力端子があるが，図では省略している。初期状態は両方のフリップフロップとも**0**と仮定している。クロックパルスに順番を付けて出力の状態を図(c)に示した。出力を2進数2桁（数の並びはBA）とみれば，クロックパルスの数を出力の2進数が繰り返し示して（数えて）いることがわかる。このようにパルス数を2進数で計数するカウンタを**バイナリ カウンタ**という。

このカウンタは，その動作変化の流れが2つのフリップフロップの前段から後段へと順に伝わって行くため，**非同期形カウンタ**と呼ばれている。フリップフロップをN段に拡張すれば，0から2^{N-1}までの数（2^N個の異なった状態）を数えることができる。この場合，2^Nを**カウンタの法**といい，この数でカウン

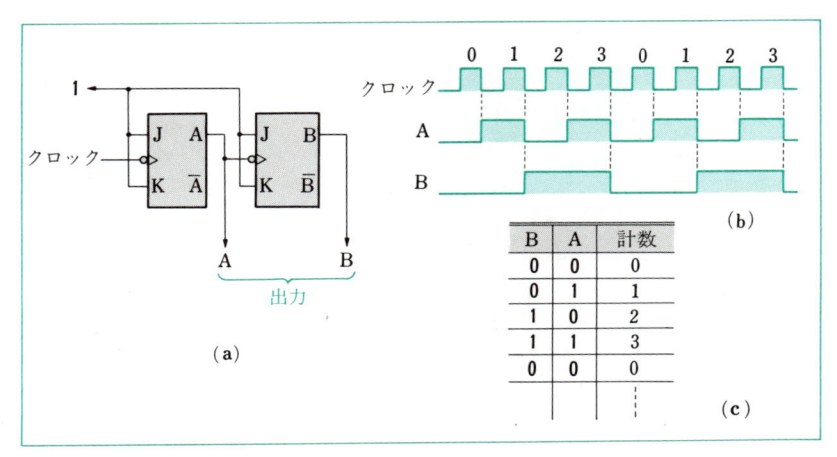

図 4・42 非同期カウンタ

タは一巡することになる。また、出力の周波数は順次 1/2 ずつ下がっていき、図 4・42 の回路の B の周波数は、入力クロックパルスの周波数の 1/4 になっていることに注意しよう。周波数に着目すると、この回路は周波数分周器として利用できる。

〔例題〕 4・14　4 ビットの非同期バイナリカウンタを作るとき、必要なフリップフロップの数とカウンタの法を求めよ。

〔解答〕　4 ビットのカウンタでは 4 台のフリップフロップが必要である。また、カウンタの法は $2^4 = 16$ である。

以上述べたバイナリカウンタは、段数が増すと各フリップフロップのセットおよびリセット動作の時間が原理的に累積してくるので、回路を高速化する場合には不向きである。そこで、各フリップフロップに同時にクロックパルスを与え、状態変化にかかる時間の累積を抑えた同期形のカウンタがある。その一例として、図 4・43(a) に 3 ビットの同期形カウンタを示す。3 ビットであるから、図(b)のようにクロックパルス $8(=2^3)$ 個でカウンタは一巡する。この回路

第4章 電子回路

(a)

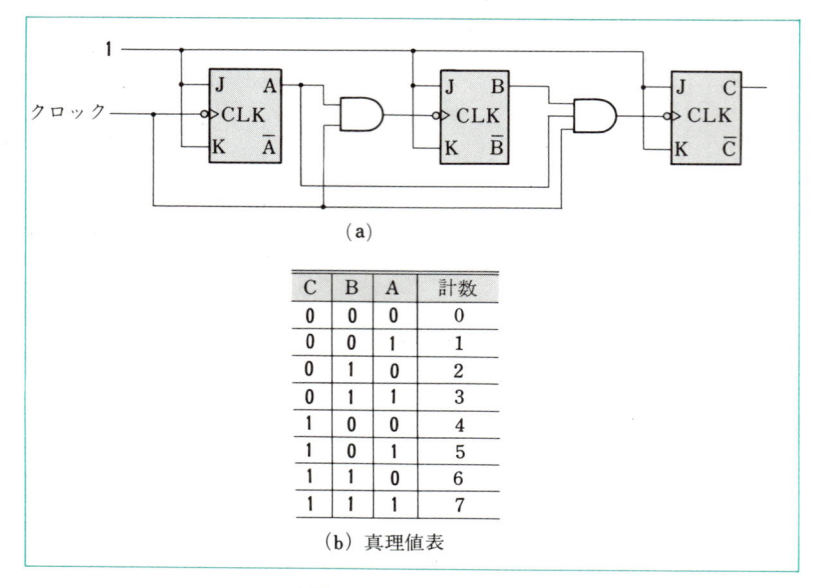

C	B	A	計数
0	0	0	0
0	0	1	1
0	1	0	2
0	1	1	3
1	0	0	4
1	0	1	5
1	1	0	6
1	1	1	7

(b) 真理値表

図 4・43 同期カウンタ

では，フリップフロップの動作時間は各フリップフロップが同時にクロックパルスを受けるため，その段数に関係なく1個分を見込めばよいことが明らかである。

(5) シストレジスタ　シフトレジスタはデータの記憶回路であり，データの内容をシフトしたり，乗算などの算術演算を実行する回路にも用いられる。フリップフロップ1個が1ビットのデータを記憶するから，NビットではN個のフリップフロップが必要である。

　ディジタルの装置間や回路間におけるデータの授受には信号線が必要であるが，GND（グランド）線と対をなす1本の信号線を使ってデータの各ビットを時間的にずらして送る**シリアル（直列）伝送**と信号のビットと同数の信号線を用いて各ビットを同時に送る**パラレル（並列）伝送**がある。例えば，2進数の１１０１$_{(2)}$（$13_{(10)}$）を伝送することを考えてみよう。シリアル伝送では，この2進数の桁を順に（LSBからMSBへ，または逆に）同じ信号線を使って，4回の操作

で送る。他方，パラレス伝送では4本の信号線を用意し，各線に4つのビットを割り振るから一度に伝送することができる。

ディジタル システムでは，入力，出力の伝送形式の組合せから4とおりの種類になる。すなわち，シリアルイン―シリアルアウト，シリアルイン―パラレルアウト，パラレルイン―シリアルアウト，そしてパラレルイン―パラレルアウトである。

図4・44(a)は，4ビットのシリアルイン―パラレルアウトのシフト レジスタの例である。2進数の１１０１$_{(2)}$を変換している。4ビットであるからフリップ

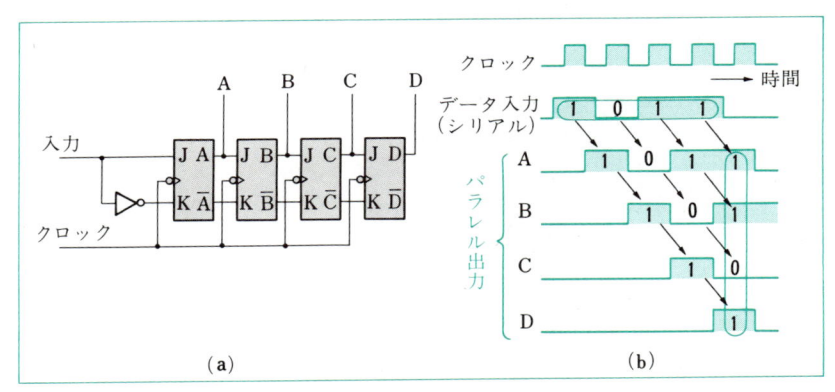

図 4・44 シフトレジスタ

フロップは4個ある。このシフト レジスタの動作概要を図(b)に示した。入力のデータは，LSBから順に入り，クロックパルスに同期して前段のフリップ フロップから順次後段に送られて，最初のデータがDに届き入力の4ビットがすべて詰まった状態になると，各フリップ フロップの出力上に現れたA～Dのデータが同時に4本の信号線を経て他の機器に同時に送り出されて行く。

4・4 アナログ・ディジタル相互変換回路

　半導体技術の急速な進歩により，**マイクロ コンピュータ**に代表されるようなディジタル システムが多くの分野で活用されるようになった。しかし，その対象となる信号が時間方向にも振幅方向にも連続なアナログ量であることが多い。そのような信号をそのままの状態でディジタル システムに入力することはできない。そこで，アナログ量をディジタル システムに合った形に，すなわち，ディジタル量に変換したり，逆にディジタル システムで処理をしたディジタル量をアナログ量に変換する必要がある。この節では，これを実現するアナログからディジタルへの変換とディジタルからアナログへの変換について述べる。

〔1〕 ディジタル・アナログ変換回路

　ディジタル回路等で扱う信号は，論理的に「1」と「0」の組合せ（2進数と考えればよい）から成り立っている。これを我々が通常使用する数値（10進数）に変換することを**ディジタル・アナログ変換**（これを通常 **D/A 変換**と呼ぶ）という。また，それを実現する回路をディジタル・アナログ変換回路（D/A 変換回路）という。

　D/A 変換回路は，一般的に抵抗回路網，基準電圧，電子的アナログ スイッチとそれをオン・オフさせる論理回路により構成される。このような変換回路は，論理回路の入力信号を変換すべきディジタル信号にすることによって，ディジタルに対応したアナログ信号を取り出すことができるような回路構成が一般的である。

　図 4・45 に演算増幅器（オペアンプ）OP を使用した 4 ビットの D/A 変換回路の構成を示し，それをもとにこの回路の動作を説明しよう。

　この回路は，すでに 4・2 節で説明したオペアンプを用いた加算回路の原理を利用している。オペアンプの入力側に接続してある R, $2R$, $4R$, $8R$ の抵抗回路網とフィードバック抵抗 R_f は，4 桁のディジタル信号の各桁を，対応する 10

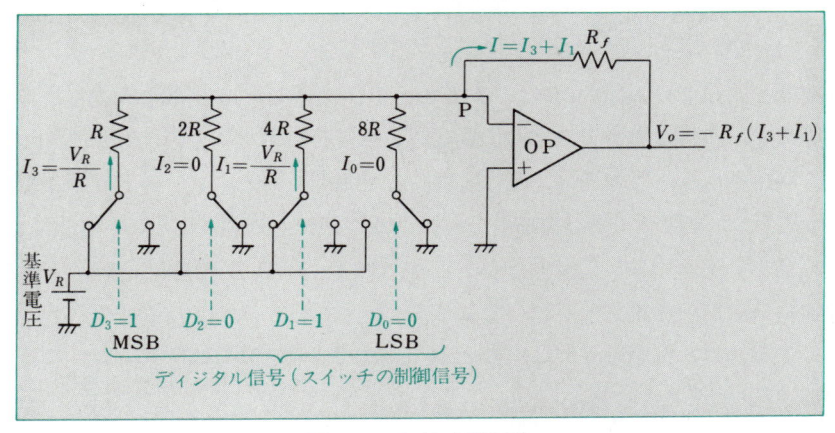

図 4·45　D/A 変換回路

進数に変換するためのものである。

オペアンプの基本的な 2 つの条件を再掲し，簡単に回路解析をしておこう。

① オペアンプの 2 つの入力端子（－端子と＋端子）の間の電位差は，ほぼ零と考える。

② 2 つの入力端子から電流の入出流は，ほぼ零と考える。

4 桁（4 ビット）のディジタル信号を $D_3 D_2 D_1 D_0 = 1\ 0\ 1\ 0$ とする。ディジタル信号の各桁はそれぞれスイッチの制御に使用され，「1」で基準電圧，「0」でアースに接続するように働く。この例では，抵抗 R と $4R$ が基準電圧 V_R に接続され，抵抗 $2R$ と $8R$ がアースされる。

オペアンプの条件①より，P 点の電位は零であるから，抵抗 R と $4R$ に流れる電流 I_3 と I_1 はそれぞれ V_R/R と $V_R/(4R)$ である。一方，アースされている抵抗 $2R$ と $8R$ に電流は流れず，$I_2 = I_0 = 0$ である。また，オペアンプの条件②より，電流 I_3 と I_1 は，オペアンプの内部に流れ込まず，R_f を通って出力側へ流れる。この結果，出力電圧 V_o は次式のように求められる。

$$V_o = -(I_3 + I_1)R_f = -\left(\frac{R_f}{R} + \frac{R_f}{4R}\right)V_R \tag{4·60}$$

式(4·60)で，$R_f = 8R$ と選べば，

$$V_o = -\left(\frac{8R}{R} + \frac{8R}{4R}\right)V_R = -10V_R \tag{4・61}$$

となる。式(4・61)の係数10は１０１０となる２進数を10進数に変換したものに等しい。負号はオペアンプの加算回路の性質から生ずるものであり，オペアンプ回路をもう一段使えば，正にすることが可能である。フィードバック抵抗を$8R$として説明したが，実際にはそのように調整する必要はない。むしろ，フィードバック抵抗R_fを適当に変えることによってD/A変換回路の出力電圧を自由に変更できることが利点である。

ここで述べた例をもとに２進数と10進数の関係を簡単に述べておこう。4桁の２進数をN_2とすると，

$$N_2 = D_3\ D_2\ D_1\ D_0$$

ただし，D_3, D_2, D_1, D_0は1または0

のように1か0の4個の数字列で表される。各々の桁がどのように決っているかというと，対応する10進数N_{10}を２のべき乗和で表したときの各係数によって求められる。すなわち，

$$N_{10} = D_3 2^3 + D_2 2^2 + D_1 2^1 + D_0 2^0 \tag{4・62}$$

としたときの２のべきの係数をそのままの順に並べた$D_3\ D_2\ D_1\ D_0$が２進数である。この例のように，$D_3\ D_2\ D_1\ D_0 = 1\ 0\ 1\ 0$のとき，対応する10進数は，

$$N_{10} = 1\cdot 2^3 + 0\cdot 2^2 + 1\cdot 2^1 + 0\cdot 2^0 = 10$$

となり，先に説明した結果と同じになる。

〔例題〕**4・15** 10進数の122を2進数で表せ。

〔解答〕 10進数の122は，２のべき乗を用いて，次のように書き表すことができる。

$$122 = 1\cdot 2^6 + 1\cdot 2^5 + 1\cdot 2^4 + 1\cdot 2^3 + 0\cdot 2^2 + 1\cdot 2^1 + 0\cdot 2^0$$

これより，122を2進数で表すと，１１１１０１０となることがわかる。

上述した方法により，さらに桁数の多いD/A変換回路を構成しようとする

と，$16R$，$32R$，…というように多種類の抵抗を必要とし精度上の問題が生ずる。そこで，図4・46に示すように抵抗値の比が1：1か1：2の抵抗のみを用いる **R-$2R$ラダー回路**構成のD/A変換回路がよく用いられる。

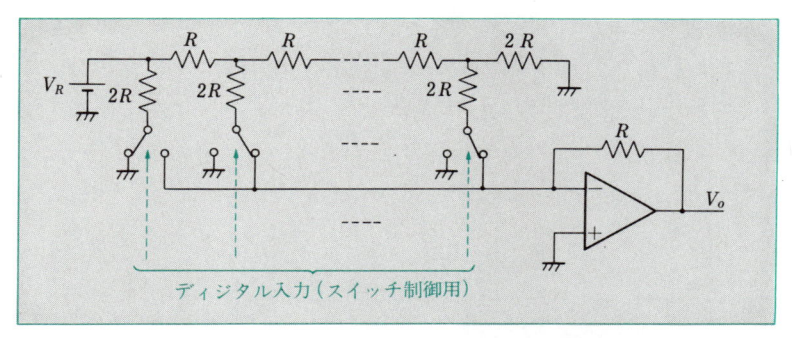

図 4・46 　R-$2R$ ラダー回路構成の D/A 変換回路

〔2〕　アナログ・ディジタル変換回路

（1）　**量子化**　　ディジタルシステムに外部から任意のアナログ量を入力したいとき，それに対応するディジタル量は，無限に多くの桁数を必要とする。これは，有限の桁数で動作するディジタルシステムにとっとも困るが，アナログ量をディジタル量に変換するための回路技術の面からも不可能である。この問題を解決するには，四捨五入とか切捨て，切上げなどによって，許容できる範囲内に近似してしまう方法がある。つまり，ある範囲内の量をその代表値で置き換えてしまう方法で，これを**量子化**と呼んでいる。

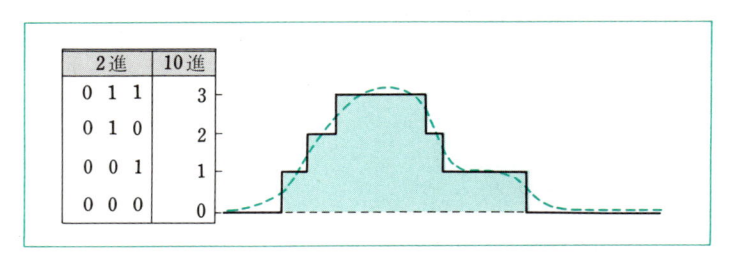

図 4・47 　量子化

量子化の例を図4・47に示した。破線で表した，あるアナログ量を階段状の信号で置き換えてある。これによって，アナログ信号を有限個の値のどれかで表すことが可能となる。図において左の2進数は3ビットのディジタル信号である。つまり，アナログで0に量子化されたものを0 0 0と表し，その1つ上の値を，0 0 1と表すようにすれば，ディジタル化を行ったことになる。

アナログ・ディジタル変換（**A/D変換**と呼ぶ）で，一般に使用されている**量子化回路**には**比較器**（コンパレータ）が使われている。図4・48に示すように，アンプの入力に加えられる信号がEよりも大きいと出力は0Vとなり，Eよりも小さいと約5Vとなる。

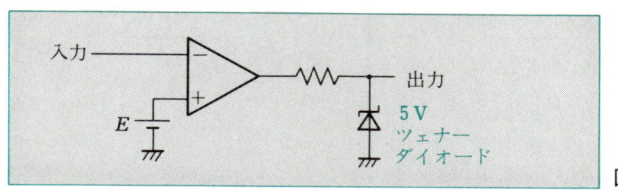

図 4・48

（2） サンプル & ホールド回路　アナログ信号を量子化し，それをA/D変換回路によってディジタル化している間に，もとのアナログ信号が変化し，異なる量子化の値に移ってしまうことがある。このような場合，A/D変換回路は正しく変換したことにならない。これを避けるには，A/D変換回路の前段に，ある期間だけ信号を一定値に保つホールド機能をもつ回路を接続すればよい。これにより，ホールド状態の期間に量子化の値が変化することはなく，それに応じた適当な早さでA/D変換を行うことができる。

図4・49を用いてサンプル & ホールド回路の動作を説明しておこう。図において，$t=T$でアナログ信号$x(t)$がホールドされる。このホールド状態がt_0期間続く。そして，$t=T+t_0$を過ぎるとサンプル状態となり，アナログ入力$x(t)$を出力する。$t=2T$で再びホールド状態となり，t_0の間，$x(2T)$の値を保つ。このような動作を**サンプル & ホールド**という。

ホールド期間t_0の間は，アナログ信号が一定のままであり，量子化の値が変

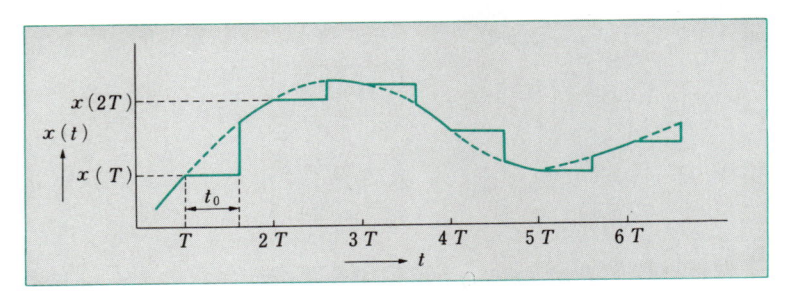

図 4・49　サンプル&ホールド

化することはない。したがって，このホールド期間に1回のA/D変換を完了すればよいことがわかる。

　図4・50は基本的なサンプル&ホールド回路である。図において，スイッチがSに接続されている期間は，信号に追従しているサンプル状態であり，スイッチがH側のときは，コンデンサCの電荷が放電しない限り，出力は一定電圧でホールド状態となる。スイッチは，論理回路で発生するスイッチ制御信号で動か

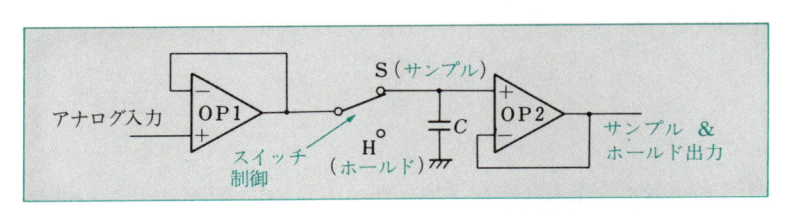

図 4・50　サンプル&ホールド回路

すことが多い。例えば，論理「1」のレベルでS側，論理「0」のレベルでH側というように動作する。この場合，A/D変換回路は，スイッチがH側に接続された，つまり論理「1」から「0」へ変化した瞬間から変換動作を開始するよう制御する。

　（3）　**A/D変換回路の種類**　　A/D変換回路にはいくつかの方式がある。ここでは，代表的なものとして，**逐次近似方式，二重積分方式，並列変換方式**の3つについて説明しよう。

　（a）　**逐次近似方式によるA/D変換**　　図4・51に逐次近似方式によるA/D

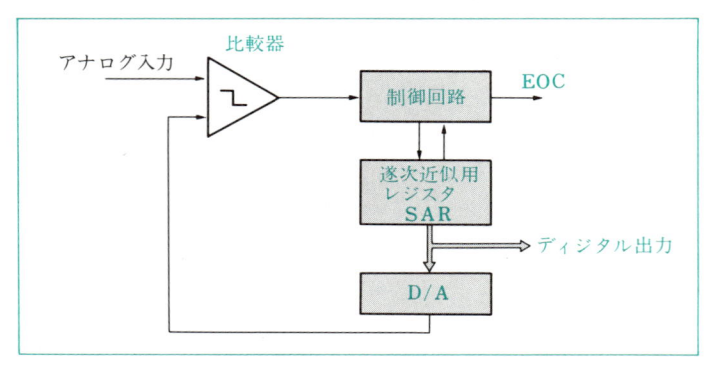

図 4・51　逐次近似方式によるA/D変換回路のブロック図

変換回路のブロック図を示す。入力電圧範囲は $0 \sim V$ 〔V〕と仮定する。
　この方式の原理は，逐次近似用レジスタ(SAR)の2進状態をD/A変換し，それと入力信号を比較して，その差が最小となるようSARの状態を変えるというものである。
　いま，正の入力電圧が比較器の入力端子に加わったとする。A/D変換開始パルスにより，まず，SARのMSB(最上位桁のことを表す)を1とする。この結果，SARの出力は１００・・・０となる。これをD/A変換回路によりアナログ量に変換したものを帰還信号とし，比較器によって入力電圧と比較する。
　このとき，比較器の出力が高レベルならば，入力信号に比べてディジタル信号が不足していることになる。そこで上位2番目の桁も1とし，１１０・・・０に対するD/A変換の結果と比較を繰り返す。比較器の出力が低レベルになったとすると，入力電圧がディジタル信号電圧より低いということである。この場合には，上位2番目の桁を1から0に変更し，3番目の桁を1として，１０１・・・０をD/A変換し，入力信号と比較する。
　このようにして1桁目まで調べ尽すと，SARの状態を一時ホールドし，それをA/D変換された信号として外部へ供給する。外部のディジタルシステムでは，A/D変換が1桁目まで完了し，その状態がホールドされていることを知る必要がある。この目的のためにA/D変換回路から出力される信号が **EOC** とい

う変換終了信号である。
(b) 二重積分方式による A/D 変換
図 4・52 では，次の 3 つの条件が成り立っているとする。

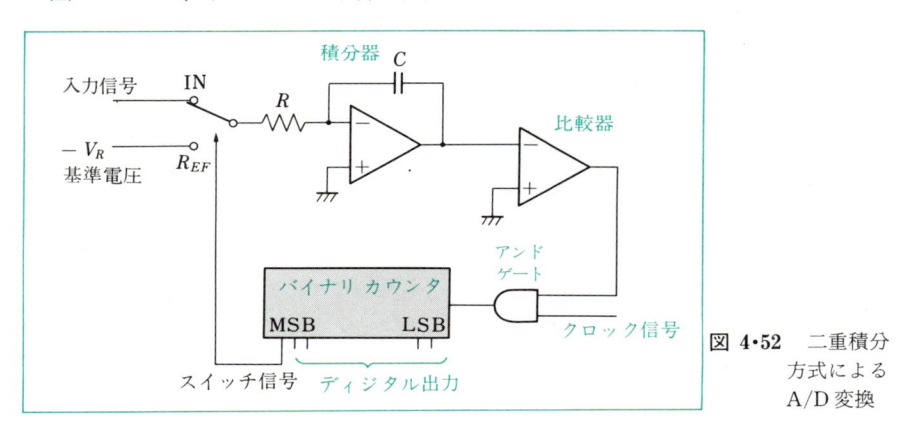

図 4・52 二重積分方式による A/D 変換

① アナログ スイッチが IN 側にある間，入力信号はほぼ一定である。
② 入力信号は正の電圧とする。
③ 積分器と n ビットのバイナリ カウンタは，変換が開始されるときに零にリセットされる。

図に従って動作を説明する。A/D 変換の開始と同時にスイッチは，IN 側に接続され，入力信号が積分器へ加えられる。入力信号は正の電圧としているから，積分器の出力電圧は負へ向かって図 4・53 のように直線的に下がる。

積分器の出力は，比較器のマイナス端子に接続されているため，比較器の出力は高レベルとなり，それがカウンタの前のアンド ゲートの一方の入力を高レベルとする。その結果，クロック信号はバイナリ カウンタへ入力される。

クロック信号をカウントしたバイナリ カウンタは，ある時間 t_s が経過すると，１００・・・０となる。この MSB＝1 の信号によって，入力部のスイッチが R_{EF} 側へ切り替えられる。今度は，負の基準電圧が積分器に接続されるため，積分器の出力は正の方向へ向かって直線的に増加し，時間 t_0 で積分器出力＝0〔V〕となる。その瞬間，比較器の出力は低レベルとなり，クロック信号用のアン

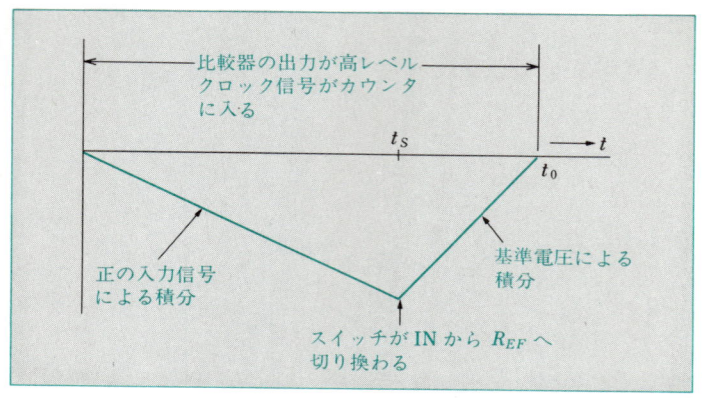

```
         ←――――比較器の出力が高レベル――――→
              クロック信号がカウンタ
              に入る
                              t_S              ――→ t
                                            t_0

         正の入力信号              基準電圧による
         による積分                積分

                   スイッチがINからR_EFへ
                   切り換わる
```

図 4·53

ド ゲートを遮断する。

　以上の結果，バイナリ カウンタはホールド状態となり，そのLSB（最下位桁）から$(n-1)$ビット目までの状態を入力アナログ信号のディジタル出力として取り出すことができる。動作原理からもわかるように，このタイプのA/D変換は低速動作であり，ディジタル ボルト メータなどに使用されている。

　（c）　並列方式によるA/D変換　　図 4·54 に示すように，入力信号を多数の比較器を用いて一度に量子化し，それを符号器によってディジタル化する方式である。回路素子の量は非常に多くなるが，高速のA/D変換が可能となり，

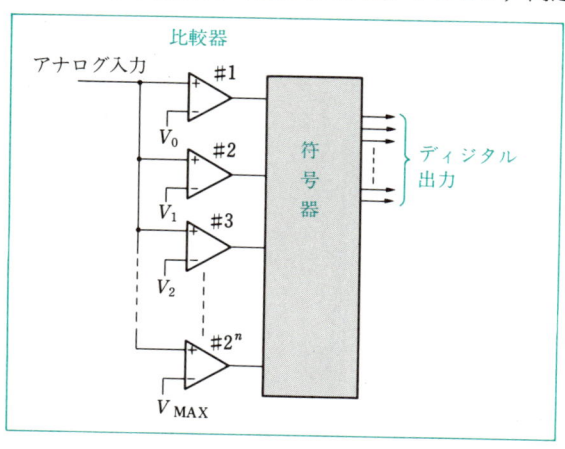

図 4·54　並列方式による A/D 変換

画像などの高速処理を必要とする応用で用いられる。

n ビットに変換する場合，2^n 個の比較器を図のように配置し，各々の比較器の基準電圧を供給しておく。すべての比較器に入力信号を同時に加えると，ある番号までの比較器の出力が高レベルでそれ以後の比較器の出力は低レベルとなる。この結果，信号がどのレベルの範囲にあるかがわかるので，それをディジタル量に変換する。

（4）信号とサンプリング　A/D 変換回路により，アナログ信号をディジタルシステムで扱うことのできるデータに変換できる。しかし，どのぐらいの割合で A/D 変換すべきかという問題がある。これに答えるものが標本化定理である。

標本化定理は，信号に含まれる最高周波数成分の少なくとも 2 倍以上の早さで**サンプリング**（データを取り込むこと）を行わないと，折り返しという現象が生じ，原信号を再生できないというものである。例えば，アナログの音声信号が 6 kHz ぐらいまでの成分を含んでいるとし，それをディジタルシステムに取り込み，何等かの処理をしたいような場合，少なくとも 12 kHz 以上の早さで次々と A/D 変換を繰り返し，データの取り込みを行わなければならない。これは，アナログ信号をディジタル的に処理する場合，非常に重要な概念である。

演習問題〔4〕

〔問題〕 **1.** 反転増幅器により増幅度が 25 倍（28 dB）の増幅器を作りたい。図 4・8 の R_2 を 80 kΩ とするとき，R_1 はいくらにすればよいか。また，そのときの入力インピーダンスはいくらか。

答（$R_1=3.2$〔kΩ〕，入力インピーダンス 3.2 kΩ）

〔問題〕 **2.** 図 4・12 で C の代わりに抵抗 R を入れたとき，いかなる入・出力関係が得られるか。　　答$\left(v_0=-\left(\dfrac{R}{R_1}v_1+\dfrac{R}{R_2}v_2\right)\right)$

〔問題〕 **3.** 図 4·7 で Z_1, Z_2 に抵抗 R_1 を, Z_{1f}, Z_{2f} に抵抗 R_2 を入れたとき, いかなる入・出力関係が得られるか。 　　　　答 ($v_0 = -\dfrac{R_2}{R_1}(v_1 - v_2)$)

〔問題〕 **4.** $v_0 = -\left(5\int v_1 dt + 8\int v_2 dt\right)$ なる演算を行いたい。図 4·12 で $C = 0.5$ 〔μF〕とするとき, R_1, R_2 をいくらにすればよいか。
　　　　答 ($R_1 = 400$ 〔kΩ〕, $R_2 = 250$ 〔kΩ〕)

〔問題〕 **5.** 式 (4·41) を導け。

〔問題〕 **6.** 図 4·35 の全加算器の真理値表から式 (4·58) および式 (4·59) を導け。

〔問題〕 **7.** カルノーマップを用いて次式を簡略化せよ。
$Y = \overline{A}\overline{B}\overline{C}\overline{D} + A\overline{B}\overline{C}\overline{D} + A\overline{B}C\overline{D} + \overline{A}BCD + \overline{A}B\overline{C}\overline{D} + \overline{A}BC\overline{D}$
　　　　答 ($Y = \overline{B}\overline{D} + \overline{A}\overline{C}\overline{D} + \overline{A}BCD$)

〔問題〕 **8.** 〔例題〕4·13 の RS フリップフロップを図 4·55 のように変形した。ど

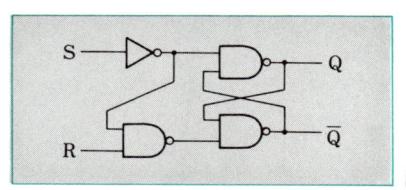

図 4·55

のような動作となるか説明せよ。
　　（ヒント：S = R = 1 のときの動作に注目せよ。）

〔問題〕 **9.** 8 ビットの D/A 変換器をオペアンプと抵抗回路網を用いて設計し, その回路を示せ。

〔問題〕 **10.** 正の 2 進数で 1 1 1 0 1 0 1 0 を 5 進数に変換さよ。
　　　　答 (1 4 1 4)

第5章　エネルギー変換機器とその応用

　この章では，発電機，電動機および変圧器などのエネルギー変換機器の原理，特性などを学び，さらにサイリスタやパワートランジスタなどの半導体素子を用いて電力変換を行うパワーエレクトロニクスについて学ぶことにする。

5・1　エネルギー変換機器の種類

〔1〕　発電機と電動機

　電気エネルギーの発生源といえば，化学反応を用いた電池が身近な例として思いつく。しかし，これから大きいエネルギーを長時間にわたって取り出すことはできない。工場や家庭などで大量に消費される電力（電気エネルギー）を供給しているのは，発電所の**発電機**である。これは，第1章1・4節で述べた「フレミングの右手の法則」を応用した装置であり，水車やタービンなどの原動機によって磁石を回転させ，その周囲に配置された導体（コイル）に電気エネルギーを発生させる。なお，磁石を固定してコイルを回してもよい。

　ところで，この発電機に逆に電力を加えると，回転トルクを発生する。これは第1章1・4節で述べた「フレミングの左手の法則」に従うものであり，これを**電動機**と呼んでいる。水力発電所の中には，発電機を深夜に電動機として回し，水を貯水池に汲み揚げる揚水発電所もある。いわば，発電機も電動機もその構造は同じであり，図5・1に示すように，原動機によって供給された機械エネルギーを電気エネルギーに変換するのが発電機，電気エネルギーを与えて機械エネルギーを取り出すのが電動機である。したがって，これらは可逆的に電

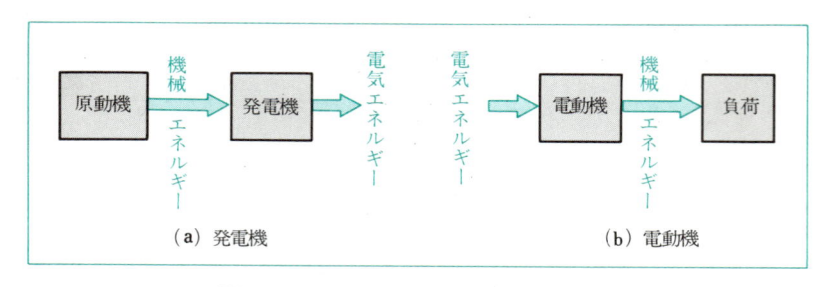

```
┌─────────────────────────────────────────────────────────────┐
│   ┌─────┐  機械   ┌─────┐  電気    電気   ┌─────┐  機械   ┌─────┐ │
│   │原動機│ エネル →│発電機│ エネル → エネル →│電動機│ エネル →│ 負荷 │ │
│   └─────┘  ギー   └─────┘  ギー    ギー   └─────┘  ギー   └─────┘ │
│                                                             │
│          (a) 発電機                    (b) 電動機              │
└─────────────────────────────────────────────────────────────┘
```

図 5・1 電気-機械エネルギー変換機器

気-機械エネルギー変換機器といえる。なお，電動機が動力源として広く用いられていることは，身近な電車や家電製品などから容易に想像できよう。

〔2〕 変 圧 器

発電機の発生エネルギーを消費地まで送る際，送電線での損失を少なくするために交流電圧はできるだけ高くする。しかし，工場や家庭ではこの高電圧のままでは危険なため，逆に適当な電圧に下げなければならない。このように電圧を高めたり低めたりするための装置が**変圧器**で，第 1 章 1・4 節で述べた「ファラデーの法則」を応用している。この変圧器は電柱上によく見かけるし，テレビやオーディオ機器などの電源部にも使用されている。

以上述べた発電機，電動機および変圧器は**電気機器**と総称されているが，これらは電磁誘導現象を応用したエネルギー変換機器であり，以下，**電磁誘導機器**と呼ぶこととし，5・2 節においてその代表的な機器について述べる。

〔3〕 パワー エレクトロニクス

電力の形態には交流と直流とがある。現在，電力会社から送られてくる電力は交流であるため，大容量の直流を必要とする分野では，図 5・2 (a) に示す交流を直流に変換する（これを**順変換**と呼ぶ）装置が必要となる。さらに，例えば，直流電動機を可変速運転する場合，この順変換装置には直流電圧を自由に調整

5・1 エネルギー変換機器の種類

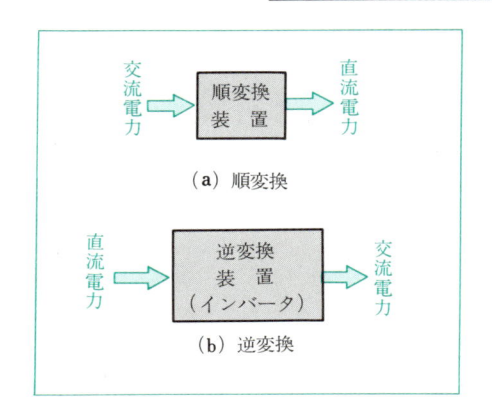

図 5・2 順変換と逆変換
(a) 順変換
(b) 逆変換

できる機能まで要求される。かって,これに応えられる装置としては,交流電動機と直流発電機を組み合わせた電動発電機が用いられていた。しかし,現在ではその大部分がサイリスタを用いた整流回路で占められている。

サイリスタは,図 5・3 に示す図記号と外観をもった**電力用半導体整流素子**である。この素子に交流を入れれば直流が出てくるわけではなく,この素子を組

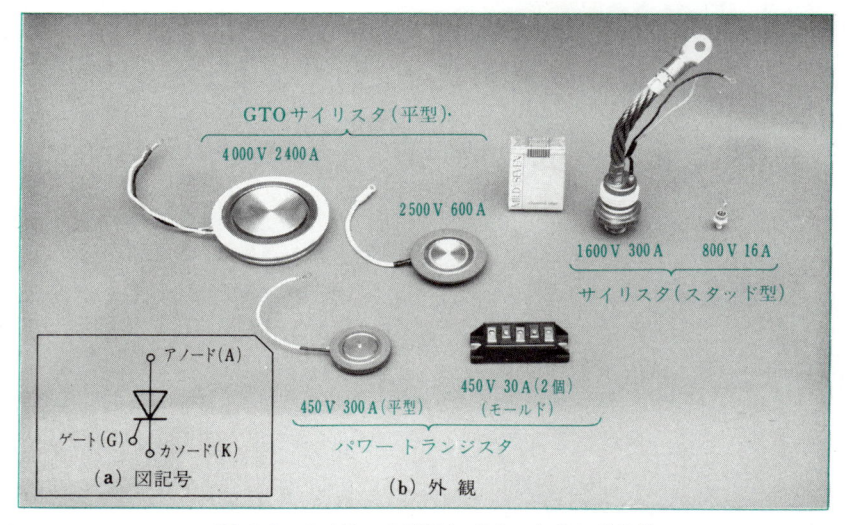

図 5・3 サイリスタ素子とパワートランジスタ

み合わせて**整流回路**を構成してはじめて順変換ができる。ただし，サイリスタを動作させるためには，そのゲート端子（G）にパルスを与えなければならないが，このパルスを制御することにより，順変換と同時に出力側の直流電圧を調整できる点が，ダイオード整流回路にはない大きな特徴である。

さらに，低損失で大電流をスイッチングできるサイリスタの機能をいかし，これらの素子を組み合わせることにより，図5・2（b）に示す直流から交流への変換（これを**逆変換**と呼び，その装置が**インバータ**である）や，一定電圧から可変電圧への変換，さらには周波数変換など，あらゆる形態の電力変換が可能となった。しかもそれぞれの回路に適した特殊なサイリスタ素子や電力用トランジスタ（**パワートランジスタ**と呼ばれている）の開発も急速に進んでいる。このように，サイリスタやパワートランジスタなどの半導体素子を用いて電力変換を行う分野を**パワーエレクトロニクス**と称し，工業用の大出力装置のみならず，家電製品にまで普及している。これらの動作原理は第5・3節で述べる。

5・2 電磁誘導機器

〔1〕 分類と用途

現在使用されている代表的な電磁誘導機器を分類すると，次のようになる。

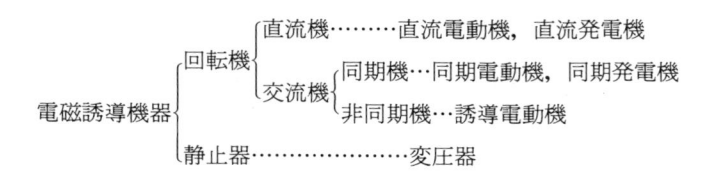

```
                  ┌回転機┬直流機………直流電動機，直流発電機
                  │    │      ┌同期機…同期電動機，同期発電機
電磁誘導機器┤    └交流機┤
                  │          └非同期機…誘導電動機
                  └静止器……………………変圧器
```

まず，回転部の有無で**回転機**と**静止器**とに分けられる。回転機は電気エネルギーの形態により**直流機**と**交流機**に，交流機は回転速度が電源周波数に比例するか否かで**同期機**と**非同期機**に分けられる。非同期機は，さらに**誘導機**と**整流子機**に分類できるが，後者の使用実績は今日では少ないため，ここでは省略す

5・2 電磁誘導機器

ることにする。また，回転機全般に対して発電機と電動機の存在が考えられるが，誘導発電機はその実用例が極めてまれなため，同様にここでは省略する。以下，各々について概説する。

（1） 直流機 **直流電動機**は，直流電力をもらって機械動力を発生する。交流が供給されている今日の電力状況下でこれを回すには，交流を直流に変換する順変換装置が不可欠である。さらに，直流機は**整流子**という複雑な機械的接点をもった構造であるため，他の電動機に比べて高価であり，保守が面倒であり，高速化や高電圧化が困難などの欠点を有している。それにもかかわらず，直流電動機は様々な分野で使用されている。これは，速度制御が容易に，しかも高精度に行えるためである。かつて可変速電動機といえば，この直流電動機が独占的であった。数千kWもの大容量機が製鉄工場における圧延用ミルを回しており，また電車用電動機のほとんどがこの直流電動機である。さらに，精度が要求される工作機械や最近のロボットでも，この直流機の一種であるサーボモータが駆動部を受けもっている。

一方，**直流発電機**は，最も歴史が古く，かつては直流電力の発生源として使われていた。しかし，次節で述べるパワー エレクトロニクスの分野でサイリスタを用いた直流電源が普及するにつれて，直流発電機の需要は急減している。

（2） 同期機 **同期電動機**は，交流電源の周波数に比例した回転速度で回転する。したがって，50あるいは60Hzの商用周波数の交流を加える限り，負荷の軽重に無関係な定速度電動機となり，紡績関係など一定回転を必要とする分野に用いられている。さらに，パワー エレクトロニクスによって開発が進んだ可変周波数電源を用いれば，同期電動機を可変速電動機として運転することもできる。

また，発電所の発電機はほとんど**同期発電機**であり，数千kVAから百万kVAの大容量機が，日夜交流電力を供給し続けている。

（3） 誘導機 **誘導電動機**は，交流電源の相数によって，三相機と単相機に分けられる。工場のように三相交流が送られている場所では，大きな出力を得られる**三相誘導電動機**が用いられる。現在，数kWから数千kWまでの電動

機が生産されており，ポンプ，送風機，コンベアなど，その用途は多岐多様に渡り，その出力を総計すると他の電動機を圧倒的に引き離している。家庭やオフィスのように単相交流しか得られない場合には，**単相誘導電動機**を用いる。その出力は数 W からせいぜい数百 W 程度の小容量であるが，扇風機，洗濯機，冷蔵庫などの家電製品の動力源として，その生産台数は群を抜きんでいる。

　この誘導電動機は丈夫で安価，高効率ではあるが，かつては速度制御の困難な電動機とみなされていた。しかし，パワーエレクトロニクスにおけるインバータの著しい発達によって可変周波数電源が普及し，誘導電動機の可変速運転が可能となった。この結果，既設の誘導電動機の省エネルギー化が進み，さらに高精度可変速ドライブの分野でも誘導電動機が直流電動機にとってかわりつつある。

　（4） 変圧器　　静止器には移相器や分路リアクトルなどもあるが，使用実績からいって**変圧器**が代表といえよう。変圧器は交流電圧を昇圧あるいは降圧でき，数 kVA から数十万 kVA が送配電系統に使用されており，さらに各種装置の電源部にも数多く組み込まれている。

　以上の電磁誘導機器の中で，比較的実用例が多く，特に重要と考えられる直流電動機，誘導電動機および変圧器について，次項以降でその原理や特性を述べる。

〔2〕 直流電動機

（1） 原理　　図5・4は，直流電動機の動作原理を示したものである。図(a)において，電流 I_a は直流電源 V →ブラシ B_1 →整流子 C_1 →コイル辺 A_1 →コイル辺 A_2 →整流子 C_2 →ブラシ B_2 → V の経路を通って流れる。このときコイル辺 A_1，A_2 は磁極 N，S による磁界中にあるので，図(b)に示すように，フレミングの左手の法則よりコイル辺 A_1 には下向きの，A_2 には上向きの力 f が作用し，これによりトルク T が発生してコイルは反時計方向に回転する。コイルが図(a)の位置から180°回転するとコイル辺の位置は左右逆となり，電流 I_a の流れる経路は $V \to B_1 \to$ 整流子$C_2 \to$ コイル辺$A_2 \to$ コイル辺$A_1 \to$ 整流子$C_1 \to B_2 \to V$ と

5・2 電磁誘導機器

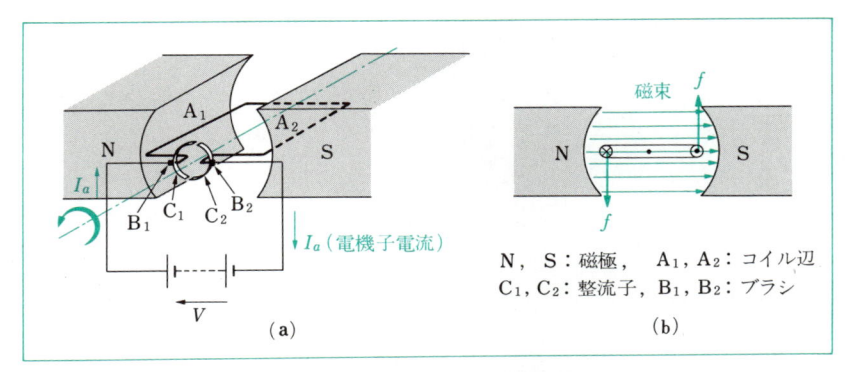

図 5・4 直流電動機の動作原理

N, S：磁極, A_1, A_2：コイル辺
C_1, C_2：整流子, B_1, B_2：ブラシ

なるが，トルクの方向はやはり変わらず，コイルは回転し続ける。これが直流電動機の動作原理である。したがって，直流電動機は直流電源よりブラシを経てコイルに電気エネルギーの供給を受け，これを回転エネルギーに変換する回転機械であるということができる。

さて，図5・4(a)において，電流 I_a の流れる回路を**電機子回路**といい，この回路に流れる電流を**電機子電流**という。この電機子電流は，オームの法則により，$I_a = V/R_a$ (R_a：回路全体の抵抗で，かなり小さい) で定まるとすると，例えば，$V = 100$ [V], $R_a = 0.5$ [Ω] のとき，$I_a = 100/0.5 = 200$ [A] もの電流が流れることになる。しかし実際には，電動機が回転している限りにおいてはこれよりかなり小さい電機子電流が流れる。これは，導体(コイル)が磁界中を運動(回転)すると，フレミングの右手の法則により，ちょうど電流 I_a の流れを妨げる方向に**逆起電力**が発生するからである。この逆起電力を E_0 とすると，次式が成立する。

$$V = E_0 + R_a I_a \quad [\text{V}] \tag{5・1}$$

ただし，E_0 は回転角速度 ω_m，電機子コイルの磁束鎖交数 Ψ_a などに比例し，次式で表せる。

$$E_0 = p \omega_m \Psi_a \tag{5・2}$$

ここで，p は磁極の極対数で，例えば，図5・4の場合の磁極は2個あるから，p

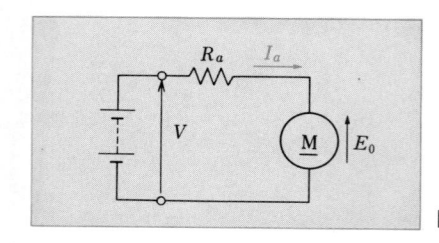

図 5・5 等価回路

=1 である。式(5・1)より, 図5・5のような直流電動機の等価回路が得られる。

〔例題〕**5・1** 2極の直流電動機の電機子回路に 100 V の直流電圧を印加したところ, 1500 rpm で回転した。このときの(a) 逆起電力 E_0, (b) 電機子電流 I_a を求めよ。ただし, 電機子抵抗 $R_a=0.5$〔Ω〕, 電機子コイルの磁束鎖交数 $\Psi_a=0.605$〔Wb〕とする。

〔**解答**〕 (a) 式(5・2)より,

$$E_0 = p\omega_m\Psi_a = 1 \times 2\pi \times (1500/60) \times 0.605 = 95 \text{〔V〕}$$

(b) 式(5・1)より,

$$I_a = (V - E_0)/R_a = (100 - 95)/0.5 = 10 \text{〔A〕}$$

さて, 式(5・1)の両辺に I_a を乗じると, 次式が得られる。

$$VI_a = E_0 I_a + R_a I_a^2 \tag{5・3}$$

上式の左辺は直流電源から供給される直流電力, 右辺第2項は電機子抵抗で消費される電力(電機子銅損)であるから, 右辺第1項の $E_0 I_a$ は回転エネルギーすなわち機械的仕事に変換される電力となる。この機械出力 P_M は回転角速度 ω_m と電動機の発生するトルク T との積であるから,

$$P_M = E_0 I_a = \omega_m T \tag{5・4}$$

上式の E_0 に式(5・2)を代入し, トルクを求めると次式が得られる。

$$T = p\Psi_a I_a \tag{5・5}$$

この式(5・5)で与えられるトルクが負荷トルク T_L に等しいとき, 電動機は一定の回転速度で回転を続けるのである。

〔例題〕**5・2**　〔例題〕5・1の場合の，電動機の発生トルク T を求めよ。
〔解答〕　式(5・5)より，
$$T = p\Psi_a I_a = 1 \times 0.605 \times 10 = 6.05 \text{ [N·m]}$$
〔別解〕　式(5・4)より，
$$T = E_0 I_a / \omega_m = (95 \times 10)/157 = 6.05 \text{ [N·m]}$$

（2）　励磁方式　　直流電動機を外から見ると，例えば，図5・6のようになっている。図のAHJKの4つの端子は，外部から電力を供給すべき端子と考え

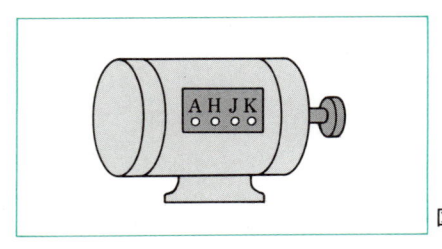

図 5・6　直流電動機

られるが，図5・4では，このような端子はコイルに電気エネルギーを送る2つの端子のみで十分のはずである。残りの2つの端子は何のためにあるのだろうか？　これは，通常，磁極は**電磁石**を用いてつくるので，そのために必要となるのである。もちろん永久磁石を使用すれば，これは不要となる。

　電磁石により磁極をつくる方法，すなわち**励磁方法**は，界磁鉄心に巻いた界磁巻線にどのような電流をいかなる電源から供給するかによって，次のように分類できる。

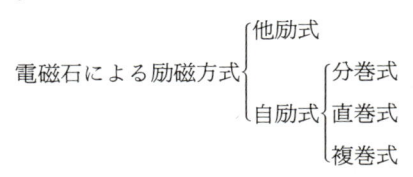

$$\text{電磁石による励磁方式} \begin{cases} \text{他励式} \\ \text{自励式} \begin{cases} \text{分巻式} \\ \text{直巻式} \\ \text{複巻式} \end{cases} \end{cases}$$

以下，これらの方式について説明しよう。

　他励式　　この方式は，図5・7のように，電機子回路の電源とは全く別の直流

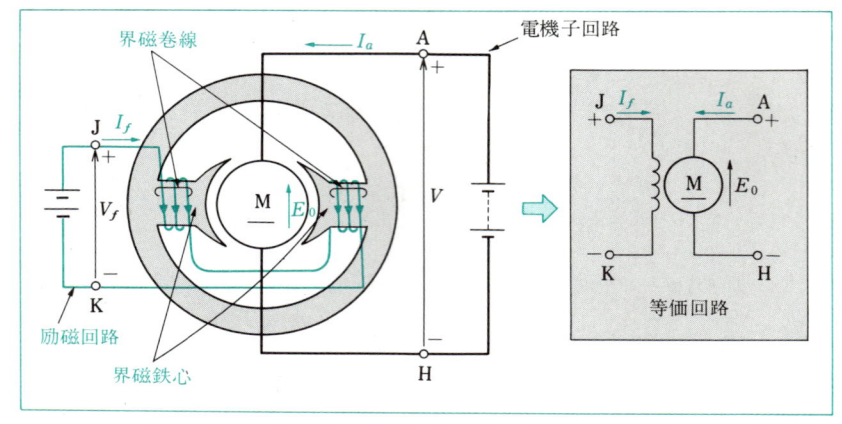

電源を用意し，これより界磁巻線に界磁電流 I_f を流すものである。

自励式 図5・8に示すように，界磁回路の電源はいずれも電機子と同一の電源からとる方式である。**分巻式**は，図(a)のように，界磁回路を電機子回路に

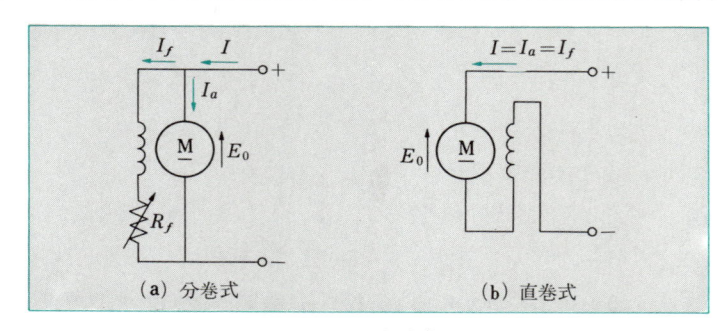

図5・8 自励式

並列に接続し，図の抵抗 R_f を調節することにより界磁電流 I_f の大きさを加減する方式である。また，図(b)は**直巻式**を示し，これは界磁巻線に直接電機子電流を流す方式である。さらに，**複巻式**は上述の分巻式と直巻式とを組み合わせたもので，分巻界磁巻線と直巻界磁巻線を併用する方式である。なお，直流電動機はこれら採用される励磁法に応じて，それぞれ他励（直流）電動機，分巻電動機，直巻電動機，複巻電動機などと呼ばれる。

これらの励磁方式は，負荷すなわち被駆動機の要求するトルク特性に応じて選定される。

（3） 速度制御法　　直流電動機は速度を自由に変化することのできる可変速電動機であるから，速度が何により調整できるかを知ることは極めて重要である。ここではまず，他励電動機の速度制御法について考えてみよう。

直流機の回転角速度は，式(5・1)に式(5・2)を代入して変形すれば，次式のように求められる。

$$\omega_m = \frac{V - R_a I_a}{p \Psi_a} \tag{5・6}$$

上式中の I_a は，式(5・5)に示したように，電動機の発生トルク T，したがって負荷トルク T_L に比例するから，式(5・6)はさらに式(5・7)のように変形できる。

$$\omega_m = \frac{V}{p\Psi_a} - \frac{R_a T_L}{(p\Psi_a)^2} \tag{5・7}$$

さて，式(5・6)および式(5・7)の Ψ_a は，すでに述べたように，電機子コイルの磁束鎖交数であるが，これは界磁電流 I_f を用いて次式により表せる。

$$\Psi_a = M I_f \tag{5・8}$$

ただし，M は電機子巻線と界磁巻線との相互インダクタンスである。

式(5・8)を式(5・7)に代入すると，次式が得られる。

$$\omega_m = \frac{V}{pMI_f} - \frac{R_a T_L}{(pMI_f)^2} \tag{5・9}$$

この式(5・9)より，速度 ω_m を制御するには，

① 電機子電圧 V を調整する。
② 界磁電流 I_f を調整する。
③ R_a に直列に抵抗 R を挿入し，それを調整する。

の3種類の方法があることがわかる。

①の方法は**レオナード法**と呼ばれ，速度 ω_m が電源電圧 V にほぼ比例することから，速度制御が容易で広く用いられている。図5・9(a)は，界磁電流をパラメータとした ω_m-V 特性を示したもので，I_f を一定とすると，ω_m は V に比例

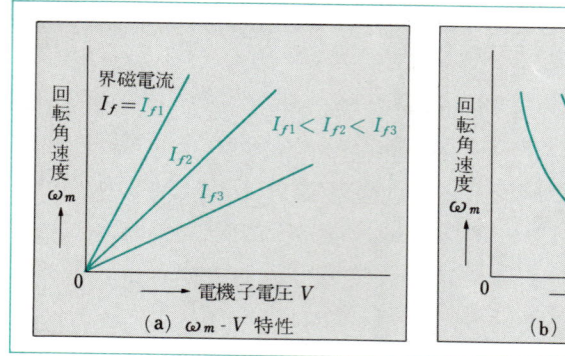

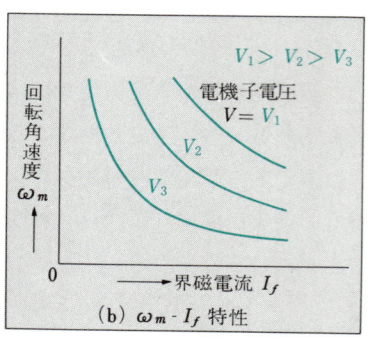

図 5·9 他励電動機の速度特性

する。また，同一の V に対しては，ω_m は I_f の小さいほど大きくなる。

②の方法は，図5·9(b)に示すように，I_f の減少に伴い ω_m が増加するが，I_f を極端に減少すると速度が大幅に変化し不安定になりやすい。また，運転中に図5·7の界磁電圧 V_f（したがって I_f）を誤って零にしないよう，十分注意しなければならない。

③の方法は，電機子電圧 V も界磁電流 I_f も調整する必要がなく，簡易な方法といえるが，i) 負荷トルク T_L が小さいときは，式(5·9)より，速度の変化幅をあまり広く取れない，ii) 効率が悪い，などの欠点がある。

〔例題〕**5·3** 定格 10 kW, 200 V, 電機子抵抗 0.2 Ω の他励電動機がある負荷を負って 1500 rpm で回転している。このときの電機子電流 $I_a=50$〔A〕で，負荷トルクは速度によらず一定とする。(1) 機械出力は何 W か。(2) 発生トルクは何 kg·m か。(3) 負荷トルクが零になれば回転速度は何 rpm になるか。(4) 負荷トルクを変えずに回転速度を 750 rpm にするには，電機子電圧を何 V にすればよいか。

〔**解答**〕 (1) $P_M = E_0 I_a = (200 - 0.2 \times 50) \times 50 = 9\,500$〔W〕

(2) $T = E_0 I_a / \omega_m = 190 \times 50 / 157 = 60.5$〔N·m〕$= 6.17$〔kg·m〕

(3) $I_a = 0$ となるから，$V = E_0 = 200$〔V〕。E_0 と回転速度は比例するから，

$$N = 1\,500 \times (200/190) = 1\,579\,[\text{rpm}]$$

(4) 750 rpm のときの逆起電力 $E_0' = 190 \times (750/1\,500) = 95\,[\text{V}]$ になればよいから，電機子電圧 V' は，

$$V' = E_0' + R_a I_a = 95 + 0.2 \times 50 = 105\,[\text{V}]$$

分巻電動機の速度制御法は，図5・8(a)の R_f を変化することにより I_f を調整できるから，これまで述べてきた他励電動機の場合と同じように考えてよい。

直巻電動機では界磁巻線に電機子電流 I_a が流れるから，発生トルク $T(=T_L)$ は，式(5・5)に式(5・8)を代入し，$I_f = I_a = I$ とおいて，次式のように表せる。

$$T_L = pMI^2 \tag{5・10}$$

あるいは，

$$I = \sqrt{T_L/pM} \tag{5・11}$$

これを式(5・9)に代入すると，

$$\omega_m = \frac{V\sqrt{pM/T_L} - R_a}{pM} \tag{5・12}$$

式(5・12)より，直巻電動機の回転速度を制御するには，

① V を調整するレオナード法
② 電機子直列抵抗調整法

などの方法のあることがわかる。さらに，同式より速度-トルク特性を求めると図5・10のようになる。これより負荷トルクの減少とともに速度が上昇し，無負

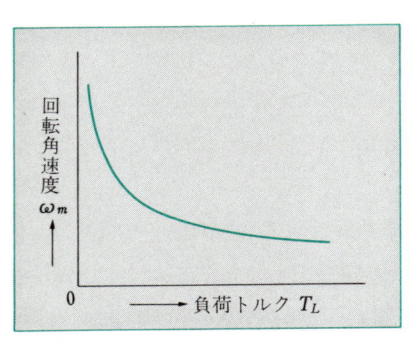

図 5・10 直巻電動機の速度-トルク特性

荷時（負荷トルク $T_L=0$）になると速度無限大となるから，このような場合の運転は避けなければならない。したがって，直巻電動機は一般動力用には不向きで，もっぱら電車や荷役機械などの駆動に用いられる。

〔例題〕**5・4** 直巻電動機があり，供給電圧 500 V，電機子電流 100 A のとき 500 rpm で回転している。電機子電流が 20 A になったとすると，回転速度は何 rpm になるか。ただし，電機子ならびに界磁巻線の全抵抗は 0.5 Ω とする。

〔解答〕 $I_a=100$〔A〕の時の逆起電力 E_0 は，
$$E_0 = 500 - 0.5 \times 100 = 450 \text{〔V〕}$$
となるから，
$$pM = E_0/(I\omega_m) = 450/(100 \times 52.4) = 0.086 \text{〔H〕}$$
$I_a=20$〔A〕となると逆起電力 E_0' は，
$$E_0' = 500 - 0.5 \times 20 = 490 \text{〔V〕}$$
になるから，このときの回転速度 ω_m' は，
$$\omega_m' = 490/(0.086 \times 20) = 285 \text{〔rad/s〕} = 2\,722 \text{〔rpm〕}$$

（4） 始動法 図 5・11 は，分巻電動機を始動する場合の結線図を示したものである。電動機の始動時には，逆起電力 $E_0=0$（式(5・2)参照）であるから，図の始動抵抗 R_s を挿入しない場合，電機子回路には電源電圧 V の印加直後に V/R_a の非常に大きな電流が流入し，その結果，電機子コイルや電源その他に悪

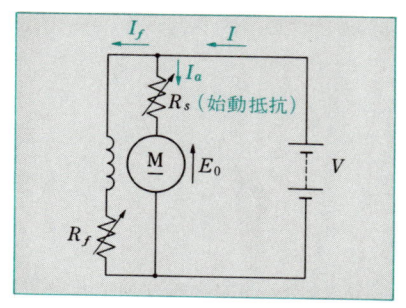

図 5・11 分巻電動機の始動法

い影響を与えることになる。そこで，始動電流が過大にならないよう，図に示す位置に**始動抵抗** R_s を挿入するのである。電動機が始動し回転速度が上昇してきたら R_s を次第に減少させて，定常運転状態では $R_s=0$ とする。

他励電動機や直巻電動機の始動も同様な方法で行う。

〔3〕 変 圧 器

（1） **変圧器の原理**　　変圧器は，ある交流電圧を大きさの異なる同一周波数の交流電圧に変換する静止エネルギー変換機器であり，図 5・12 にその原理図を示す。ここでは，まず変圧器の基礎特性を理解するため，鉄心の磁気抵抗が零（透磁率 $\mu=\infty$）で，かつ，すべての損失を無視した**理想変圧器**について考察しよう。

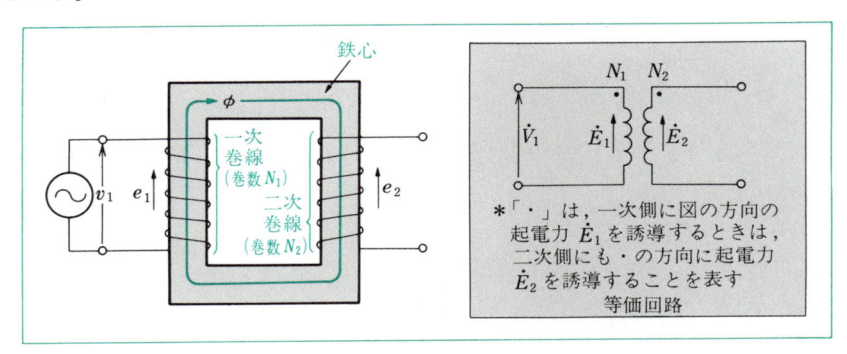

図 5・12　変圧器の原理

図 5・12 の一次側に交流電圧 v_1 を印加すると，鉄心中に磁束 ϕ が生じ*，このとき一次巻線には，ファラデーの法則（式 (1・62) 参照）により，ϕ の変化を妨げる方向に次式で与えられる逆起電力 e_1 が誘導される。

$$e_1 = N_1 \cdot \frac{d\phi}{dt} \tag{5・13}$$

---

* 磁束 ϕ を生ずるためには，一次巻線に電流（これを**励磁電流**という）が流れなければならないが，鉄心の磁気抵抗が零であるため励磁電流は零となる。

これは電源電圧と等しいから，次式が成り立つ．

$$v_1 = e_1 \tag{5・14}$$

いま，一次電圧を $v_1 = \sqrt{2}\,V\cos\omega t$ とおくと，

$$\phi = \frac{1}{N_1}\int e_1 dt = \frac{\sqrt{2}\,V}{N_1\omega}\cdot\sin\omega t$$

$$= \Phi_m \sin\omega t \tag{5・15}$$

ただし，$\Phi_m = \sqrt{2}\,V/(N_1\omega) = V/(4.44 f N_1) \tag{5・16}$

式(5・16)より，鉄心中の磁束は印加電圧により決定されることがわかる．

一方，二次巻線にも一次巻線の鎖交磁束と同じ磁束が鎖交するから，次式で与えられる起電力が誘導される．

$$e_2 = N_2\cdot\frac{d\phi}{dt} \tag{5・17}$$

式(5・17)に式(5・15)を代入して整理すると，

$$e_2 = \omega N_2 \Phi_m \cos\omega t = \frac{N_2}{N_1}\cdot v_1 \tag{5・18}$$

あるいは，フェーザ（式(2・38)参照）で表示して，

$$\dot{E}_2 = \frac{N_2}{N_1}\cdot\dot{V}_1 = \frac{1}{a}\cdot\dot{V}_1 \tag{5・19}$$

ただし，$a = N_1/N_2 =$ **巻数比** $\tag{5・20}$

式(5・18)あるいは式(5・19)より，二次側にも一次印加電圧と同位相の電圧が誘導され，その大きさは一次電圧の大きさと巻数比により決まることがわかる．

次に，図5・13において，スイッチSを閉じると，二次側には $\dot{I}_2 = \dot{E}_2/\dot{Z}_L$ の電流が流れることになる．このとき鉄心中の磁束は $\dot{I}_2$ により減少するものと考

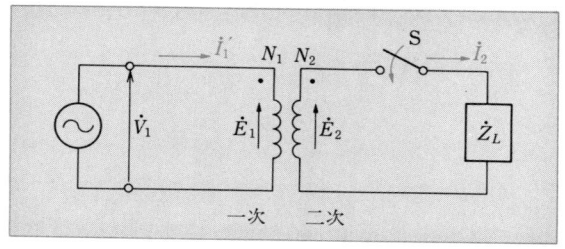

図 5・13 理想変圧器

えがちであるが，実際には変化しない。それは，すでに説明したように，磁束は印加電圧のみにより決定されるからである。そこで，二次電流 $\dot{I}_2$ による起磁力を打ち消すように一次側から一次負荷電流 $\dot{I}_1'$ が流入して，磁束は一定に保たれることになる。したがって，

$$N_1 \dot{I}_1' = N_2 \dot{I}_2 \tag{5・21}$$

式(5・19)，式(5・21)より，一次側の皮相電力を求めると，次式のようになる。

$$V_1 I_1' = \left(\frac{N_1}{N_2} \cdot E_2\right) \times \left(\frac{N_2}{N_1}\right) \cdot I_2 = E_2 I_2 \tag{5・22}$$

上式より，一次，二次の皮相電力は相等しいことが明らかである。

以上の結果をもとに，理想変圧器の等価回路を求めてみよう。式(5・19)および式(5・21)より，

$$\dot{I}_1' = \frac{N_2}{N_1} \cdot \dot{I}_2 = \frac{N_2}{N_1} \cdot \frac{\dot{E}_2}{\dot{Z}_L}$$

$$= \frac{N_2}{N_1} \cdot \frac{1}{\dot{Z}_L} \cdot \frac{N_2}{N_1} \cdot \dot{V}_1 = \frac{1}{a^2 \dot{Z}_L} \cdot \dot{V}_1 \tag{5・23}$$

式(5・23)より，図5・14(a)のような一次側からみた等価回路が得られる。同様にして，二次側からみた等価回路を求めると，図5・14(b)のようになる。

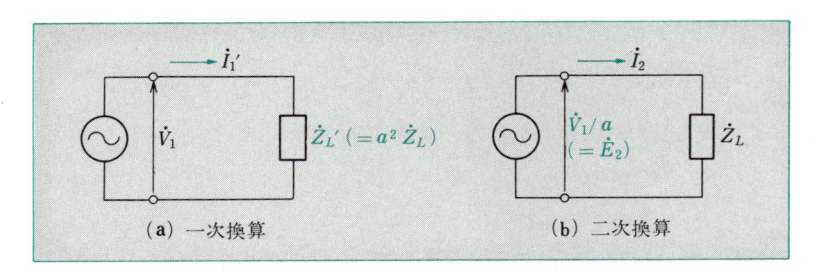

図 5・14 等価回路

〔例題〕**5・5** 出力 3 kVA，一次電圧 3 000 V，巻数比 15 の変圧器を全負荷で使用する場合の，(1) 一次電流，(2) 二次電流，(3) 二次電圧，(4) 負荷インピーダンスの大きさを求めよ。ただし，変圧器は理想変圧器とする。

〔解答〕（1） $V_1I_1'=3\,000\,[\text{VA}]$ より，$I_1'=3\,000/3\,000=1\,[\text{A}]$
（2） $I_2=aI_1'=15\times1=15\,[\text{A}]$
（3） $E_2=V_1/a=3\,000/15=200\,[\text{V}]$
（4） $Z_L=E_2/I_2=200/15=13.33\,[\Omega]$

〔例題〕**5・6** 図5・15(a)で，R_2で消費される電力を最大にするためにはR_2を何Ωにすればよいか。また，そのときの消費電力は何Wか。

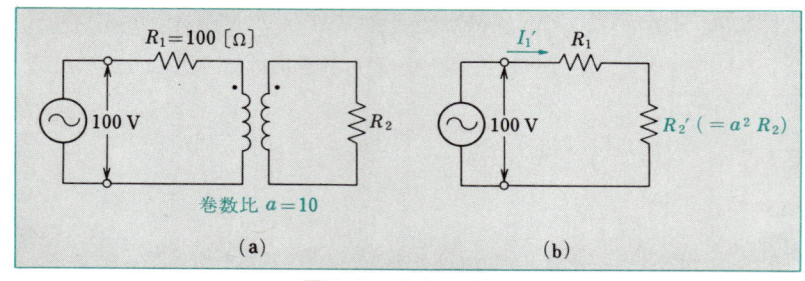

図 5・15 整合変圧器

〔解答〕 図5・15(a)を一次換算の等価回路で表すと，図5・15(b)のようになる。これよりR_2で消費される電力Pを求めると，

$$P=I_1'^2R_2'=\frac{100^2}{(R_1+R_2')^2}\times R_2'=\frac{100^2}{(R_1^2/R_2')+2R_1+R_2'}$$

$R_1^2/R_2'=R_2'$，つまり$R_1=R_2'$のときPは最大になるから，

$R_2'=100=10^2R_2$ ∴ $R_2=1\,[\Omega]$

このときR_2で消費される電力は，

$P=100^2/(4R_1)=25\,[\text{W}]$

このように，負荷から取り出される電力が最大になるように負荷インピーダンスを選ぶこと（一定負荷については，巻数比を選ぶこと）を**インピーダンス整合**といい，またこのような目的で用いられる変圧器を**整合変圧器**という。

（2） **実際の変圧器**　　実際の変圧器は，(1) 磁束ϕを作るための**磁化電**

流（ϕ と同位相）が流れる。(2) 鉄心のヒステリシス現象に基づく**ヒステリシス損**や，うず電流に起因する**うず電流損**などの**鉄損**が発生する。(3) 一次，二次巻線自身の抵抗や，それぞれの巻線だけに鎖交する漏れ磁束に起因する**漏れリアクタンス**などが存在する。などの点で理想変圧器と異なる。

そこで，図 5・13 の理想変圧器をもとに実際の変圧器の回路を求めると，図 5・16 のようになる。同図で中央の破線に囲まれた部分が理想変圧器に相当する。それぞれ，r_1, r_2 は一次，二次巻線の抵抗，x_1, x_2 は一次，二次巻線の漏れリアクタンスである。さらに，g_0 は鉄損に相当する有効電流，すなわち鉄損電流 $\dot{I}_w$ の流れる**励磁コンダクタンス**，b_0 は印加電圧より 90° 位相の遅れた磁化電流 $\dot{I}_\mu$ の流れる**励磁サセプタンス**で，これを合成した $\dot{Y}_0 = g_0 - jb_0$ を**励磁アドミタンス**といい，また $\dot{I}_0 = \dot{I}_w + \dot{I}_\mu$ を励磁電流あるいは無負荷時にも流れる意味で**無負荷電流**という。

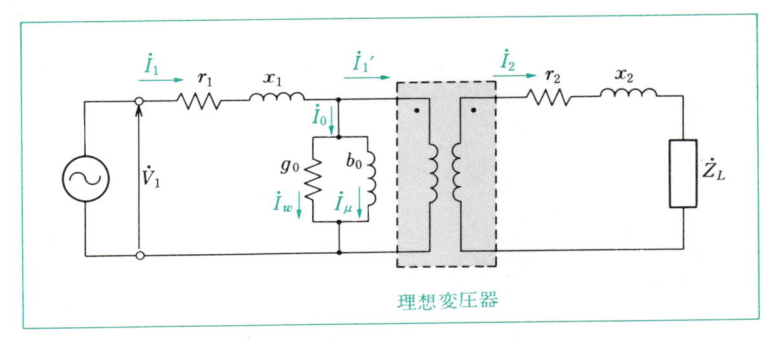

図 5・16 実際の変圧器

図 5・16 で，一次漏れインピーダンス $r_1 + jx_1$ による影響は小さいので，計算を容易にするため励磁電流の流れる回路をこれの左側に移動したうえで，図 5・14(a) と同様な一次換算等価回路を求めると，図 5・17 のような実際の変圧器の等価回路が得られる。この等価回路を用いて変圧器の種々な特性を計算することができる。

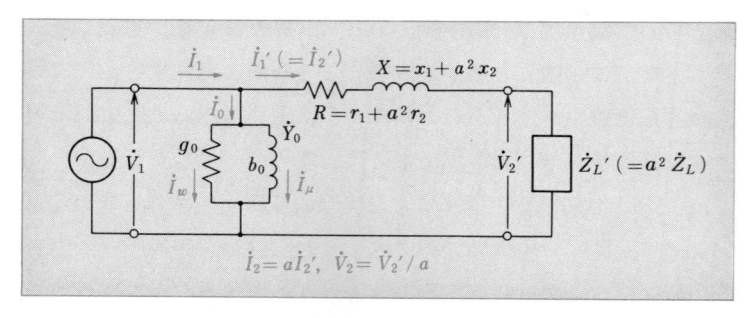

図 5・17 実際の変圧器の等価回路

〔**例題**〕**5・7** 定格出力 10 kVA の変圧器がある。負荷力率 100 ％で全負荷時の銅損は 200 W，鉄損 50 W である。（1） 25 ％負荷時の効率はいくらか。（2） 効率は何％負荷の時最大になるか。ただし，いずれの場合も負荷力率は 100 ％とする。

〔**解答**〕（1） 効率 η は，

$$\eta = 出力/入力 = 出力/(出力+損失) = 出力/(出力+鉄損+銅損)$$
$$= V_2'I_2'/(V_2'I_2' + p_i + I_2'^2 R)$$

で表される。

25 ％負荷のとき銅損 p_c は $200 \times (0.25)^2 = 12.5$ 〔W〕となるが，鉄損 p_i は変わらないから，

$$\eta = \frac{10 \times 10^3 \times 0.25}{10 \times 10^3 \times 0.25 + 50 + 12.5} \times 100 = 97.56 \text{〔\%〕}$$

（2） $\eta = V_2'/\{V_2' + (p_i/I_2') + I_2'R\}$ と変形できるから，$p_i/I_2' = I_2'R$ のとき，つまり p_i（鉄損）$= I_2'^2 R$（銅損）のとき η は最大となる。したがって，m を負荷率とすると，$p_c = 50 = 200 \times m^2$ より，$m = 0.5$ となる。つまり，50 ％負荷のとき効率は最大となる。

〔4〕 誘導電動機

（1） 原理　図 5・18 に示すように，かご形をした導体の外側に回転できる構造の磁極を配置し，これを時計方向に回転させると，フレミングの右手の法

5・2 電磁誘導機器

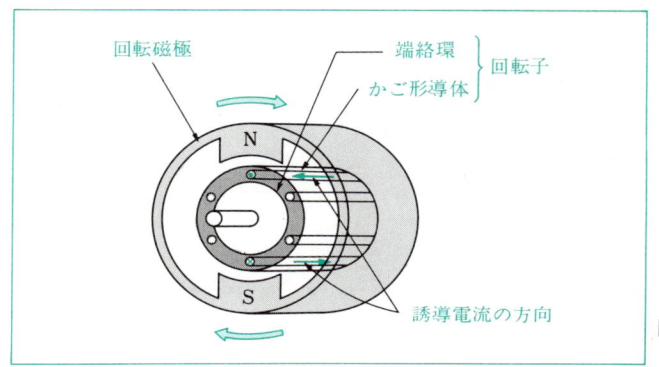

図 5・18 誘導電動機の原理

則により，N極の近傍にある導体には⊙方向の，S極のそれには⊗方向の起電力が誘導される。この起電力により，端絡環で短絡された**かご形導体**に誘導電流が流れることとなるが，かご形導体は磁極による磁界中にあるから，フレミングの左手の法則により，これに磁極の回転方向と同方向の電磁力（トルク）が作用して回転子は回転する。しかしながら，このままでは電動機となり得ない。なぜならば，回転子を回転させるために磁極も回転しなければならないからである。そこで，三相交流を用いて回転する磁極（**回転磁界**）を電気的に発生させる方法が考案された。

　図5・19に，三相交流による回転磁界の発生原理を示す。図(a)のように，固定子鉄心にa，b，cの3巻線（一次巻線）をそれぞれ120°ずつ位相をずらして巻き，これに図(b)の三相交流電流を流すと，図(c)に示すような起磁力が発生する。すなわち，図(b)の時刻$t=t_1$では，a巻線にI_m，bならびにc巻線には$-I_m/2$の電流が流れるから，これらの電流によって生ずる起磁力をベクトル的に合成したものは，図(c)のF_0のようになり，その方向はa巻線の軸と一致する。同様にして，$t=t_2$，t_3，t_4について調べてみると，巻線電流が最大となる巻線軸とそのときの合成起磁力（磁界）の方向は一致し，磁界は時間の経過とともに回転すること，さらに磁界の1回転に要する時間はちょうど交流電流の1周期と一致することなどがわかる。また，図(d)は，$t=t_1$の瞬時の磁束分布

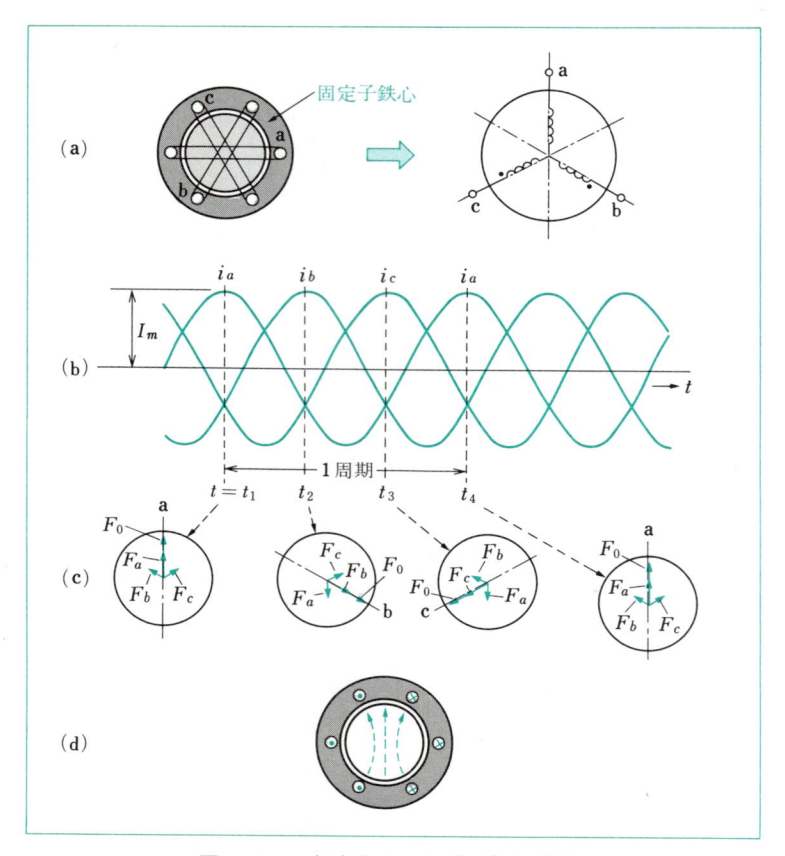

図 5・19 三相交流による回転磁界の発生

を示し，N，S の 2 極が形成されていることが明かである。以上により，三相巻線に三相交流電流を流すことにより，回転磁界の発生することが明かとなった。図 5・18 の回転磁極を図 5・19（a）のような三相巻線をもつ固定子に置き換えたのが**三相誘導電動機**である。

〔例題〕**5・8** 図 5・19 で，三相交流電流の周波数が 50 Hz のとき，回転磁界の回転速度は何 rpm か。

〔解答〕 回転磁界は1秒間に50回転するから，$50 \times 60 = 3\,000$〔rpm〕

（2） 同期速度とすべり　　図5・19には2極の誘導電動機を示したが，4極，6極，…など極数の多い誘導機も固定子巻線の数や配置などを変更することにより容易に構成できる。このような多極機に対称三相電圧を印加すると，図5・19と同様な回転磁界が発生するが，その回転速度は磁極数の増加とともに遅くなり，電源の周波数を同一とすると，4極機では2極機の場合の1/2，6極機では同じく1/3，…などとなる。一般に，$2p$極機（pは極対数）の回転磁界の回転速度 n_s は，次式で表される。

$$n_s = f/p \,\text{〔rps〕} = 60f/p \,\text{〔rpm〕} \tag{5・24}$$

ただし，f〔Hz〕は電源の周波数である。

式(5・24)の n_s は**同期速度**と呼ばれている。

〔**例題**〕**5・9**　　周波数60 Hz，8極の三相誘導電動機の同期速度を求めよ。

〔解答〕　$n_s = 60 \times 60/4 = 900$〔rpm〕

さて，誘導電動機の回転子は，回転磁界と同方向に発生するトルクにより回転するのであるが，その速度は必ず回転磁界の速度（同期速度）以下になる。これは，もし回転速度が同期速度と一致したら，回転磁界と回転子の相対速度が零となり，かご形導体には起電力が誘導されない結果，トルクが発生しないからである。いま回転子の回転速度を n とおき，同期速度に対する回転磁界と回転子の相対速度の比を求めると，次式のようになる。

$$s = (n_s - n)/n_s \tag{5・25}$$

式(5・25)で与えられる s は**すべり**と呼び，誘導電動機では実際の回転速度を表すのに，この s を用いることが多い。電動機の無負荷運転時ではトルク＝0であるから $n = n_s$ したがって $s = 0$，また停止しているときは $n = 0$ したがって $s = 1$ である。

〔例題〕**5・10** 50 Hz，4極の三相誘導電動機がすべり4％で運転しているときの回転速度を求めよ。

〔**解答**〕 式(5・25)より，回転速度は，

$$n = n_s(1-s)$$

である。

いま $n_s = 50 \times 60/2 = 1\,500$〔rpm〕であるから，これを上式に代入して，

$$n = 1\,500(1-0.04) = 1\,440 \text{〔rpm〕}$$

（3） **トルク特性** 図5・20に示すように，三相誘導電動機の軸に負荷を接続し，電動機の電源端子に三相交流電圧を印加すると，固定子巻線（一次巻線）に三相交流電流が流れ，回転磁界が発生して電動機は始動する。その後，電動機は加速して，最終的には一定の回転速度で回転する。以下，この定常運転に至る過程を考えてみよう。

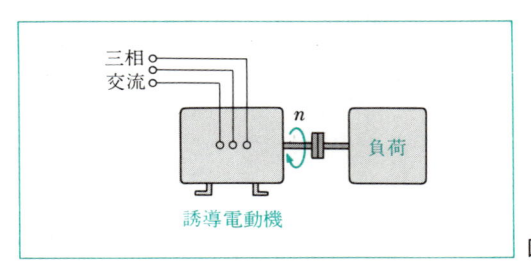

図 5・20 三相誘導電動機の運転

図5・21は，誘導電動機の電源電圧を一定に保ちながら，すべり s（すなわち回転速度 n）を変化させたときの，電動機の発生トルク T の特性を示したものである。図の T_s は，$s=1$ すなわち停止時のトルク（**始動トルク**），T_m は**最大トルク**をそれぞれ表しており，また $s=0$ では，すでに述べたように，$T=0$ となっている。一方，T_L は負荷のトルク特性を示したもので，図の例では速度の上昇とともに負荷トルクが増加していることがわかる。

さて，停止している電動機に電源電圧を印加すると，電動機の発生トルク（＝T_s）＞負荷トルク（＝0）であるから，これらの差のトルクにより電動機は次第に

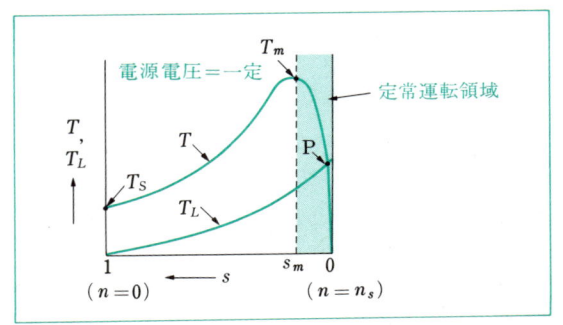

図 5・21 トルク-すべり特性

加速し，$T = T_L$ となる点 P に達すると加速トルク = 0 となって定常運転状態にはいる。もちろん負荷のトルク特性によっては安定な動作点が定まらず，運転不能となる場合もある。一般に，最大トルクを生ずるすべり s_m は $0.1 \sim 0.3$ 程度であり，定常運転時のすべりは，図 5・21 の緑色アミで示した $s_m > s > 0$ の範囲内に入るのが普通である。この定常運転領域内では，すべりの変化は小さいから，負荷変動に対する速度変動はあまりなく，誘導電動機はほぼ定速度特性を有しているといえる。このような速度特性はちょうど一定励磁で電機子電圧を一定とした場合の直流電動機の特性（式(5・6)参照）と類似していることがわかる。

〔例題〕5・11　定格出力 22 kW，50 Hz，6 極の三相誘導電動機がある。全負荷時の入力は 24.2 kW，回転速度は 960 rpm であった。このときの（1）すべり，（2）効率，（3）発生トルクを求めよ。

〔解答〕（1）同期速度 $= 60 \times 50/3 = 1\,000$ 〔rpm〕
　　∴　$s = (1\,000 - 960)/1\,000 = 0.04$
（2）全負荷時の出力 $P_0 = 22$ 〔kW〕であるから，
　　効率 = (出力/入力) × 100 = $(22/24.2) \times 100 \fallingdotseq 91$ 〔%〕
（3）トルク $T = P_0/\omega_m = 22 \times 10^3/(2\pi \times 960/60)$
　　　　　　$= 218.8$ 〔N・m〕

(4) 速度制御　誘導電動機の回転速度は，式(5・24)ならびに式(5・25)より，次式のように表せる．

$$n = n_s(1-s) = \frac{60f}{p}(1-s) \tag{5・26}$$

式(5・26)より，誘導電動機の速度を制御するには，次の3つの方法がある．（1）極対数 p（極数）を変化する．（2）電源周波数 f を変化する．（3）すべり s を変化する．

以下これらの方法について簡単に説明しよう．

（a）極数を切り換える方法　この方法は，あらかじめいくつかの固定子巻線の組を用意し，その接続を変更することにより極数を切り換えて同期速度を変化するものである．構成は簡単であるが，連続的に速度を制御することはできない．

（b）電源周波数を制御する方法　近年急速に発達した，サイリスタやパワートランジスタなどの電力用半導体素子を用いた，可変周波の交流電源が比較的容易に入手できるようになったため，最近多数採用されるようになってきた．この方法によれば連続的な速度制御が可能となるが，極数切り換え法や，以下に述べる一次電圧制御法と比べてコストが高くなる．

（c）一次電圧を変化する方法　誘導電動機のトルクは，すべりを一定とすると，電源電圧の2乗に比例するため，電源周波数を一定に保ったまま電源電圧の大きさを変化すればすべりが変化して速度が制御できる．この方法は，比較的簡単に実現することができるが，すべりの増加に伴って効率が著しく低下するため，広範囲な速度制御には不向きであり，数十kW以下の小容量機にのみ適用されている．

〔例題〕**5・12**　電源周波数制御により誘導電動機の速度制御を行う場合，電源電圧に対してどのような点に留意すべきか．

〔解答〕　回転磁界による磁束をほぼ一定に保つため，V/f（V：電源電圧）が一定となるように，f の変化とともに V も変化させる．このように電源電圧を

制御すれば，周波数が変化しても最大トルクはほぼ一定となるため，広範囲の速度制御に最適となる。

(5) **単相誘導電動機**　図5・19の三相誘導電動機における3組の固定子巻線のうち任意の2つを取り去ると，図5・22のような**単相誘導電動機**になる。

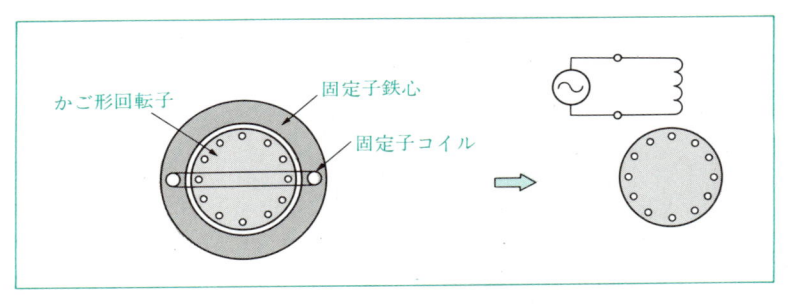

図 5・22　単相誘導電動機

同図の電源端子に単相交流電圧を印加しても，三相誘導電動機で発生したような回転磁界は生じないから，始動時のトルクは零で回転しない。ところが，外部から回転子をいずれかの方向に回してやれば，その方向にトルクが発生して，三相誘導電動機と同様にあるすべりで回転する。このように，この電動機は自己始動できないため，種々な始動装置を付加したものが実用されており，その主なものを図5・23に示す。

　図(a)，(b)は，いずれも始動時に，二相巻線に二相交流（またはこれに近いもの）を印加して，三相の場合と同様な回転磁界を発生させるようにしたものである。図(a)は**分相始動形**と呼ばれる方式である。電源電圧を印加すると，主巻線Mと90°ずらした位置に配置した，高抵抗を有する補助巻線Aには，主巻線電流 i_M より進み位相の電流が流れるから，不完全ながらも二相回転磁界が生じて電動機は始動する。その後，加速してすべりが0.2前後になると，遠心力スイッチSが開き巻線Aは回路から自動的に切り離されて，純単相誘導電動機として動作する。一方，図(b)は**コンデンサ始動形**で，この場合はコン

(a) 分相始動形

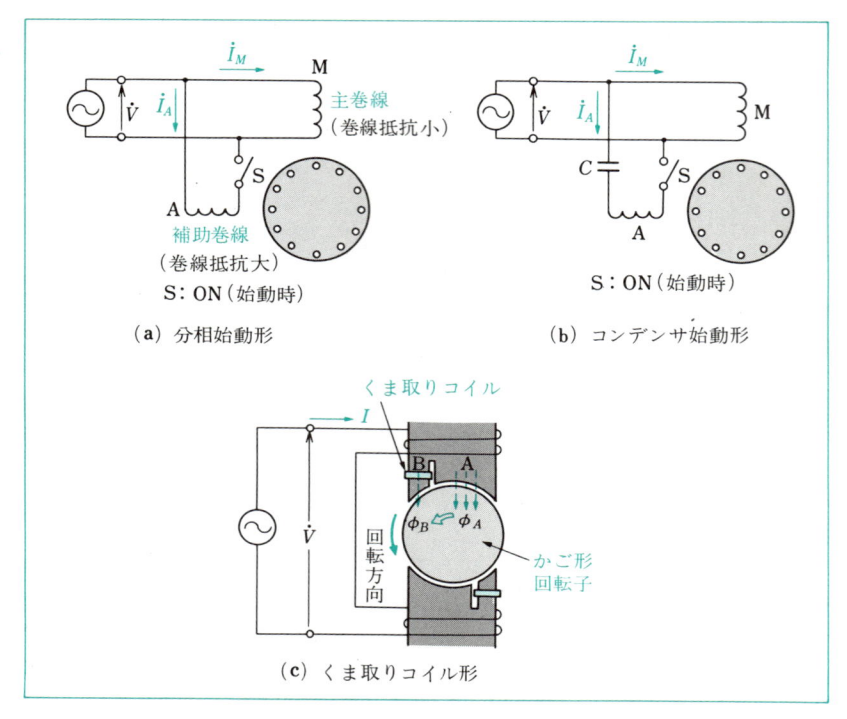

(b) コンデンサ始動形

(c) くま取りコイル形

図 5・23　各種の単相誘導電動機

デンサ C の作用により，$\dot{I}_M$ と $\dot{I}_A$ の位相差を $\pi/2$ に近くすることができ，ほぼ完全な回転磁界が得られる。したがって，始動特性は図(a)の分相始動形より優れている。始動が完了するとスイッチSにより補助巻線は切り離される。なお，始動時も運転時も巻線Aに直列に一定のコンデンサを挿入しておく永久コンデンサ モータや，運転時，始動時でコンデンサの容量を切り換える2値コンデンサ モータも実用されている。図(c)は**くま取りコイル形**で，これは磁極の一部に銅の環よりなるくま取りコイルを設けた構造を有する。一次巻線に交流電圧を印加すると，図のA，Bの部分に磁束 ϕ_A，ϕ_B が生ずるが，ϕ_B は ϕ_A の変化より遅れて変化する。これは，くま取りコイルに短絡電流が流れる結果 ϕ_B の変化が妨げられるからである。このため磁束は ϕ_A から ϕ_B に向かって移動し，

一種の移動磁界ができる。この移動磁界により，電動機は図の方向に回転するのである。

〔例題〕**5・13**　分相始動形単相誘導電動機の回転方向を逆にするにはどうしたらよいか。また，くま取りコイル形の場合はどうか。
〔解答〕　**分相始動形**　主巻線と補助巻線のうち，どちらかの接続を電源に対して反対にすればよい。
　くま取りコイル形　回転方向は常にくま取りコイルのない部分からある部分に向かうので，これを変更することはできない。

5・3　パワー エレクトロニクス

〔1〕　**分類と用途**

すでに第 5・1 節で述べたように，パワー エレクトロニクスはサイリスタやパワー トランジスタ等の電力用半導体素子を用いて電力変換を行う分野である。これは，電力工学と電子工学と制御工学の学際領域で，装置作成に際してはこれら 3 領域の知識が要求されるが，ここでは電力変換の原理を理解することに主眼をおく。表 5・1 は，パワー エレクトロニクスにおける電力変換回路の分類を示す。以下に，それぞれの回路について概説する。

表 5・1　電力変換回路の分類

変換方式	変換装置	
交流 → 直流変換	整流回路（順変換回路）	
直流 → 交流変換	インバータ（逆変換回路）	
交流 → 交流変換（電圧変換）	交流電力調整回路	
交流 → 交流変換（周波数変換）	間接変換	整流回路＋インバータ
	直接変換	サイクロコンバータ
直流 → 直流変換（電圧変換）	チョッパ回路	

(1) **整流回路** **サイリスタ整流回路**は，交流を直流に順変換すると同時に，その直流出力電圧を調整できる機能をもつ．1958年にサイリスタが発表された後，直ちに実用化されたのがこの装置であり，以後，数量の点からも容量の点からも数年前までサイリスタ応用装置の大半を占めていた．

その用途としては，銅やアルミ等の金属精錬工業，塗装やめっき等の表面処理工業など多方面にわたっているが，最も大きな需要は直流電動機を可変速運転するための直流電源としてである．この可変速ドライブシステムは**サイリスタ レオナード**あるいは**静止レオナード**と呼ばれ，1970年代には既に10 MW もの大容量システムが実用化されている．また，素子の大電流高電圧化や直並列接続技術も発達し，275 kV の送電系統の交流→直流変換や周波数変換を行うまでに至っている．このサイリスタ整流回路については，本節〔2〕項で述べる．

(2) **インバータ回路** **インバータ回路**は，直流電力を交流電力に逆変換する回路であり，サイリスタの出現によって最も進歩した電力変換技術である．ただし，サイリスタを用いた場合には，本節〔4〕項で述べる**強制転流回路**が必要であるため，開発当初はその経済面からほぼ数百 kVA 以上の中，大容量機に限られていた．しかし，この数年来，強制転流回路を不要とするパワー トランジスタや GTO サイリスタの大容量化，低廉化が急速に進んだため，数 kVA の小容量機でも十分採算可能となって爆発的に普及していった．本節〔5〕項でその原理について述べる．

このインバータ回路を用いれば**周波数変換装置**を得ることは容易である．すなわち，整流回路で商用周波数の交流を直流に順変換し，インバータでその直流を任意の周波数の交流に逆変換する．直流部に蓄電池を付加し，さらに出力周波数を一定に保てば**無停電電源**となり，コンピュータや重要施設の電源に用いられる．また，インバータの出力周波数を変化させれば**可変周波数電源**となり，誘導電動機や同期電動機の可変速駆動を可能にする．このシステムは，直流電動機のサイリスタ レオナードに比べて高効率で保守が容易であるため，数千 kW の大容量機から家庭用エアコンの数 kW の小容量機に至るまで最近の普及ぶりは目ざましく，かつて可変速ドライブ システムをほぼ独占していたサ

(3) 交流電力調整回路およびチョッパ回路　変圧器は，一定交流電圧を他の任意の大きさの交流電圧に変換できるが，これを連続的に変えることはできない．しかし，本節〔3〕項で述べる**サイリスタ交流電力調整回路**は，これを可能とする．さらに，一定直流電圧から可変直流電圧を得るためには，本節〔4〕項の**チョッパ回路**を用いればよい．前者は，調光装置，電熱装置，誘導電動機の一次電圧制御に応用され，トライアック使用によって小形で経済的となるため，家電製品にまで用いられている．後者には，逆導通サイリスタが使用され，主として電車用の直流直巻電動機の速度制御に適している．

〔2〕 整流回路

　交流電力を直流電力に変換することを**順変換**といい，この変換回路を**整流回路**という．図5・24は，純抵抗負荷をもつ最も簡単な整流回路である．ダイオードを用いた場合は，図(a)に示すように，電源電圧 v が正の半サイクルの間だ

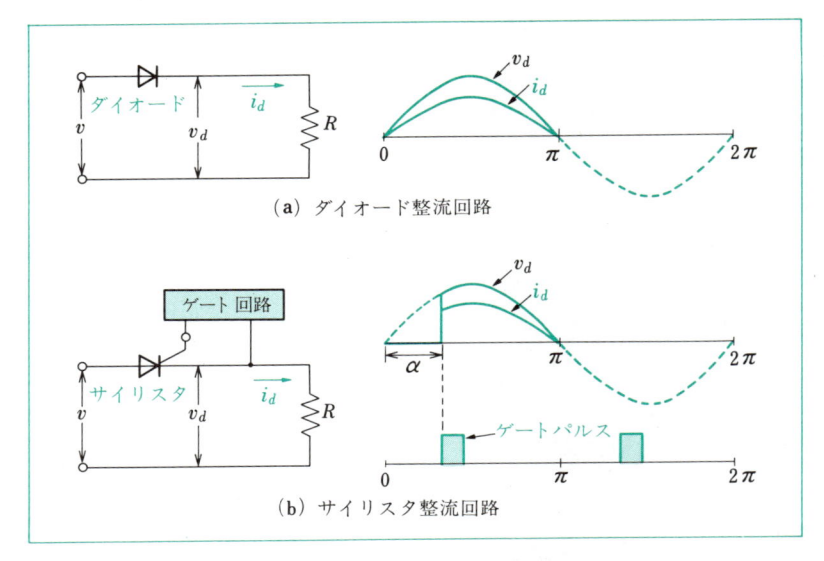

図 5・24　単相半波整流回路

け電流が流れる．サイリスタを用いた整流回路では，サイリスタの点弧時刻を変えて直流電圧の平均値が変化できる．負荷電流は，図(b)に示すゲートパルスが与えられる時刻，すなわち制御角 α だけ遅れた時刻から流れ始める．

電源電圧 $v=\sqrt{2}\,V\sin\theta$ とすると，負荷電圧の平均値 V_d は，

$$V_d=\frac{1}{2\pi}\int_\alpha^\pi v\,d\theta=\frac{1+\cos\alpha}{2}V_0 \tag{5・27}$$

ただし，$V_0=\sqrt{2}\,V/\pi$

となる．

式(5・27)は，図5・25に示すように，$\alpha=0$ のとき $V_d/V_0=1$ で最大値となり，

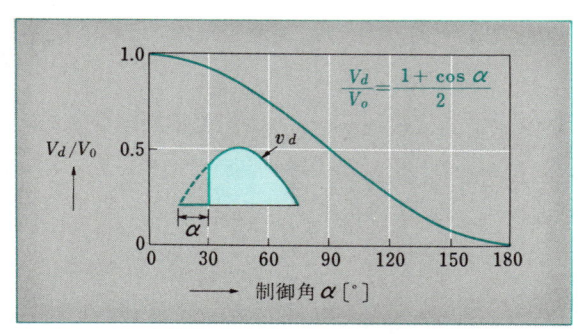

図5・25 制御角に対する負荷電圧曲線

$\alpha=\pi$ のとき $V_d/V_0=0$ で，制御角を変えると負荷電圧が制御できる．このように，サイリスタの点弧位相を制御することを**位相制御**という．$\alpha=0$ のとき負荷電圧は V_0 となり，ダイオードを用いた整流回路と一致する．

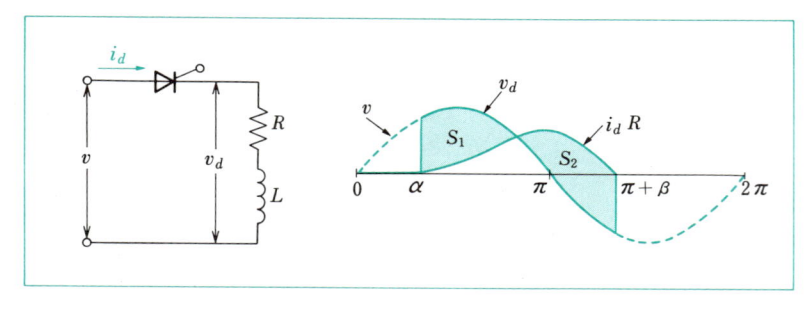

図5・26 誘導性負荷の整流

誘導性負荷をもつ単相半波整流回路は，図5・26のように，負荷インダクタンスのために電流の立ち上がりが遅れ，さらに電源電圧の負の半サイクルに入っても流れ続ける。したがって，負荷電圧には負の電圧が現れ，純抵抗負荷の時より平均負荷電圧は減少する。定常状態では，インダクタンスに加わる平均電圧は0となるので，図の面積 S_1 と S_2 は等しくなる。よって，v_d の平均値は抵抗に加わる電圧 $i_d R$ の平均値に一致する。

図5・27(a)はセンタタップ形整流回路を示す。純抵抗負荷の場合は，図5・24(b)に示した半波整流の動作を半サイクルごとに繰り返すこととなり，負荷電圧および電流波形は図5・27(b)で，その平均直流電圧は半波整流のときの式

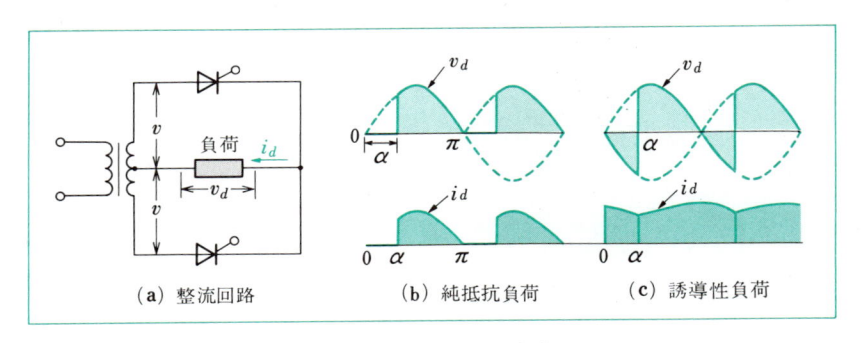

図 5・27　センタタップ形整流回路

(5・27)の2倍となる。

誘導性負荷の場合には，負荷電流が断続するときと，連続して流れる2つの場合がある。電流が断続するときは半波整流の半サイクルごとの繰り返し動作と同じになる。インダクタンス分が大きく，また制御角が小さくなると，図(c)のように負荷電流は連続して流れる。この電流連続の状態での平均直流電圧 V_d は，

$$V_d = \frac{1}{\pi}\int_a^{\pi+a} v\, d\theta = \frac{1}{\pi}\int_a^{\pi+a} \sqrt{2}\, V \sin\theta\, d\theta = V_0 \cos a \qquad (5・28)$$

ただし，$V_0 = 2\sqrt{2}\, V/\pi$

となり，a を 0 から $\pi/2$ まで変化させると，V_d/V_0 は 1 から 0 まで連続的に変わ

る。$\pi/2<\alpha<\pi$ では式(5・28)の V_d は負になり，直流側から交流側へ電力が変換されるインバータ動作となる。この回路を，インバータとして動作させ続けるには，直流電流を流し続けるように負荷側に直流電源を接続する必要がある。このようなインバータを**他励インバータ**という。他励インバータは直流送電の変換器，50 Hz と 60 Hz の異周波連系の周波数変換器や無整流子電動機のインバータとして用いられている。

〔**例題**〕**5・14** 図5・27の負荷が純抵抗の場合，負荷で消費する平均電力を求めよ。

〔**解答**〕 図(b)のように，電流は α から π まで流れ，π 以後はその繰り返し波形となるので，負荷で消費する平均電力 P_d は，

$$P_d = \frac{1}{\pi}\int_\alpha^\pi i_d{}^2 R\, d\theta = \frac{1}{\pi R}\int_\alpha^\pi (\sqrt{2}\,V \sin\theta)^2 d\theta$$
$$= P_0 \frac{1}{\pi}\left(\pi - \alpha + \frac{1}{2}\sin 2\alpha\right) \tag{5・29}$$

ただし，$P_0 = V^2/R$

となる。$\alpha=0$ のとき $P_d/P_0=1$ から，$\alpha=\pi$ のとき $P_d/P_0=0$ まで連続的に変えられる。

〔3〕 **交流電力調整回路**

交流電力制御は，電源電圧の正負両方向の制御が必要であるので，図5・28に示すように，2個のサイリスタを逆並列に接続して位相制御する。

2個のサイリスタを1個の**トライアック**に置き換えても制御機能は同じになる。いま，電源電圧 $v=\sqrt{2}\,V \sin\theta$ で，制御角 α を調整したとき，純抵抗負荷時の負荷電圧 v_a の実効値 V_a は，

$$V_a = \sqrt{\frac{1}{\pi}\int_\alpha^\pi v^2 d\theta} = V\sqrt{\frac{2(\pi-\alpha)+\sin 2\alpha}{2\pi}} \tag{5・30}$$

となる。α を 0 から π まで変化すると，V_a は 0 から最大値 V まで連続制御できる。しかし，位相制御によって負荷電圧には高調波成分が多く含まれ，α が大

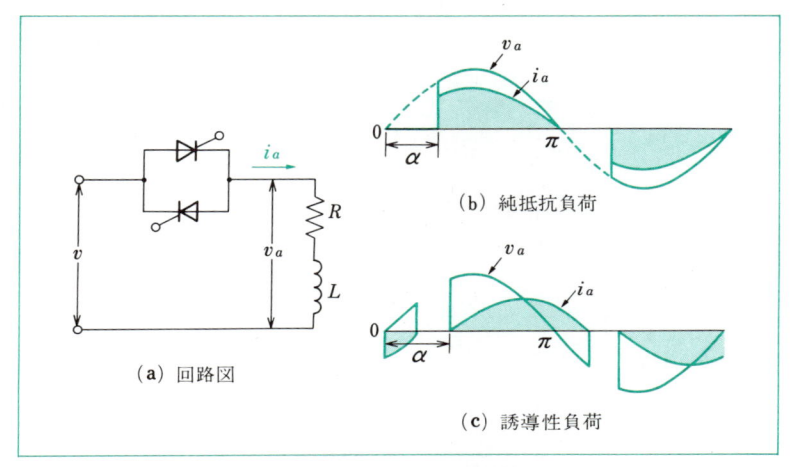

図 5・28 単相交流電力制御

きくなるに伴って基本波に対する高調波の含有率が著しく増加する。

誘導性負荷のときには，α が 0 から負荷力率角 $\phi = \tan^{-1} \omega L/R$ まで変化しても，負荷電圧は最大値の V のまま変化しない。α が ϕ より大きくなると負荷電流は断続し，負荷電圧は減少する。したがって，$\phi \leqq \alpha \leqq \pi$ の範囲で，負荷電圧の制御ができる。

図 5・28 の回路を 3 組用いれば三相交流電力制御が可能になる。

〔4〕 チョッパ回路

(1) 強制転流回路と自己消弧形素子　サイリスタは自己消弧能力がないため，直流電流を遮断するには強制的にオフ状態にもどす工夫が必要になる。サイリスタを用いたチョッパ回路やインバータ回路において，種々な強制転流回路が考案されている。例えば，強制転流動作を図 5・29 のカソードパルス式チョッパ回路で説明する。

初めに補助サイリスタ Th_2 をオンしてコンデンサ C を充電する。コンデンサ電圧 v_c はほぼ $+V$ まで充電され，電流 i_2 は減少して零になると Th_2 はオフ状態になる。次に，主サイリスタ Th_1 をオンすれば負荷抵抗 R に直流電圧 V

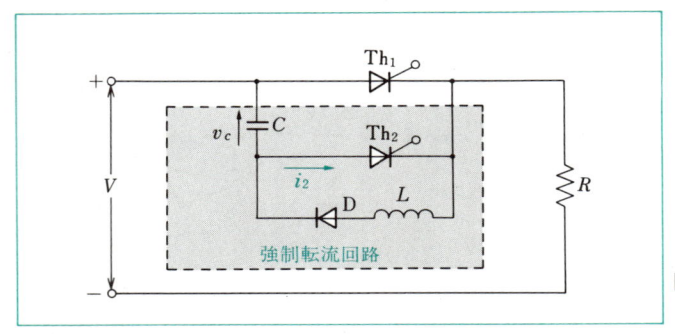

図 5・29 カソードパルス式回路

が印加されて V/R の負荷電流が流れる。さらに，コンデンサ C，インダクタンス L とダイオード D の閉回路が構成され，v_c はほぼ $-V$ まで充電され，その極性が反転される。次に，Th_2 をオンすると Th_1 は v_c が印加され，その逆バイアス電圧でオフ状態へもどる。このように，主サイリスタ Th_1 は，v_c の逆バイアス電圧により導通状態から阻止状態にもどすことができる。この方法は**強制転流**と呼ばれ，この目的のために付加された回路を**強制転流回路**という。

パワートランジスタ，GTO サイリスタやパワー MOSFET などの電力用半導体素子は，自己消弧形素子と呼ばれ，素子自身でオフ機能がある。この素子を用いれば強制転流回路が不要になり，回路構成が簡単になる。電力用半導体素子の進歩により，最近では自己消弧形素子が広く用いられている。

なお，強制転流回路または自己消弧形素子を用いた変換回路を自励変換器と呼び，本節〔2〕項の整流回路のように電源電圧によって転流を行わせる回路方式を**他励変換器**という。

〔**例題**〕**5・15** 図 5・29 で，主サイリスタ Th_1 をオンにしたときコンデンサ電圧の極性が反転できるのはなぜか，また反転時間を求めよ。

〔**解答**〕 Th_1 をオンすると図 5・30(a)の閉回路ができ，コンデンサ電圧 $v_c = V$ を初期値として LC 振動電流が流れる。閉回路の方程式は，

$$LC\frac{d^2v_c}{dt^2} + v_c = 0 \tag{5・31}$$

図 5・30 極性の反転

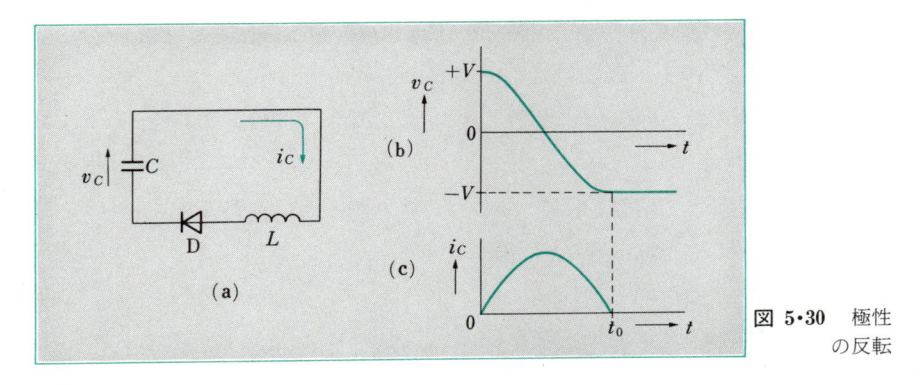

となり，$t=0$ のとき $v_c=V$，$dv_c/dt=0$ を用いて解くと，

$$v_c = V \cos \frac{1}{\sqrt{LC}} t \tag{5・32}$$

となる。電流 i_c はダイオード D の働きで，半サイクル以後は $i_c=0$, $v_c=-V$ が保持される。極性の反転時間 t_0 は，式(5・32)を $v_c=-V$ と置いて解くと，

$$t_0 = \sqrt{LC}\,\pi \tag{5・33}$$

となる。

（2）**直流チョッパ回路** 直流チョッパ回路は，直流電力を直接に異なる電圧の直流電力に変換する回路をいう。図 5・31 は GTO を用いた直流チョッパ回路を示す。

　図の GTO が周期 T でオンオフを繰り返すとき，インダクタンス L が十分大きければ，負荷には一定電流が流れ，負荷電圧も一定電圧が得られるが，そ

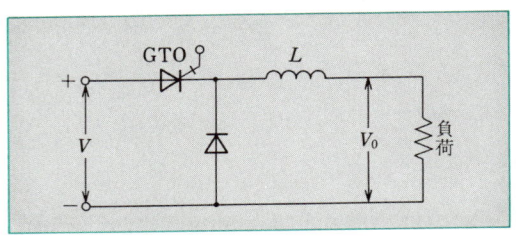

図 5・31 降圧チョッパ回路

の平均電圧 V_0 はダイオード端子電圧の平均値に一致し，次式となる。

$$V_0 = \lambda V \qquad (0 \leq \lambda \leq 1) \tag{5・34}$$

ただし，通流率 $\lambda = T_{on}/T$，$T = T_{on} + T_{off}$，T_{on} は GTO のオン時間，T_{off} はオフ時間である。

平均入力電流 I，負荷電流 I_0 とすれば，エネルギー保存則より，平均入力電力 VI は負荷電力 $V_0 I_0$ に等しいから，

$$I_0 = I/\lambda \tag{5・35}$$

となる。したがって，通流率 λ は 5・2 節の変圧器の巻数比 a に等価であるから，直流チョッパ回路は直流変圧器と考えられる。

〔例題〕**5・16** 図 5・31 の平均負荷電圧とダイオード端子の平均電圧が一致することを示せ。

〔解答〕 ダイオード端子電圧 v_d，負荷電圧 v_0，負荷電流 i_0 とすれば，回路方程式は，

$$v_d = L\frac{di_0}{dt} + v_0 \tag{5・36}$$

となる。定常状態において，両辺の平均値は，右辺の第 1 項目が 0 になるから，

$$V_d = V_0 \tag{5・37}$$

となり，ダイオード端子の平均電圧 V_d と平均負荷電圧 V_0 は等しい。

〔5〕 **インバータ回路**

直流電力を交流電力に変換する回路を**インバータ**あるいは**逆変換**という。

本節〔2〕項で述べた他励インバータに対して，強制転流回路または自己消弧形素子を用いたインバータを自励インバータと呼び，電源や負荷側に独立した周波数の交流が発生できる。自励インバータは，出力周波数と出力電圧とを任意に変化できる **VVVF**（可変電圧可変周波数）や **UPS**（無停電電源装置）のような **CVCF**（定電圧定周波数）装置に用いられている。

図 5・32 (a) は，パワートランジスタを用いた単相インバータ回路である。図

5・3 パワーエレクトロニクス

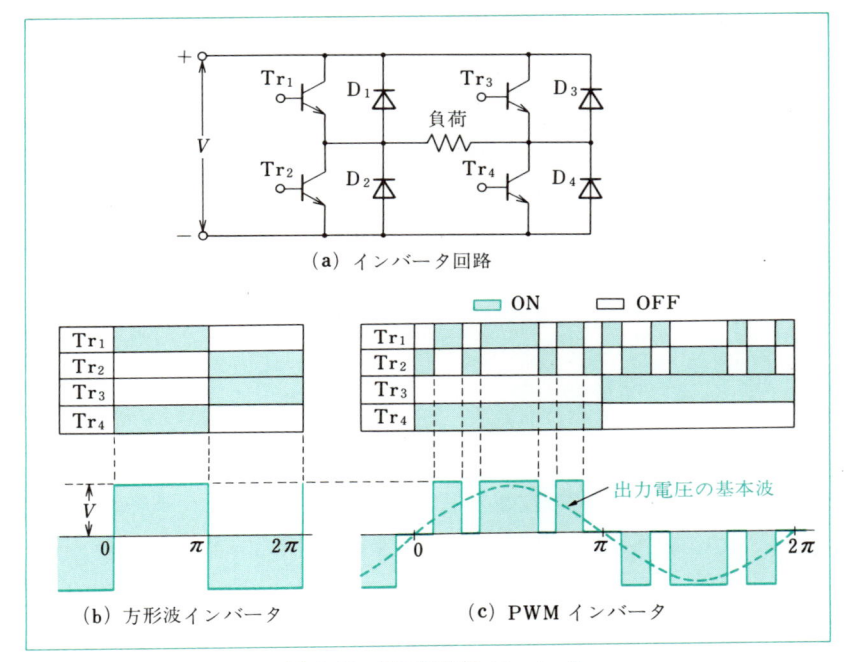

図 5・32 電圧形単相インバータ

(b)の上側は各トランジスタの動作，下側は負荷電圧波形を示し，半周期ごとにパワートランジスタを交互にオンオフして方形波の交流電圧が得られる。出力電圧の調整は入力直流電圧 V を変化させる。周波数の調整はベース信号を制御して，スイッチング周波数限度まで任意に可変できる。

図(c)は，半周期内にパワートランジスタを複数回オンオフを繰り返して，図(c)の下側の出力電圧波形が得られる。この方式は **PWM インバータ** といい，PWM パターンの決定には，正弦波信号と三角波信号の比較より決まる正弦波変調や，マイクロコンピュータによりパルスパターンを発生させるプログラム PWM 方法等がある。

PWM インバータは，パワートランジスタのスイッチング動作で出力周波数と出力電圧の調整が同時にできる。この方法を用いると回路構成が簡単な VVVF インバータが得られる。

UPSは定電圧であると共に出力電圧の波形ひずみも小さいことが要求される。ひずみ率の低減のために，大容量インバータは第3，5，7などの低次高調波が発生しないように方形波インバータを多重化して，フィルタの低減をはかる。中容量インバータはPWM制御で出力電圧に含まれる低次高調波の除去をはかっており，小容量ではパワーMOSFETなどの高周波用スイッチング素子で高調波PWMパルスを発生させて低次高調波含有率の極めて低い出力を得ている。

三相インバータは，三相ブリッジ回路や単相インバータを3台用いて構成される。

交流電圧を得る方法には，交流電圧から直接に異なる周波数の交流電圧を得る**サイクロ コンバータ**がある。この方式は，出力周波数が高くなると波形ひずみ率が増加するため，電源周波数の1/3以下の低い周波数を得る大容量の装置に用いられている。例えば，電動機の超低速運転用電源に利用されている。

演 習 問 題 〔5〕

〔問題〕 **1.** 他励電動機が1750 rpmで回転しており，そのときの電機子電圧 $V=150$〔V〕，電機子電流 $I_a=50$〔A〕で，また電機子抵抗 $R_a=0.2$〔Ω〕である。（1）逆起電力を求めよ。（2） 発生トルクは何 N·m か。（3） 電機子電圧を50 Vにすると回転速度は何 rpm になるか。ただし，負荷トルクは速度によらず一定とする。　　　　　　　　答（（1）　140 V，（2）　38.2 N·m，（3）　500 rpm）

〔問題〕 **2.** 直巻電動機が200 V，100 A，1000 rpmで回転しているとき，負荷トルクが1/2になったら，（1）電機子電流，（2）速度，（3）出力 はそれぞれいくらになるか。ただし，電機子抵抗，界磁抵抗はともに無視できるものとする。
　　　　　　　　答（（1）　70.7 A，（2）　1414 rpm，（3）　14.14 kW）

〔問題〕 **3.** 図5·33の単巻変圧器における I_1, I_2, I_3 および E_2 の大きさはそれぞれいくらか。ただし，変圧器は理想変圧器とする。

演習問題〔5〕

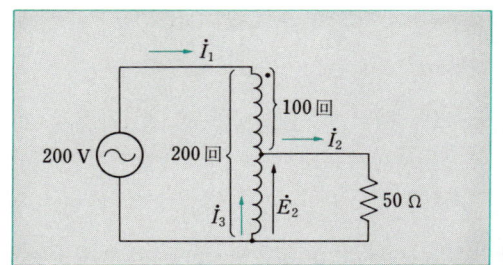

図 5·33 単巻変圧器

答 ($I_1=1$ [A], $I_2=2$ [A], $I_3=1$ [A], $E_2=100$ [V])

〔問題〕 **4.** （1） 200 V, 60 Hz, 4 極の誘導電動機の同期速度を求めよ。
（2） （1）において，周波数が 50 Hz の場合はどうか。
（3） （1）において，極数が 3 倍になったらどうか。
（4） （1）において，電源電圧を 150 V で運転した場合はどうか。
答 （（1） 1 800 rpm, （2） 1 500 rpm, （3） 600 rpm, （4） 1 800 rpm）

〔問題〕 **5.** 200 V, 50 Hz, 2 極の三相誘導電動機の全負荷時の速度は 2 820 rpm であり，また発生トルクは 1.9 kg·m であった。このときの電動機の出力ならびにすべりを求めよ。 答 （5.5 kW, 6 %）

〔問題〕 **6.** つぎの術語を説明せよ。
（1） 位相制御, （2） 他励インバータ, （3） 強制転流

〔問題〕 **7.** PWM インバータの特徴を述べよ。

〔問題〕 **8.** 図 5·27(a) の整流回路を用いて，〔問題〕1. の直流電動機を 1 000 rpm で回転するための制御角 α を求めよ。ただし，電源電圧 V は 200 V，電機子電流が一定とみなせる直流リアクトルが接続されており，その巻線抵抗は 0 およびサイリスタの順電圧降下は無視できるものとする。 答 ($\alpha = \pi/3$)

〔問題〕 **9.** 図 5·26 において，負荷に流れる平均直流電流 I_d を求めよ。

$$\text{答}\left(I_d = \frac{\sqrt{2}}{2\pi} \cdot \frac{V}{R}(\cos \alpha + \cos \beta)\right)$$

〔**問題**〕 **10.** 図 5・34 の負荷電圧は入力直流電圧 V より高い電圧が得られるが，その原理を説明せよ。この回路は昇圧チョッパという。

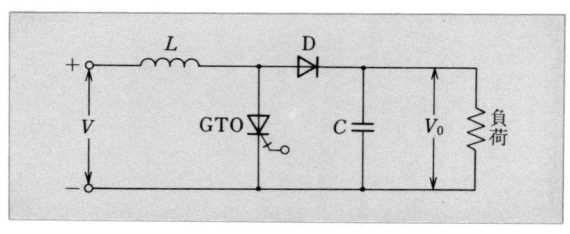

図 5・34 昇圧チョッパ回路

第6章　回路の応用と電子機器

　この章では，回路の応用と電子機器について学ぶ。これまでに学んだ様々な素子や回路が使われているので，応用のしくみを学んでほしい。

6・1　計測と制御のシステム

　アナログあるいはディジタル素子，回路ならびにエネルギー変換機器などを組み合わせて，我々は様々なシステムを構成する。

　図6・1は一般的な計測システムの構成を示すもので，検出器（**センサ**という），信号処理回路，表示・記録装置からなる。検出器は人間の感覚器官に相当するものであり，検出器に要求される基本的な機能は，測定対象の状態，言い換えると測定すべき物理量（以下，**測定量**という）を的確にとらえ，我々に

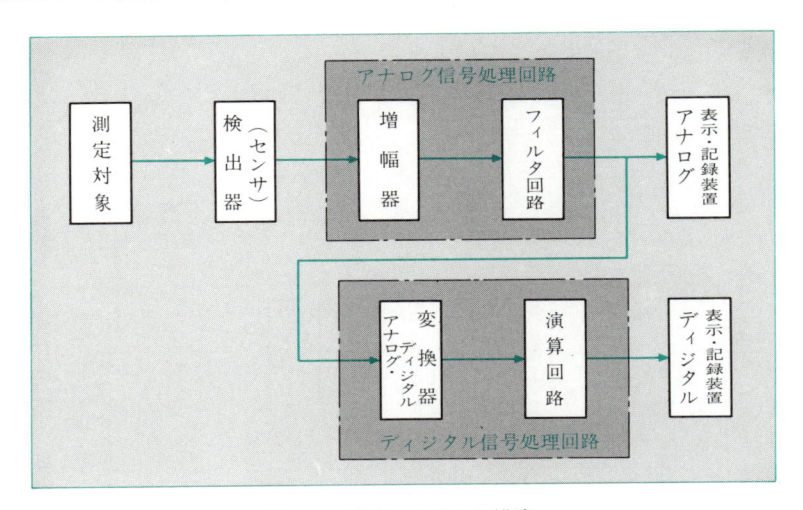

図 6・1　計測システムの構成

とって有用な信号に変換することである。

測定量は光，音，圧力，変位など非常に多く，また同じ物理量でも様々で，例えば温度を測定する場合，気体，液体または固体が対象となり，しかも極低温から超高温までと極めて変化に富んでいる。

このように多種多様な物理量を我々にとって有用な信号に変換するには，それぞれの目的に応じて物理法則を直接応用したり，あるいはコンデンサ形変位検出器のように構造的な変換技術を活用する。ところで，検出器の出力信号は処理，表示，記録などに便利な物理量でなければならないので，電気信号であることが多い。検出器は測定対象と測定装置との接点であり，測定対象から得られる情報の質と量とは検出器の性能のみで決まってしまう。

検出器の出力は一般にアナログ量である。この信号は微弱なので，表示および記録をするために増幅する必要があり，また，雑音が重畳しているので，これを取り除くためにフィルタ回路が必要である。なお，図に示したように，必要に応じてディジタル表示をするために，アナログ・ディジタル変換器，演算回路を付加する。次に，実例を示そう。

図6・2は機械や構造物のひずみを測定するシステムである。図に示すよう

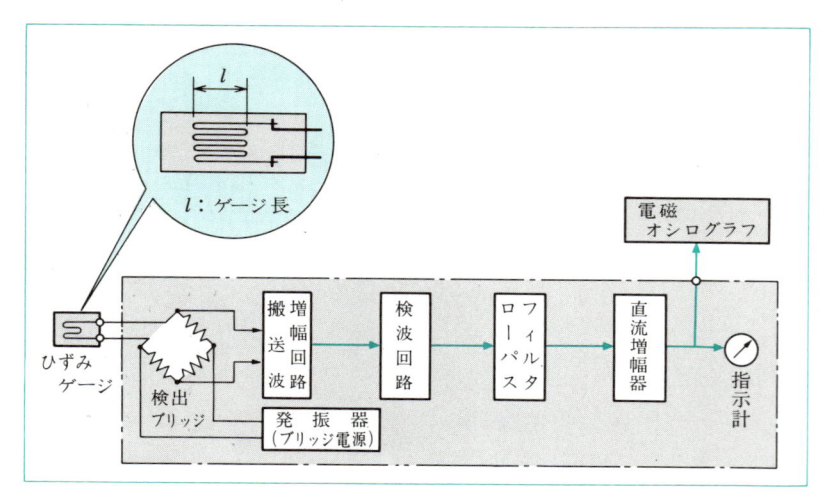

図 6・2 ひずみの測定システム

に，ひずみゲージ，増幅器，指示計および記録器などからなる。

　ひずみゲージは抵抗素子であり，伸び縮みさせると抵抗値が増減することを利用したものである。ごく細い抵抗線（直径 25 μm* 以下）を何回も折り返して台紙（ベースという，厚さ 20〜60 μm）に張ったもので，通常，ゲージ長は 1〜5 mm である。接着剤を用いて，ひずみゲージを被測定物の表面に直接貼り付ける。

　被測定物が変形すると，ひずみゲージの抵抗が変化するので，この変化をホイートストンブリッジを用いて電圧に変換する。抵抗変化は微小で 10^{-3}〜10^{-6} Ω のオーダであり，この微小な変化を精度よく測定するにはホイートストンブリッジ（以下，単にブリッジという）が極めて有効である。

　検出ブリッジの出力電圧は mV ないし μV を単位として測る程度であり，指示計または記録器のガルバノメータを駆動することができないので，増幅しなければならない。増幅器に要求される性能は，安定で直線性のよいこと，十分な電力が得られることである。図に示したシステムでは変流ブリッジを用いており，"ひずみ"信号で搬送波を振幅変調し，増幅する。被変調波を検波回路で復調し，元の現象を示す波形を得る。この信号をローパスフィルタを経て，直流増幅器に導き所要の電力を得て，指示・記録装置を作動させる。

　別の例として，身近に多くの例を見ることができる制御系について述べよ

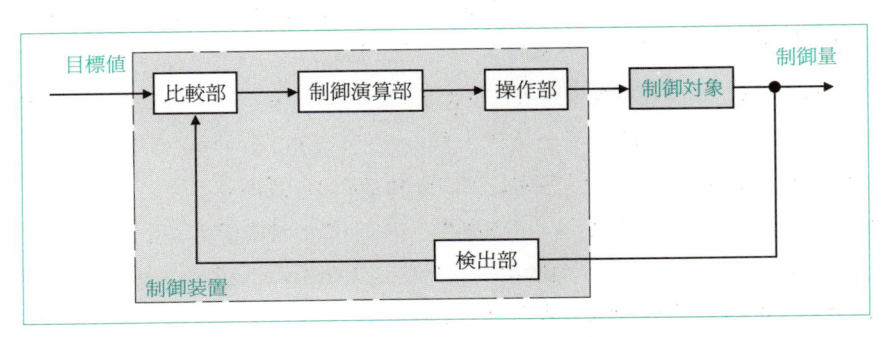

図 6・3　フィードバック制御系

---

*　1 μm＝0.001 mm

う。図6・3は制御系の構成を示すもので，標準的なフィードバック制御系のブロック線図である。

制御系は制御対象と制御装置からなり，制御装置は比較部，制御演算部，操作部および検出部* からなる。比較部は目標値と制御量または制御対象からフィードバックされる信号とを比較する部分，制御演算部は目標値に基づく信号と検出部からの信号をもとにして制御系が所要の働きをするのに必要な信号を作り，操作部へ送り出す部分，操作部は制御演算部からの信号を操作量に変えて，制御対象に働きかける部分，そして検出部は制御対象，環境などから制御に必要な信号を取り出す部分である。

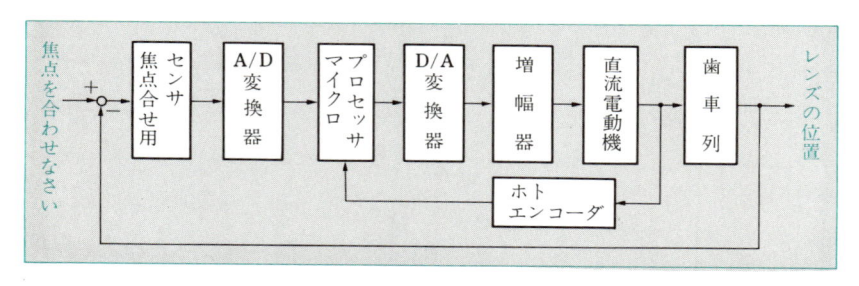

図 6・4 カメラの自動焦点合せシステムのブロック線図

図6・4は制御系の一例であり，カメラの自動焦点合せシステムのブロック線図である。焦点合せ用センサは，例えば，レンズ系とCCDラインセンサからなる。撮影レンズから入った光をフィルム面等価位置に導き，その像をレンズ系を通してCCDラインセンサ上に結像させ，その結像から不合焦点量を検出する。センサの出力信号をアナログ・ディジタル変換し，マイクロプロセッサで演算処理する。ピントのずれ量，方向が算出され，撮影レンズの位置指令がマイクロプロセッサより出され，電動機の回転方向，回転速度が定まる。この信号をディジタル・アナログ変換し，増幅して撮像レンズ駆動用電動機を作動させる。電動機の回転は歯車列を介してレンズに伝えられ，レンズを合焦位置に移動する。また，電動機の回転速度をホトエンコーダで検出し，電動機の速

---

* 自動制御用語 ── 一般（JIS Z 8116）

度制御をしている。

システムの構成例として、計測と制御のシステムを示した。構成要素とその機能は、図6・1と図6・2、図6・3と図6・4を比較して理解してほしい。

6・2 アナログ信号とディジタル信号

我々は、感覚器官によって周囲から様々な情報を得て生活している。自然界の現象は連続であるので、我々が自然界から得る情報はアナログ量であり、その情報にもとづく我々の挙動も連続である。感覚器官または四肢の代用あるいは延長させるものとして、我々は様々なセンサを用い、またシステムを構成する。いろいろな事象から検出される情報はアナログ信号であり、したがって我々がシステムを利用し、使いこなすには、その出力がアナログ量であることが望ましい。システムへの入力と出力がアナログ信号であっても、近時、システム内の信号をディジタル化して処理する傾向が強く、前述した自動焦点合せシステムもその一例である。このようなシステムを**ディジタルシステム**という。

図6・5にディジタルシステムの基本的構成を示した。このシステムへの入力はアナログ信号であり、センサあるいはアナログシステムの出力である。入力信号は調整、雑音除去されて、サンプル＆ホールド回路に入れられ、階段状波形の信号に変換される。次いで、アナログ・ディジタル変換器によって2進パルスに変換され、インタフェース回路を介して、マイクロコンピュータに送り込まれる。インタフェース回路の機能は、コンピュータからの命令の解読と

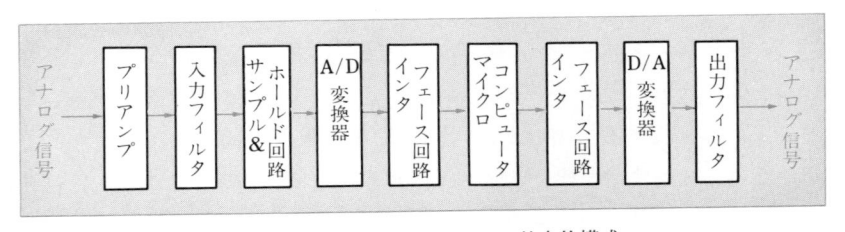

アナログ信号 → プリアンプ → 入力フィルタ → サンプル＆ホールド回路 → A/D変換器 → インタフェース回路 → マイクロコンピュータ → インタフェース回路 → D/A変換器 → 出力フィルタ → アナログ信号

図 6・5　ディジタルシステムの基本的構成

実行，コンピュータへのデータの送信（または受信）である。コンピュータでは加算，乗算などの基本演算と条件判断を組み合わせて，取り込んだデータを処理する。コンピュータの出力，すなわち2進パルスはインタフェース回路をへて，ディジタル・アナログ変換器に入れられ，階段状波形の信号に変換される。この信号を出力フィルタに入れ不必要な高周波成分を除去し，アナログ信号を得る。

ディジタルシステムは映像，音響あるいは通信などのシステムに，例えば，画像計測，画像認識，音声合成，音声認識，データ通信，リモートセンシングなどに応用されている。応用範囲はますます広まっているが，これは表6・1に示すように，ディジタル信号が雑音に左右されず，複雑な処理をすることができ，しかも精度がよいからである。これに加えて半導体製造技術，集積化技術が飛躍的に向上し，多数の部品が必要でしかも信頼性の高いディジタル信号処理回路が安価にできるようになり，同時に情報処理技術が高度に発展したためである。

表 6・1　アナログ信号とディジタル信号

	アナログ信号	デジタル信号
精　　　度	低	高
雑音に対して	弱	強
S/N比の向上	難	易
回路の調整	難	易

6・3　電子機器の種類とその応用

日常，テレビジョン，テープレコーダ，電話，ラジオ，電動機，コンピュータなど，様々な電気製品を使用している。これらの機器は四肢や感覚器官を代用し，または延長するものとか，対話や簡単な思考過程を代用するものであり，前章に述べた機器を代表とするエネルギー変換に関連する機器と，情報に関連する機器とに分けることができる。前者を**エネルギー変換機器**，後者を**電**

子機器という。

電子機器を応用面から分類すると，制御用電子機器，医用電子機器，電波航法用機器などに分けることができるが，情報の伝達，測定など機器の機能によって分類すると，画像機器，音響機器，通信機器，計測機器および情報処理機器に分けることができる。

〔1〕 **画像機器**

我々が周囲から得る情報の多くは視覚を通して得るといわれており，しかもその情報により全体像を容易に把握することができるばかりでなく，必要に応じて局部的で詳細な情報をも得ることができる。我々の周囲に生じるいろいろな事象の映像を工学上画像という。我々は画像によって情報を表現し，また画像を見て，その意味を理解することができるので，画像により様々な情報を伝達している。テレビジョン受像機のスイッチを入れると，直ちに色彩豊かな映像がでてくるし，文字，写真，図面などを伝送するファクシミリは事務用ばかりでなく，一般の家庭でも手軽に使われている。いろいろな事象の映像化は，情報伝達の手段として使われるばかりでなく，画像情報による物体の寸法測定，形状の解析などを行う画像計測，また文字，記号，図形などの画像を見分けて，基準とする画像との一致の程度から，それが何かを決定する画像認識などに応用されており，我々にとって極めて有益なものである。画像計測を例として画像情報処理の概要を説明しよう。

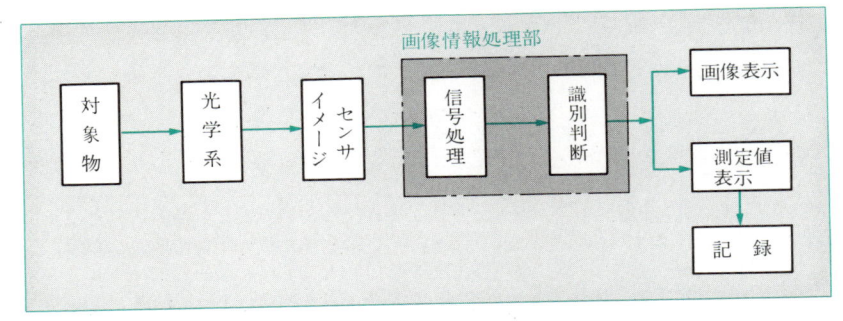

図 6・6 画像計測

画像計測は，製品検査の自動化，赤外線応用温度測定やCTなど医学検査の結果の画像化などに応用されており，画像情報をもとに，測定対象の位置，長さ，面積などの計測や，基準との比較，判断をする技術である。

図6・6に画像計測における信号処理の過程を示した。三次元または二次元に分布する対象物の像を，光学系を経て，イメージセンサの感光面上に結像させる。イメージセンサは各画素*の光の強弱に応じた電気信号を出す。この映像信号はアナログ信号である。信号処理部では，アナログ，ディジタル変換，雑音除去，画像強調，2値化，測定範囲の設定などが行われる。すなわち，コンピュータが画像情報の内容を理解し，判断できるように信号を処理するところである。識別判断部では，数値化された画像データにもとづいて，測定対象物の有無，位置（座標）の決定，面積の算出などが行われる。この結果を画像として，あるいは測定値として表示し，必要に応じて記録する。

このようなシステムと画像処理の対象との接点に存在するものが，イメージセンサであり，またシステムと我々とを結びつけるものがディスプレイである。

以下様々な分野で用いられ，重要な役割をはたしているイメージセンサとディスプレイについて述べる。

（1）**イメージセンサ**　イメージセンサは，光学的な画像情報を電気信号に変換する素子である。かつて，**撮像管**と呼ばれる電子管が使われていたが，現在では半導体技術を利用して固体化した**固体撮像素子**が撮像管にとって代わり，様々な機器に組み込まれて使われている。

固体撮像素子は，基本的には単体の光センサの集合体であり，感光面は光電変換，蓄積，走査の3つの機能をもつ多数の画素で構成されている。すなわち，微小な光電変換素子を多数平面上に配列し，光電変換素子で得た信号電荷

---

*　眼の網膜は微細な視細胞の集まりで，網膜上の像を無数に分割し，各細胞が光の強さに応じた刺激を出す。イメージセンサも同じように，感光面上の光学像を微小な部分に分割し，その部分の光の強さに対応した電気信号が取り出せるよう，微小な光センサを感光面上に多数配置してある。このように分割した微小な部分を**画素**（または**絵素**：picture element 略して pixel）という。

を走査して取り出し，出力を得るものである。画素の位置が定まっており，走査を電子回路によって行うことができるので，図形ひずみが少なく，また，消費電力が少ない，小形軽量化が可能など多くの長所をもっている。

固体撮像素子は，走査方式によって，X-Yアドレス方式と信号電荷転送方式によるものに分けることができる。また，画素の配列によって分類すると，一次元と二次元に配列したものに分けることができ，前者を**ラインセンサ**，後者を**エリアセンサ**という。

（**a**）　**X-Yアドレス方式のイメージセンサ**　感光素子とスイッチング素子からなる光電変換素子，すなわち画素を図6・7に示すように格子状に配置してあり，画素を選択してその画素がもつ光の強弱に応じた電荷像を読み出すものである。図に示すように，それぞれの画素を水平（X）および垂直（Y）選択線で結び，二次元の画面をX-Y座標系で表す。例えば，m番目のX選択線とn番目のY選択線を選んで，座標(m, n)の画素を指定し，その画素の信号を読み出すのである。代表的なものに**MOS形撮像素子**がある。

（**b**）　**信号電荷転送方式のイメージセンサ**　この方式のセンサの代表が

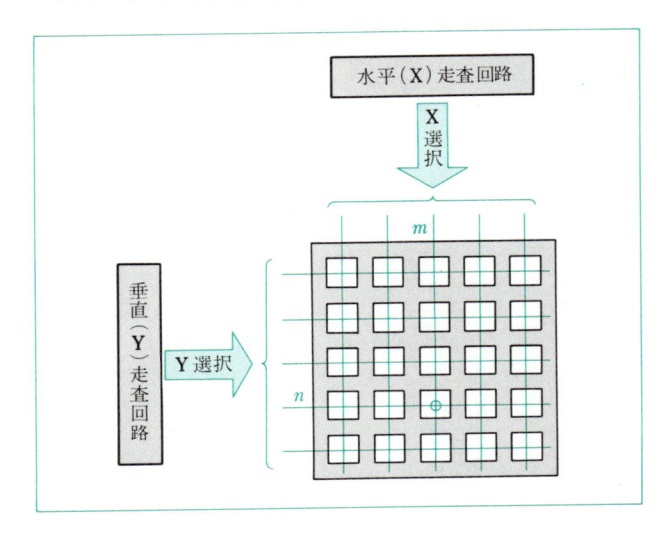

図 6・7　X-Yアドレス方式のイメージセンサ

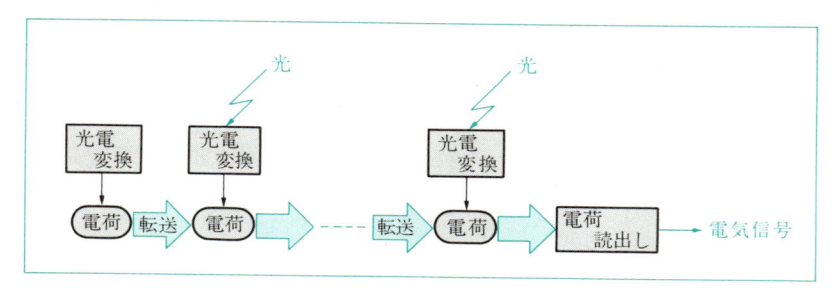

図 6・8　電荷転送素子の動作

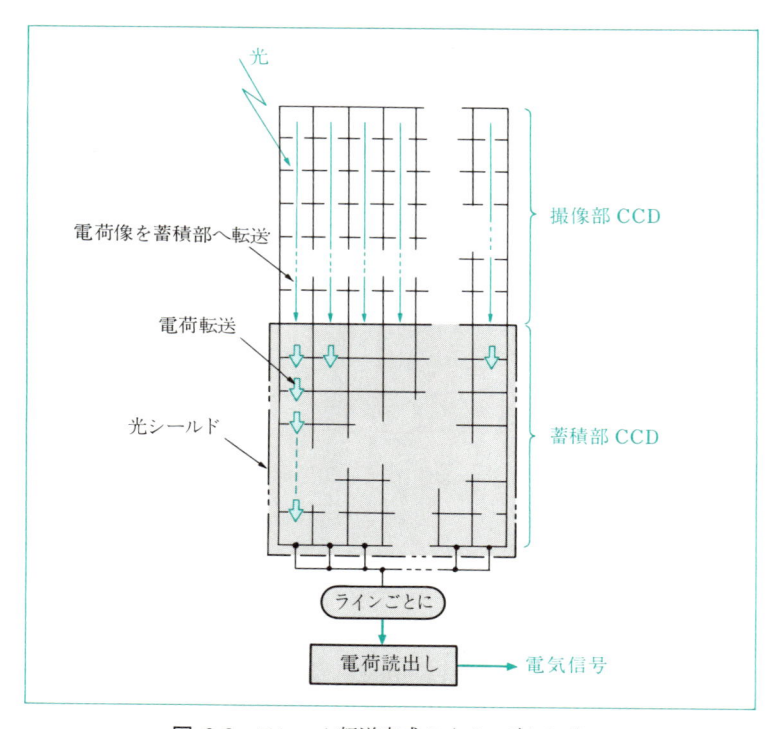

図 6・9　フレーム転送方式のイメージセンサ

CCD（charge couple device；電荷結合素子）である。CCD は光学像を光電変換して画素に電荷として蓄積し，電荷像を得，その電荷を図 6・8 に示すように，同時に，一方向へ順次転送し，画像信号を読み出すものである。

CCDを用いる場合，素子への入射光が常時存在すると，転送の過程で転送したい電荷に次々と電荷が加わり，画像信号が混ざり合ってしまう。そこで多くの場合，撮像部と蓄積部とを分離した構造になっている。

例えば，図6・9はフレーム転送方式によるイメージセンサである。図に示すように，ほぼ同一の構造をもつ2つのCCDからなり，1つは撮像部CCDであり，他は光シールドされた蓄積部CCDである。信号は次のように転送される。撮像部で光電変換された信号を短時間のうちに蓄積部へ転送する。そして，撮像部では次の信号が蓄えられ始める。この間，蓄積部では1ラインずつ信号電荷を読出し部に送り，順次信号を読み出す。すべてのラインの読出しが終わると，再び撮像部から蓄積部へと信号電荷が転送される。

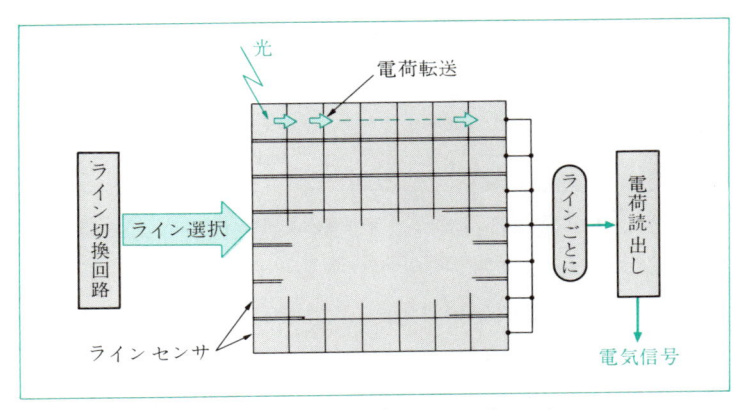

図6・10 ライン転送方式のイメージセンサ

フレーム転送方式のほかに，ライン転送方式，インターライン転送方式などがある。ライン転送方式は撮像部，蓄積部の別がなく，CCD一次元センサを多数配列した構造で，図6・10に示すように，1ラインずつ信号電荷を転送して，信号を読み出す方式である。また，インターライン転送方式は，図6・11に示すように，感光部と転送部が隣接し対になっている。転送部の電荷を1ラインずつ順次転送し，信号を読み出す方式である。

(2) **ディスプレイ**　時計，計算機の数字表示に用いられている発光ダイ

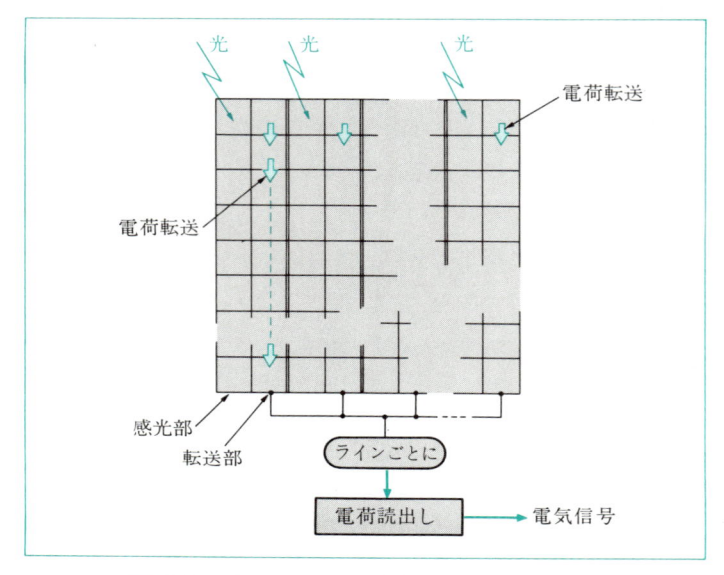

図 6·11　インターライン方式のイメージセンサ

オード (LED) や液晶パネル，テレビジョン受像機に用いられているブラウン管 (CRT) など，我々は様々な表示装置を身近に見ることができる。このほかに，エレクトロルミネッセンス，プラズマディスプレイ，レーザディスプレイなどがあり，それぞれ使用目的に応じて使い分けられている。

　ブラウン管（陰極線管）は，テレビジョン受像機，オシロスコープやレーダの表示管など，様々な用途をもつ。電子ビームを発生する電子銃，電子ビームを偏向させる偏向系，電子銃に対向しておかれ画像を表示する蛍光面からなる。蛍光体に電子ビームをあてて発光させ，表示をするもので，用途に応じて様々なものが作られている。

　表示装置の画質の良否は，輝度，コントラスト，解像度，鮮鋭度，階調，色再現忠実度などで判定する。一般に，表示装置に対して，画質の良さはいうまでもなく，安定で取り扱いが容易であり，安価で長寿命であることが要求される。

　カラー画像を表示するためのブラウン管には多くの種類があり，電子銃の

数，電子ビームの本数，蛍光膜の構造などが異なっている．ここではシャドウマスク形ブラウン管について，簡単に述べておこう．シャドウマスク形ブラウン管は，赤（R），緑（G），青（B）を発光する点状蛍光体を規則正しく配列してある蛍光面，3つの色それぞれの信号を受け持つ3つの電子銃，蛍光面と電子銃の間に，蛍光面に接近して置かれたシャドウマスク，偏向系などからなる．シャドウマスクは蛍光面上の点状蛍光体に対応してあけられた孔をもつ金属製薄板で，蛍光面に平行に置いてある．3つの電子銃の軸はシャドウマスクの孔の中心で交差させてあり，この孔を通った電子ビームが点状蛍光体にあたり，所要の色を発光させるのである．

液晶ディスプレイは，デスクトップ・パソコンのディスプレイ，カー・ナビゲーション・システム，ビデオ・カメラ，ディジタル・スチール・カメラ，携帯電話や家電製品の動作表示などに用いられ，その応用は多岐にわたっている．情報表示機器として，場所をとらず，電力消費の少ないという特長をもつので，用途はさらに広がりつつある．

液晶パネルは，僅かに（約 5 μm）隔てて置いた 2 枚のガラス基板，その間隙に充填した液晶，マトリックス駆動用の透明電極，偏光板などからなる．電圧によって分子の向きが変わる液晶を使い，マトリックス駆動によって必要とする画素の部分に電圧をかけ，液晶パネル背後に置いたバック・ライトの光の透過量を調節し，文字や図形を表示させるものである．

現在，カラー画像を表示する液晶ディスプレイの主流は TFT カラー液晶ディスプレイである．色彩を受け持つのは，上記構成要素に加えて前側のガラス裏面に置かれた，赤，緑，青のマイクロ・カラー・フィルタである．すなわち，白黒表示した画素にフィルタで色を付け，カラー化をしている．任意の色を出すために，赤，緑，青のフィルタを付けた3つの画素を使い，色を合成するのである（ディスプレイ上の1画素は赤，青，緑の3つの"原色"画素からなる）．ちなみに，TFT（thin film transister，薄膜トランジスタ）は表示の速さを早め，また鮮明な画像を得るために用いる，スイッチ役をするトランジスタである．マトリックスの各交点に置かれ，後側のガラスの電極部にある．

現在，メーカ各社はそれぞれ独自の液晶技術によって液晶ディスプレイを作っている。使用する液晶，液晶分子の制御法，製造技術など，新しい技術の導入と開発にしのぎをけずっており，その成長は著しい。

〔2〕 **音響機器**

　日常生活の中で我々は様々な手段を用いて情報を交換しており，社会の情報化が進めば進むほど，必要な情報を迅速かつ正確に伝達しなければならない。情報伝達の手段は様々だが，我々にとって音声は最も容易な伝達の手段であり，情報の量，質，伝達の早さ，いずれも他の手段に比べて優れている。したがって，我々の身近には電話，ラジオなど数多くの音響機器やシステムがあり，日常生活の必需品にもなっている。音響システムは一般に入力装置，増幅器，出力装置からなる。入力装置としてマイクロホン，オーディオテープレコーダ，CDプレーヤ，チューナなどを，また出力装置にはスピーカ，ヘッドホンなどを用いるが，マイクロホンなどの出力は微弱なので，スピーカを作動させるため増幅器が必要である。

　ところで，これらの音響システムに加えて，近年，人間が話す言葉を理解してそれに応じて作動する機器や，必要な情報を音声として出力する機器が用いられるようになってきた。音声は，人間-機械系における入出力，例えば機械装置への指示，機械装置からの注意の喚起，操作や確認の指示など，人間と機械との間の情報伝達の手投として優れた点をもっている。すなわち，音声による情報の入出力の利点は，他の作業をしながらも，音声が明確に到達する範囲であれば，入力が可能であり，また出力も受けることができること，入・出力操作として特別な訓練も必要がないこと，多くの情報を早く伝達することができることなどである。このように人間と機械とを音声で結びつける技術が，音声認識技術であり，音声合成技術である。

　音声合成は，機械装置に予め音声生成用データを記憶させておき，機械装置から出力される情報をこのデータを用いて音声化する技術である。音声合成には大きく分けて2つの方式があり，1つは波形符号化方式，他はパラメータ合

成方式である。

　波形符号化方式は，音声波形を一定周期でサンプリングし，その値を符号化しデータとして記憶させておき，このデータを読み出して再びアナログ信号に変換して音声とする方法である。音質は良いが，記憶させるデータの量が膨大になる欠点をもつ。データの量を少なくするために，音声信号の処理の際に情報密度を高めるように種々の工夫をしている。

　パラメータ合成方式では，音声の生成過程をモデル化し，モデル各部のパラメータを変化させて，音声を生成する。この方式では，記憶させておくデータはパラメータを変化させる命令であり，予め音声より抽出しておく。パワースペクトルに着目して音声合成を行うので，記憶させるデータを少なくすることができる。

　音声認識は，機械装置に音声のもつ意味を認識させる技術である。ここでは，特定話者方式の音声認識について述べよう。我々の言語が学習するのと同じように，機械装置に対して，特定の話し手の言葉を聞かせる。機械装置は言葉を分析し，正確にその特徴をとらえて，その特徴の分布の有様（これをパターンという）を記憶する。記憶させた特定の話し手の音声パターンを標準パターンと呼ぶ。いま，ある人の言葉を入力すると，その言葉を分析し特徴をとらえ，標準パターンと比較し，特定の話し手の言葉であるか否かを判定し，機械装置は話し手に応じた応答をする。図6・12に音声認識の過程の一例を示した。識別の方式にもよるが，言葉の特徴を記憶させるのに数キロビットは必要であ

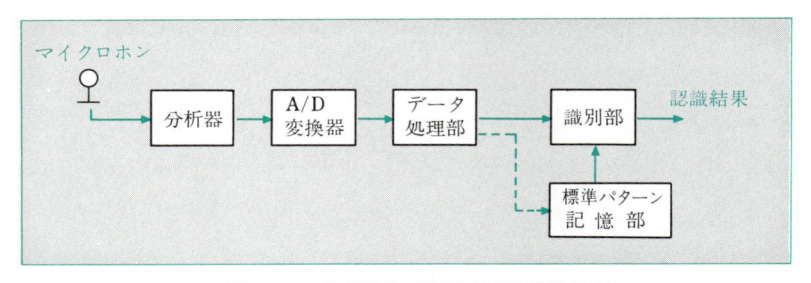

図 6・12　音声認識の過程（特定話者方式）

り，また特徴の比較にも複雑な演算が必要である。先に述べた音声合成と比べて，技術的にむずかしい問題が多い。

これまでに述べた音響システムと我々との接点にあるのが，マイクロホンであり，スピーカである。以下，この両者について簡単に述べておこう。

（1） マイクロホン　マイクロホンは音響を電気信号に変換する装置である。様々な原理を用いたものがつくられており，種類が多い。

ダイナミックマイクロホンは，磁界内に置いた可動導体を音波で動かし，この導体の速度に比例して誘起する起電力を利用するものである。可動導体としてまっすぐな線，リボンあるいはコイルを用いる。図 6・13 は可動コイル形の構造図である。ドーム状の振動板，可動コイル，ヨーク，永久磁石からなる。振動板にコイルを直接取付け，そのコイルを磁気回路中に保持してある。振動板に音圧が加わると，コイルが振動し，コイル両端に起電力が生じる。このマイクロホンは，周波数特性が良い，雑音やひずみが少ない，温度や湿度の影響が少ないなどの利点があり，機械的にも丈夫で取り扱いやすいため，放送，録音，測定などに広く使われている。

コンデンサマイクロホンは，振動数とこれに対向して置いた板とからなり，この板をわずかな隙間を設けて平行に置き，コンデンサを形成させ，これの静

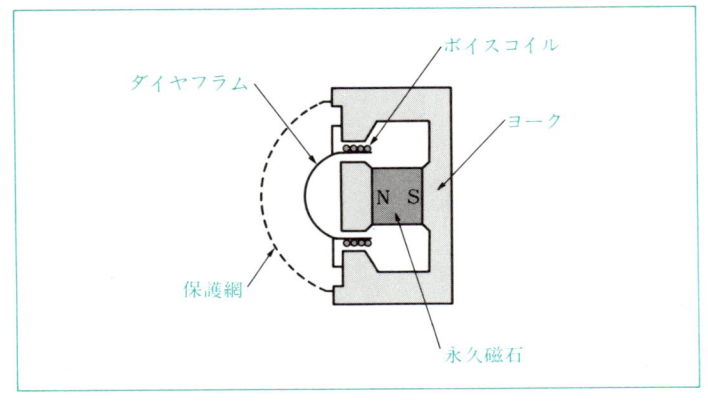

図 6・13　ダイナミックマイクロホンの構造

電容量の変化によって電気信号を得るマイクロホンである。振動板が軽量なので，音圧の変化によく追従し，構造が簡単なので周波数特性の平坦なものが得やすい。また，絶対校正が容易なので，感度測定の標準となる標準マイクロホンとして，あるいは精密測定用として広く用いられている。

圧電マイクロホンは，圧電素子の変形によって生じる起電力を利用したもので，圧電素子として水晶やロッシェル塩などの結晶，チタン酸バリウム，ジルコン酸鉛などを用いる。構造が簡単で，出力電圧が高く，小形，軽量であるなどの特徴がある。

（２）**スピーカ**　スピーカは，電気信号を音に変換して，空間に放射する機器である。動作方式により，動電形，静電形に分けることができる。動電形スピーカは，均一磁界内に置いたコイルに音声電流を流して，コイルに直結させてある振動板を動かして音波を発生するものである。また，静電形スピーカは，コンデンサスピーカともいい，振動板と固定電極とでコンデンサを形成し，直流電圧を印加して振動板上に電荷を蓄積しておき，これに信号電圧を加えるとクーロン力が作用して振動板が動き，音波を発生するものである。また，音を空間に放射する方法によって動電形スピーカを分けると，**コーンスピーカ**と**ホーンスピーカ**に大別することができる。

図6・14(a)は，コーンスピーカの構造図である。円錐状の振動板（コーン

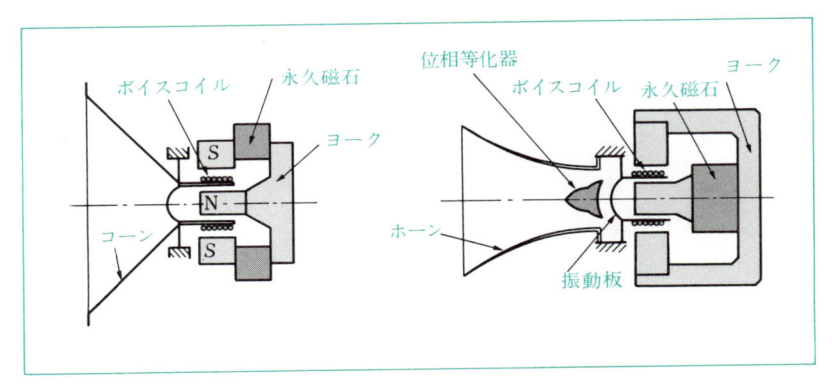

図 6・14　スピーカの構造

という），磁石，ヨーク，可動コイル（**ボイスコイル**という）からなる。このスピーカは，構造が簡単で，小形であり，そのうえ周波数応答がかなりの周波数範囲で平坦であるので，広く用いられている。また，図(b)はホーンスピーカの構造図である。振動板はドーム状になっており，その前面に断面積が徐々に変化してゆく管（**ホーン**という）をつけ，音を空間に放射するようになっている。ホーンを用いると高能率で動作させることができ，またホーンをうまく組み合せると任意の指向性を得ることができるので，大規模な音響再生に適している。なお，図中の位相等化器は振動板各部で発生した音波の位相をホーン入口で合わせるためのもので，必要に応じて設ける。

〔3〕 通信機器

日常，我々は各種の通信機器を用い，音声，文字，画像などを電気信号に変換し，この信号を電線あるいは電波によって伝達し，遠方にいる人との対話やいろいろな情報の交換をしている。電線による通信を**有線通信**といい，電波による通信を**無線通信**という。有線通信機器には電話，ファクシミリなどがあり，また無線通信機器にはAM送・受信機を代表とする各種の送・受信機がある。

（1） **有線通信機器―電話**　　遠隔地間で「声」をやりとりする通信システムであり，話し手の音声を電気信号に変換し，信号波形をくずさず，雑音を入れないようにして遠方に伝え，再び音声にもどし，聞き手に伝えるシステムである。

音声を電気信号に，また電気信号を音声に変換する装置が電話機であり，送話器，受話器，信号発生装置，呼び出し用ベルで構成されている。ある地域内の電話線を1箇所に集め，多くの電話機の中の希望する2つの電話機を接続して，通話できるようにすることを電話交換というが，これに用いる装置が**電話交換機**である。

電話という通信システムは，磁石式，共電式と称する電話交換手による手動式電話交換の時代をへて，現在では自動式電話交換が行われている。電話機，

電話交換機などは,「音声を忠実に伝えるにはどのようにすればよいか」,「大勢の人がこの通信システムを有効に利用するにはどうしたらよいか」を目的に開発されたものである。

(2) データ通信機器 電話や電信は一般に会話や文書の伝送に用いられるばかりでなく,データの伝送にも使われている。例えば,列車の座席予約,企業における生産管理や在庫管理,銀行の預金業務など多くの例をみることができる。

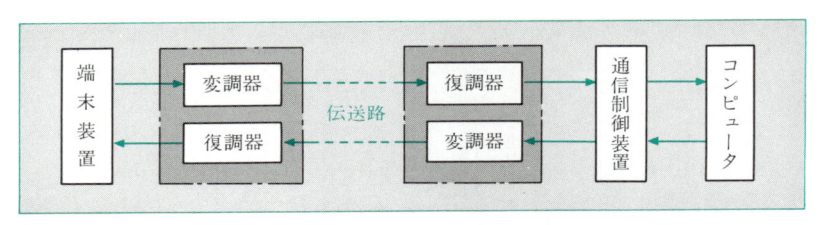

図 6・15 データ通信システムの構成

図 6・15 はデータ通信システムの構成を示すもので,図に示すように,端末装置,変復調装置,伝送線路,通信制御装置,情報処理装置からなる。端末装置は情報をコンピュータで処理できるような電気信号に変換して送り出したり,送られてきた信号から文字を打ち出し,画像を再現する装置である。変・復調装置は端末装置およびコンピュータから送り出された信号を,伝送路に適した変調波に変換し,受信側でそれを復調するための装置である。また,通信制御装置はデータ通信システムを制御する装置であり,コンピュータとのデータの授受,通信状態の監視などを行う。

(3) 無線通信機器—AM 送・受信機 無線通信システムは,送信機,送信アンテナ,受信アンテナ,受信機からなる。無線送信機より発生した高周波電力を信号波で変調してアンテナに供給し,電波を放射させる。無線受信機は空間に存在する多くの電波の中から,必要とする電波を選択し,復調して信号波を再現する。例として,AM 送・受信機について述べよう。

AM 送信機の構成を図 6・16 に示す。発振器は発振周波数が安定している水

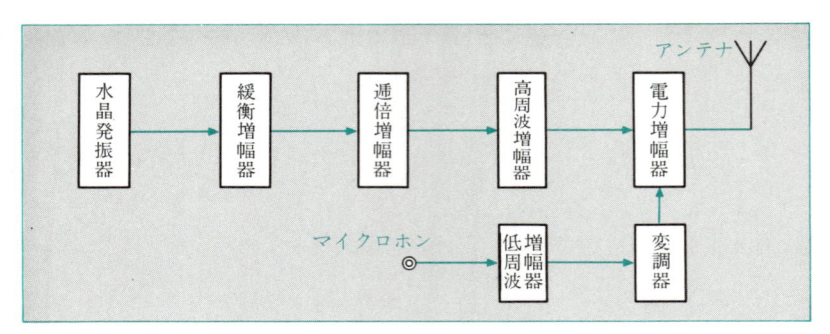

図 6·16 AM送信機の構成

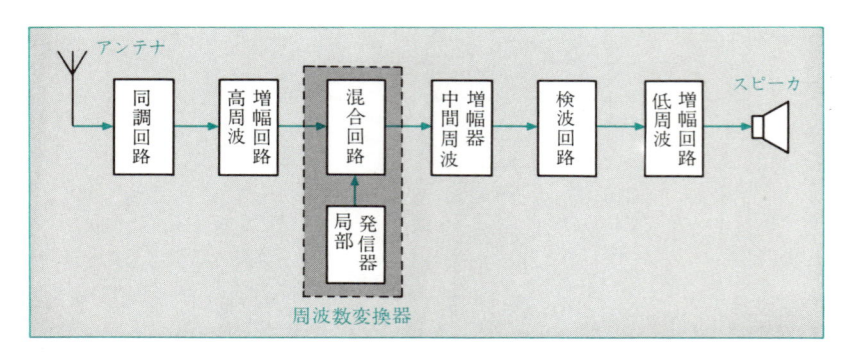

図 6·17 スーパヘテロダイン受信機の構成

晶発振器を用い，緩衝増幅器を介して，逓倍増幅器と接続してある。数段増幅して電力増幅器の入力として必要な電力を得る。終段の電力増幅器は送信に必要な電力増幅をし，振幅変調してアンテナへ電力を供給する。

　AM受信機として用いられているスーパヘテロダイン受信機の構成を図6·17に示した。受信アンテナから入ってきた高周波信号を増幅し，次いで周波数変換器でより低い周波数にし，増幅する。それから検波して信号波を取り出し，増幅してスピーカに送り，音声を再現する。微弱な電波を検出し，微小な高周波電圧を何段にも重ねて増幅すると，発振することがあるので，受信周波数より低い周波数（中間周波数）にして増幅するが，これを**スーパヘテロダイン方式**という。

(4) 画像通信用機器—ファクシミリ, テレビジョン　　文字, 写真, 絵, 図面を電気信号に変えて送信し, 受信側で原画を再現する通信方式をファクシミリという。図6·18に送·受信の過程を示す。送信画を画素に分割し, 画素の濃淡に比例した電気信号に変換する。この信号を変調して伝送する。受信側では信号を増幅, 復調し, 各画素を組み立てて画を再生する。

時々刻々と変化するある地点の光景を電気的手段によって映像とし, 遠く離れた場所で見るものがテレビジョンである。テレビジョンの原理は, 送信側で画面を分解して送り, 受信側で画面を組み立てる写真電送の技術を発展させた

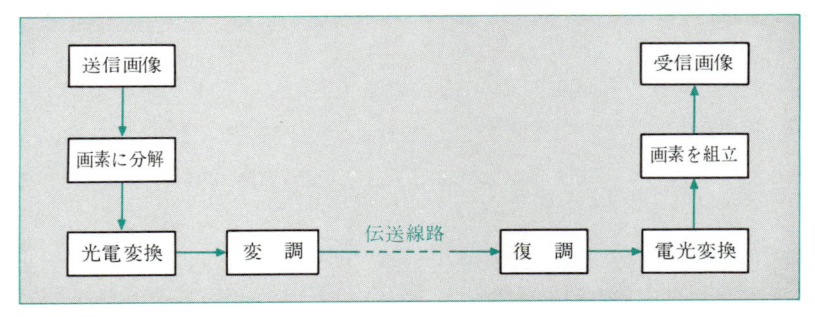

図 6·18　ファクシミリ送·受信の過程

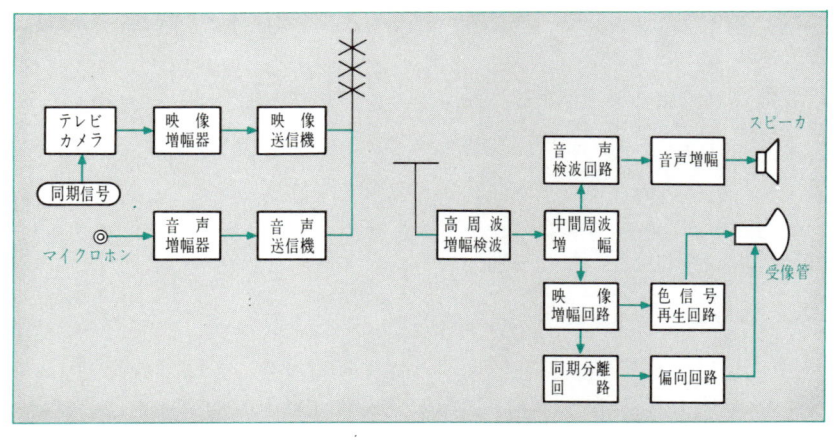

図 6·19　テレビジョン送·受信システムの構成

ものであり，したがって走査の仕方，同期の取り方はファクシミリと相似している。しかし，大きな違いはファクシミリが静止画像を伝送するのに対して，テレビジョンは主として動的画像を伝送することができることである。図6·19にテレビジョンの送・受信システムの構成を示した。

〔4〕 計測機器

近年，電子計測器の性能がますます高まり，多くの機能が付与されるようになり，工学の各分野で活用されている。以下，各種計測機器を列挙する。

（1） 測定用信号源

ファンクションジェネレータ 0.001 Hz から数十 MHz にわたる広い周波数範囲で，正弦波，方形波，三角波，のこぎり波など，いろいろな波形の信号波を発生することができる信号発生器である。電子機器，回路の周波数特性，過渡特性の測定，機械装置の振動試験，材料の疲労試験などの信号源として用いる。

掃引発振器（スイーパ） 必要とする広い周波数範囲にわたり発振周波数を連続して変化させることができる発振器である。増幅器，フィルタなどの周波数特性の測定に用いる。オシロスコープ，X-Y レコーダを接続して用いると，測定対象の周波数特性を直接観察することができるので，観察しながら特性の調整をすることができる。

周波数シンセサイザ 発振周波数可変の正弦波発振器である。基準として1個の水晶発振器を用い，発振周波数を逓倍または分周して，数多くの単位周波数をつくり，これから希望する周波数を合成する。したがって，出力周波数は基準にした水晶発振器と同じ安定さと正確さをもっており，測定用信号源としてだけでなく，周波数，時間の標準器としても用いることができる。

パルス発生器 パルス繰り返し周波数を広範囲に変え，またパルス幅も自由に変えることができる信号源である。パルス繰り返し周波数が 0.1 Hz〜1 MHz にわたり各種のものがある。ディジタル回路，論理素子などの特性解析，機器の動作特性の測定などに用いる。

（2） 波形測定器

オシロスコープ　電圧-時間の関係をブラウン管上で観察できるようにした装置であり，直流から高周波まで広い周波数範囲における波形観測に用いる。形状，機能など様々な種類のものがあり，例えば，2つの現象を同時にブラウン管上に表示する2現象形，現象を記憶するメモリ形などがある。

スペクトラムアナライザ　フィルタなどのろ波技術を用いて，周波数成分を求め，各成分の振幅-周波数の関係をブラウン管上に表示させる装置である。変調波，高調波ひずみ，機械振動などの物理現象から得る電気信号を周波数領域で観測するのに用いる。FFTアナライザはリアルタイム方式のスペクトラムアナライザである。

ロジックアナライザ　ディジタル回路における，論理の判定，プログラミングの実行状態，タイミングの判定などに用いる測定器である。ソフト解析に用いるロジックステートアナライザとハードの解析に用いるロジックタイミングアナライザがある。

（3） 周波数，時間の測定器

周波数カウンタ　周波数および周期などの測定に用いる計数器である。測定精度が高く，操作が容易である。

周波数カウンタの基本的な構成を図6·20に示した。周波数の測定をする場合，被測定波は入力回路部で，増幅，波形成形し，パルスに変換して，ゲート

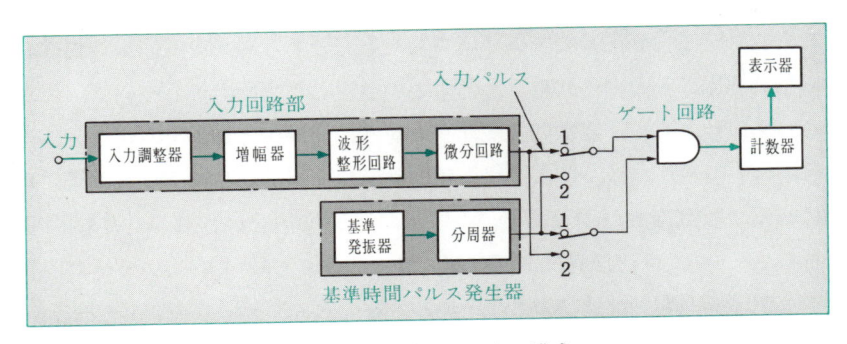

図 6·20　周波数カウンタの構成

回路にパルスを送る。一方，基準発振器，分周器により基準時間パルスをつくり，ゲート回路に加えると，その間のみに入力パルスがゲートを通る。このようにして一定時間にゲートを通過したパルス数を計数して，周波数を求め，これを表示する。

周波数の測定のほか，時間，周期，周波数比の測定機能をもたせたものを**ユニバーサルカウンタ**という。

図6・20に示した切換スイッチを2の状態にすると，時間測定をすることができる。基準時間パルスをゲート回路に入れ，測定しようとする時間のスタート信号とストップ信号でゲートを開閉し，ゲート回路を通過した基準時間パルスの数を計数し，その時間を求め表示する。

6・4 制御要素としての素子，回路，電動機

素子や回路，電動機は制御系を構成する要素（以下，制御要素という）として使われる。回路，電動機を制御要素として取り扱ってみよう。

〔1〕 モデリング

制御系や制御要素を解析したり，設計するには，実体あるいは数学的な構造模型を用いてその特性を把握し，その特性を記述する必要がある。以下，数学的な構造模型（以下，数学的モデルという）について述べよう。

数学的モデルは制御系や制御要素の特性を記述する式である。ここでは制御系や制御要素の入力信号（以下，入力という）および出力信号（以下，出力という）を変数として，変数間の関係式を導き，特性を記述してみよう。

例えば，抵抗，コイルおよびコンデンサを負荷素子としよう。各素子に時間的に変化する電流 $i(t)$ を流すと，各素子の端子間電圧 $v(t)$ はそれぞれ

抵抗： $v(t)=Ri(t)$ (6・1)

ここで，R は抵抗である。

コイル：
$$v(t) = L\frac{di(t)}{dt} \tag{6・2}$$

ここで，L は自己インダクタンスである。

コンデンサ：
$$v(t) = \frac{1}{C}\int i(t)dt \tag{6・3}$$

ここで，C はキャパシタンスである。

で与えられる。

また，図 2・55 に示す R-C 直列回路および図 2・61 に示す R-L-C 直列回路に時間的に変化する電圧 $v(t)$ を加えたとき，それぞれの回路のコンデンサ端子間電圧 $v_C(t)$ は

$$CR\frac{dv_C(t)}{dt} + v_C(t) = v(t) \tag{6・4}$$

および

$$\frac{d^2 v_C(t)}{dt^2} + \frac{R}{L}\frac{dv_C(t)}{dt} + \frac{1}{CL}v_C(t) = \frac{1}{CL}v(t) \tag{6・5}$$

で与えられる。

式(6・1)〜式(6・3)で，電流 $i(t)$ を入力，端子間電圧 $v(t)$ を出力とし，また，式(6・4)および式(6・5)で，電圧 $v(t)$ を入力，コンデンサの端子間電圧 $v_C(t)$ を出力とすると，入力および出力を変数とする微分方程式（0 階〜2 階）を得る。これらの式が入力と出力間の関係式によって素子や回路の特性を記述し，各素子および回路を表す数学的モデルである。

ちなみに，入出力に加えて状態変数も変数として用いたときの数学的モデルを求めてみよう。式(6・5)で記述された R-L-C 直列回路は，式(2・131)の導出と同様にして

$$\frac{di(t)}{dt} = -\frac{R}{L}i(t) - \frac{1}{L}v_C(t) + \frac{1}{L}v(t) \tag{6・6}$$

$$\frac{dv_C(t)}{dt} = \frac{1}{C}i(t) \tag{6・7}$$

式(2・132)(状態変数ベクトル) および式(2・133)を用い，入力変数および出力変数をそれぞれ $u(t)[=v(t)]$ および $y(t)[=v_C(t)]$ とし，

$$b = \begin{bmatrix} \dfrac{1}{L} \\ 0 \end{bmatrix}, \quad c = (0 \quad 1) \tag{6・8}$$

とおくと,

$$\frac{d\boldsymbol{x}(t)}{dt} = \boldsymbol{A}\boldsymbol{x}(t) + \boldsymbol{b}u(t) \tag{6・9}$$

$$y(t) = \boldsymbol{c}\boldsymbol{x}(t) \tag{6・10}$$

を得る。式(6・9)を状態方程式,式(6・10)を出力方程式という。

これまで述べてきたように,対象とする制御系やその要素の特性を記述することを**モデリング**という。

〔2〕 伝達関数

前項で制御系や制御要素の数学的モデルを得たが,入出力関係によって特性を記述する式は,一般に微積分方程式となる。このままでも数学的に取り扱うこともできるが,**ラプラス変換*** をすると,微積分方程式が代数方程式に変換され,取扱いが容易になる。ラプラス変換を用いた入出力関係の表し方の1つに伝達関数があり,これを使って上述した素子と回路を表現してみよう。

伝達関数はすべての初期値を0としたときの,入力のラプラス変換に対する出力のラプラス変換の比である。すなわち,入力および出力をそれぞれ $u(t)$ および $y(t)$ とし,いずれもラプラス変換可能で,

$$\mathcal{L}[u(t)] = U(s), \quad \mathcal{L}[y(t)] = Y(s)$$

とすると,伝達関数 $G(s)$ は

$$G(s) = \frac{Y(s)}{U(s)} \tag{6・11}$$

である。

前項の素子と回路の伝達関数を求めてみよう。$i(t), v(t)$ および $v_C(t)$ はラプラス変換可能であり,

---

* 付録1「ラプラス変換表」を参照しなさい。

6・4 制御要素としての素子，回路，電動機

$$\mathcal{L}[i(t)] = I(s), \quad \mathcal{L}[v(t)] = V(s), \quad \mathcal{L}[v_C(t)] = V_C(s)$$

とする．式(6・1)〜式(6・5)をラプラス変換すると，

抵抗： $V(s) = RI(s)$ (6・12)

コイル： $V(s) = LsI(s)$ (6・13)

コンデンサ： $V(s) = \dfrac{1}{Cs} I(s)$ (6・14)

R-C 直列回路：

$$T\{sV_C(s) - v_C(0)\} + V_C(s) = V(s) \tag{6・15}$$

ここで，$T = CR$．

R-L-C 直列回路：

$$s^2 V_C(s) - sv_C(0) - v_C'(0) + 2\zeta\omega_n\{sV_C(s) - v_C(0)\} + \omega_n V_C(s)$$
$$= \omega_0^2 V(s) \tag{6・16}$$

ここで，$\zeta = \dfrac{R}{2}\sqrt{\dfrac{C}{L}}, \quad \omega_n^2 = \dfrac{1}{CL}$.

を得る．また，

$$\mathcal{L}[\boldsymbol{x}(t)] = \boldsymbol{X}(s), \quad \mathcal{L}[u(t)] = U(s), \quad \mathcal{L}[y(t)] = Y(s)$$

として，式(6・9)および式(6・10)をラプラス変換すると

$$s\boldsymbol{X}(s) - \boldsymbol{x}(0) = \boldsymbol{A}\boldsymbol{X}(s) + \boldsymbol{b}U(s) \tag{6・17}$$

$$Y(s) = \boldsymbol{c}\boldsymbol{X}(s) \tag{6・18}$$

を得る．よって，各素子の伝達関数 $G(s)$ は

抵抗： $G(s) = R$ (6・19)

コイル： $G(s) = Ls$ (6・20)

コンデンサ： $G(s) = \dfrac{1}{Cs}$ (6・21)

である．また，回路の伝達関数は，すべての初期値を 0 として

R-C 直列回路：

$$G(s) = \dfrac{1}{1 + Ts} \tag{6・22}$$

R-L-C 直列回路：

$$G(s)=\frac{\omega_0^2}{s^2+2\zeta\omega_0 s+\omega_0^2} \tag{6・23}$$

である。

なお，状態方程式，出力方程式で表した場合の伝達関数は，式(6・17)および式(6・18)より

$$G(s)=\bm{c}(s\bm{I}-\bm{A})^{-1}\bm{b} \tag{6・24}$$

と表される。ここで，I は単位行列，$(s\bm{I}-\bm{A})^{-1}$ は $(s\bm{I}-\bm{A})$ の逆行列，s はラプラスの演算子である。

〔3〕 **制御要素とその応答**

入力の変化に対する出力の変化の様相を**応答**という。ここでは，素子や回路の応答について考察しよう。

抵抗は式(6・1)に示したように，入力に比例する大きさの出力を出す。伝達関数が

$$G(s)=K(=\text{const.}), \qquad K \text{ は比例定数} \tag{6・25}$$

である要素を**比例要素**という。

コイルは入力の時間微分値に比例する大きさの出力を出す。伝達関数が

$$G(s)=s \tag{6・26}$$

である要素を**微分要素**という。

コンデンサは入力の時間積分値に比例する大きさの出力を出す。伝達関数が

$$G(s)=\frac{1}{s} \tag{6・27}$$

である要素を**積分要素**という。

回路については**過渡応答*** を調べよう。図 6・21 に示す入力を単位ステップ入力という。大きさが 1，ステップ状に変化する入力である。この入力に対する応答を**単位ステップ応答**という。

---

* 定常状態にあった入力が別の定常状態へと変化したとき，定常状態にあった出力も変化して別の定常状態に達する。このときの出力の変化の様相を過渡応答という。インパルス応答，ステップ応答は代表例である。

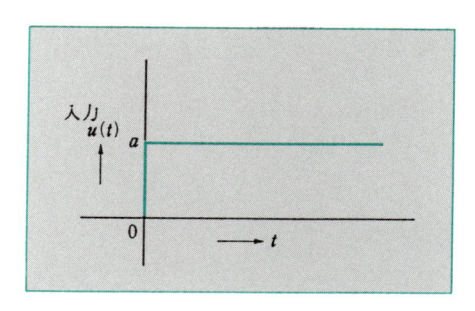

6・4 制御要素としての素子，回路，電動機

図 6・21 単位ステップ入力

R-C 直列回路の単位ステップ応答は，式 (2・106) において $V_0=1$，初期値を 0，すなわち $v_C(0)=0$ とおくと

$$v_C(t)=1-e^{-t/T} \tag{6・28}$$

を得，出力は図 6・22 (図中，出力を $x(t)$ とした) に示すように変化し，出力が入力から遅れる。すなわち動作遅れがある。伝達関数が

$$G(s)=\frac{1}{1+Ts}$$

である要素を **1 次遅れ要素**という。ここで，T は**時定数*** である。

R-L-C 直列回路の単位ステップ応答は，ζ の大きさによって異なり，次式のようになる。

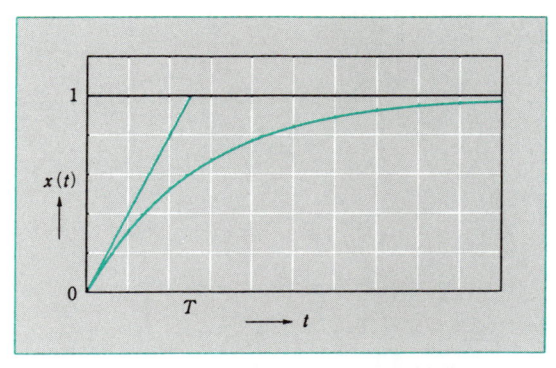

図 6・22 一次遅れ系の単位ステップ応答

* p. 91 を参照しなさい。

① **ζ<1のとき（不足減衰）**

$$x(t) = \mathcal{L}^{-1}\frac{\omega_n^2}{s^2+2\zeta\omega_n s+\omega_n^2}\cdot\frac{1}{s}$$

$$= 1 - \frac{e^{-\zeta\omega_n t}}{\sqrt{1-\zeta^2}}\sin\left(\sqrt{1-\zeta^2}\,\omega_n t + \tan^{-1}\frac{\sqrt{1-\zeta^2}}{\zeta}\right) \quad (6\cdot29)$$

② **ζ=1のとき（臨界減衰）**

$$x(t) = 1 - e^{-\omega_n t}(1+\omega_n t) \quad (6\cdot30)$$

③ **ζ>1のとき（過減衰）**

$$x(t) = 1 - \frac{e^{-\zeta\omega_n t}}{\sqrt{\zeta^2-1}}\sinh\left(\sqrt{\zeta^2-1}\,\omega_n t + \tanh^{-1}\frac{\sqrt{\zeta^2-1}}{\zeta}\right) \quad (6\cdot31)$$

出力は図6・23（図中，出力を$x(t)$とした）に示すように変化し，出力が入力から遅れる。すなわち，動作遅れがある。伝達関数が

$$G(s) = \frac{\omega_0^2}{s^2+2\zeta\omega_s s+\omega_0^2}$$

である要素を**2次遅れ要素**という。また，ω_nを**固有角周波数***，ζを**減衰係数**という。

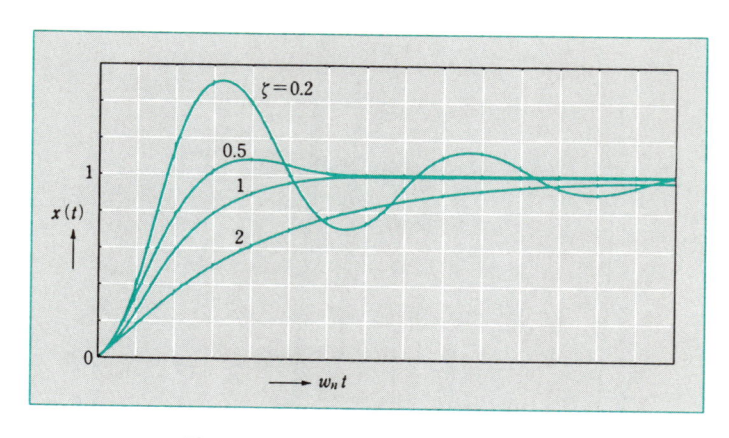

図 6・23　二次遅れ系の単位ステップ応答

---

*　p.105を参照しなさい。

〔4〕 **直流電動機**

多くの制御系で電動機は操作部を構成する主要な要素として使われている。特に，直流電動機は速度制御が容易，かつ高精度で行えるので応用例が多い。よって，サーボ系で使われる他励直流電動機*の数学的モデルを求めてみよう（図5・7に示す界磁電流 I_f は一定とする）。

直流電動機の等価回路は，図5・5に示す通りである。いま，電機子回路に印加される電圧を $v(t)$，電機子電流を $i_a(t)$，逆起電力を $e_0(t)$ とすると，式(5・1)より

$$R_a i_a(t) = v(t) - e_0(t) \tag{6・32}$$

を得る。また，ロータ（電機子。以下，機械部品として表現する）の回転角速度を $\omega_m(t)$ とすると，式(5・2)により

$$e_0(t) = K_m \omega_m(t) \tag{6・33}$$

であり，ここで，K_m は比例定数である。

電動機の発生トルクを $\tau(t)$ とすると，式(5・5)により

$$\tau(t) = K i_a(t) \tag{6・34}$$

を得る。ここで，K は比例定数である。

電動機の出力軸に関する回転部の慣性モーメントを J_m，出力軸軸受け部の粘性摩擦係数を λ_m，負荷トルクを $\tau_L(t)$ とすると

$$J_m \frac{d\omega_m(t)}{dt} + \lambda_m \omega_m(t) = \tau(t) - \tau_L(t) \tag{6・35}$$

を得る。

次いで，入力を電機子回路に印加される電圧 $v(t)$，出力をロータの回転角速度 $\omega_m(t)$ とし，伝達関数を求めよう。式(6・32)〜式(6・35)をラプラス変換し，すべての初期値を0にすると

$$R_a I_a(s) = V(s) - E_0(s)$$

---

* p.197 を参照しなさい。

$$\therefore \quad I_a(s) = \frac{1}{R_a}v(s) - \frac{1}{R_a}E_0(s) \tag{6・36}$$

$$E_0(s) = K_m \Omega_m(s) \tag{6・37}$$

$$T(s) = KI_a(s) \tag{6・38}$$

$$(J_m s + \lambda_m)\Omega_m(s) = T(s) - T_L(s)$$

$$\therefore \quad \Omega_m(s) = \frac{1}{J_m s + \lambda_m}T(s) - \frac{1}{J_m s + \lambda_m}T_L(s) \tag{6・39}$$

を得る。よって,伝達関数は

$$G(s) = \frac{\Omega_m(s)}{V(s)} = \frac{K}{J_m R_a s + \lambda_m R_a + KK_m}V(s)$$

$$- \frac{R_a}{J_m R_a s + \lambda_m R_a + KK_m}T_L(s) \tag{6・40}$$

である。

〔5〕 ブロック線図

直流電動機の数学的モデルと伝達関数が求まったが,電動機内部でどのように信号が伝達されるかがわからない。これを解決するため,ブロック線図を用いてみよう。ブロック線図は制御系の構成,構成要素間の信号伝達を表現するために用いる線図である。この線図では,構成要素をブロックと呼ぶ四角形で,要素間の信号を,伝達する向きに合わせた矢印で表す。また,信号の分岐

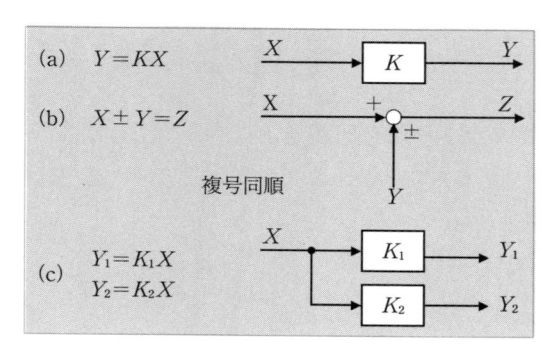

図 6・24 ブロック線図

6・4 制御要素としての素子，回路，電動機

および加減算をそれぞれ引き出し点および加え合わせ点で表す。

この線図は代数式の図式表現である。X, Y, Z を変数すなわち信号，$K, K_1, K_2 = $ const. として

$$Y = KX$$

を図 6・24(a) のように表す。また，信号の和または差

$$X \pm Y = Z$$

を同図(b)と表し，この点○を **加え合わせ点** と呼ぶ。さらに，信号の分岐

$$Y_1 = K_1 X$$

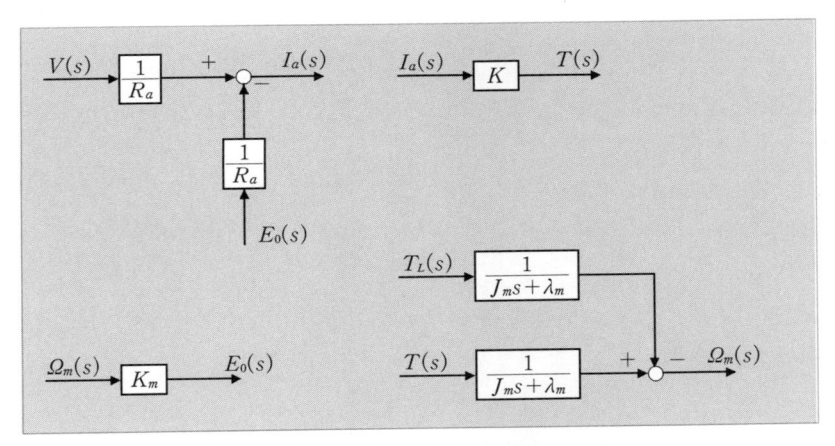

図 6・25　式 (6・36)〜式 (6・39) のブロック線図

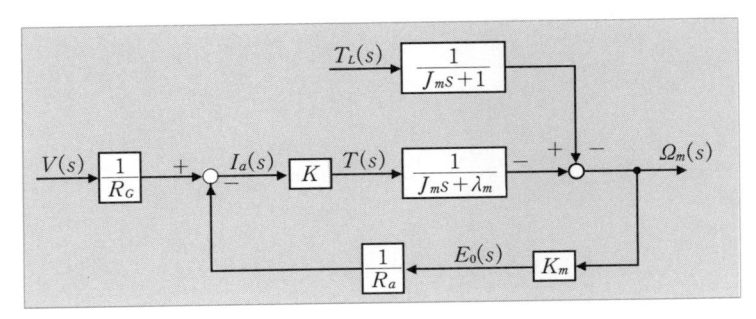

図 6・26　他励直流電動機のブロック線図

$Y_2 = K_2 X$

を同図（c）と表し，この点●を**引き出し点**と呼ぶ．

　式(6・34)～(6・37)をブロック線図で表現すると図6・25のようになる．得られたブロック線図を信号伝達に従って結合すると図6・26を得，電動機内部で信号がどのように伝達されているかを知ることができる．

演習問題〔6〕

〔問題〕 1. 歪ゲージを用いた応力測定システムで，信号がどのように処理されているかを説明せよ．

〔問題〕 2. サーボ系で，信号がどのように変換され，伝達されているかを説明せよ．

〔問題〕 3. アナログ信号とディジタル信号の特徴をあげ，比較せよ．

〔問題〕 4. センサを3つあげ，そのセンサに応用されている物理法則と信号変換について説明せよ．

〔問題〕 5. CCD（charge coupled device：電荷転送素子）の電荷転送の原理を説明せよ．

演習問題の解答

第1章　電気の基礎　………………………演習問題〔1〕(p.37)

〔問題〕 **1.** （a） オームの法則から，

$I = V/R = 10/(100 \times 1000) = 1/(10 \times 1000) = 0.1 \times 10^{-3}$ 〔A〕$= 0.1$ 〔mA〕

（b）　$V = IR = 5 \times 10^3 \times 0.04 = 200$ 〔V〕

（c）　$R = V/I = 2/(16 \times 10^{-6}) = 0.125 \times 10^6 = 125 \times 10^3$ 〔Ω〕$= 125$ 〔kΩ〕

〔問題〕 **2.** （a）　$R_0 = 1 + 1 = 2$ 〔Ω〕，（b）　$R_0 = \dfrac{1}{(1/1)+(1/1)} = \dfrac{1}{2} = 0.5$ 〔Ω〕，

（c）　$R_0 = 1 + 1 + 1 = 3$ 〔Ω〕，（d）　$R_0 = 1 + \left\{\dfrac{1}{(1/1)+(1/1)}\right\} = 1 + \left\{\dfrac{1}{2}\right\} = 1.5$ 〔Ω〕

（e）　$R_0 = \dfrac{1}{(1/1)+1/(1+1)} = \dfrac{1}{1+(1/2)} = \dfrac{2}{3}$ 〔Ω〕，

（f）　$R_0 = \dfrac{1}{(1/1)+(1/1)+(1/1)} = \dfrac{1}{3}$ 〔Ω〕，（g）　$R_0 = 1 + 1 + 1 + 1 = 4$ 〔Ω〕，

（h）　$R_0 = 1 + \dfrac{1}{(1/1)+1/(1+1)} = 1 + \dfrac{1}{1+(1/2)} = 1 + \dfrac{2}{3} = \dfrac{5}{3}$ 〔Ω〕，

（i）　$R_0 = 1 + \dfrac{1}{(1/1)+(1/1)+(1/1)} = 1 + \dfrac{1}{3} = \dfrac{4}{3}$ 〔Ω〕，

（j）　$R_0 = 1 + 1 + \dfrac{1}{(1/1)+(1/1)} = 2 + \dfrac{1}{2} = \dfrac{5}{2} = 2.5$ 〔Ω〕，

（k）　$R_0 = \dfrac{1}{(1/1)+1/(1+1+1)} = \dfrac{1}{1+(1/3)} = \dfrac{3}{4}$ 〔Ω〕，

（l）　$R_0 = \dfrac{1}{(1/1)+1/\left\{1+\dfrac{1}{(1/1)+(1/1)}\right\}} = \dfrac{1}{1+2/3} = \dfrac{3}{5} = 0.6$ 〔Ω〕，

（m）　$R_0 = \dfrac{1}{(1/1)+(1/1)+1/(1+1)} = \dfrac{1}{1+1+(1/2)} = \dfrac{2}{5} = 0.4$ 〔Ω〕，

（n）　$R_0 = \dfrac{1}{(1/1)+(1/1)+(1/1)+(1/1)} = \dfrac{1}{4}$ 〔Ω〕，

(o) $R_0 = \dfrac{1}{1/(1+1)+1/(1+1)} = 1\,[\Omega]$,

(p) $R_0 = \dfrac{1}{(1/1)+(1/1)} + \dfrac{1}{(1/1)+(1/1)} = \dfrac{1}{2} + \dfrac{1}{2} = 1\,[\Omega]$

〔問題〕 **3.** $W_j = VIt = 100 \times 10 \times 7 \times 60 = 420 \times 10^3\,[\text{J}] = 420\,[\text{kJ}]$,

$W_c = 0.24\,W_j = 0.24 \times 420 \times 10^3 \fallingdotseq 100 \times 10^3\,[\text{cal}] = 100\,[\text{kcal}]$

〔問題〕 **4.** 極板の帯電量 $Q\,[\text{C}]$ は，式(1・35)から，

$$Q = \varepsilon_0 \dfrac{S}{l} V = 8.85 \times 10^{-12} \times \dfrac{1}{0.1} \times 150 = 1.326 \times 10^{-8}\,[\text{C}]$$

また，極板間の吸引力 $F\,[\text{N}]$ は，式(1・45)から，

$$F = \dfrac{\varepsilon_0 S V^2}{2l^2} = \dfrac{8.85 \times 10^{-12} \times 150^2}{2 \times 0.1^2} = 9.956 \times 10^{-6}$$
$$\fallingdotseq 10 \times 10^{-6}\,[\text{N}]$$

また，コンデンサのキャパシタンス $C\,[\text{F}]$ は，式(1・36)から，

$$C = \dfrac{\varepsilon_0 S}{l} = \dfrac{8.85 \times 10^{-12} \times 1}{0.1} = 8.85 \times 10^{-12} \times 10 = 88.5 \times 10^{-12}\,[\text{F}]$$

〔問題〕 **5.** 解図1.(a)のように，導体 A に流れる電流 $I_1\,[\text{A}]$ によって，導体 B にできる磁界 H_1 は，右ねじの法則から，図(b)に示すように，導体 B に直角な方向で，その大きさ $H_1\,[\text{A/m}]$ は，式(1・58)から，

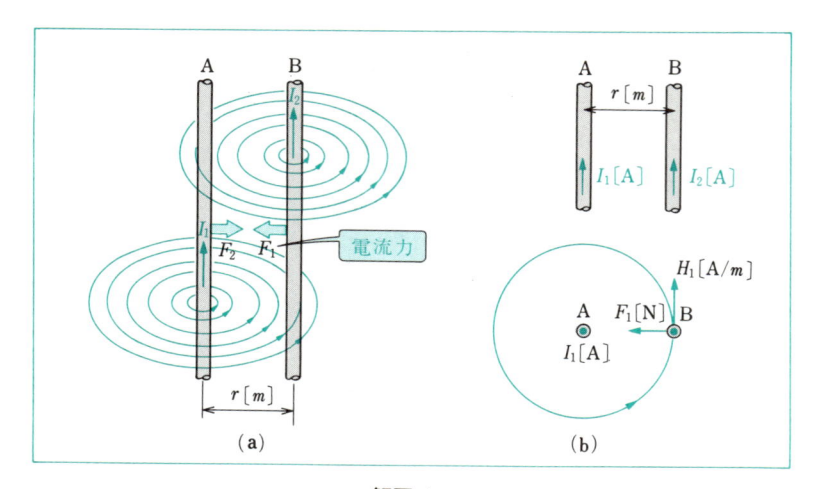

解図 1.

演習問題の解答

$$H_1 = \frac{I_1}{2\pi r} \;[\text{A/m}]$$

この部分の磁束密度 B_1 [T] は，真空の透磁率を μ_0 とすれば，$B_1 = \mu_0 H_1$ であるから，

$$B_1 = \mu_0 H_1 = \frac{\mu_0 I_1}{2\pi r} \;[\text{T}]$$

となる。

したがって，導体 B に I_2 [A] の電流が流れているときの，1 m 当たりの電磁力 F_1 [N] は，式 (1·61) から，

$$F_1 = B_1 I_2 = \frac{\mu_0 I_1 I_2}{2\pi r} \;[\text{N}]$$

真空の透磁率 $\mu_0 = 4\pi \times 10^{-7}$ [H/m] を代入すれば，

$$F_1 = 4\pi \times 10^{-7} \times \frac{I_1 I_2}{2\pi r} = 2 \times \frac{I_1 I_2}{r} \times 10^{-7} \;[\text{N}]$$

第2章　電気回路　……………………………………演習問題〔2〕(p. 106)

〔問題〕 1. 図 2·65 の R_3, R_5, R_6 のところは，合成抵抗 $R' = R_3 + R_5 R_6 / (R_5 + R_6)$ $= 4.0$ [Ω] でおきかえて同図を画き直すと，解図2. のようになる。R_1 には E_1 が直

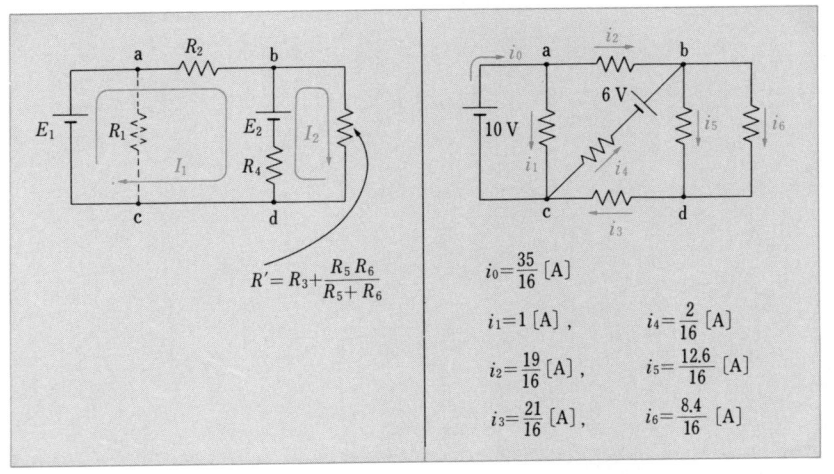

解図 2.

解図 3.

$i_0 = \dfrac{35}{16}$ [A]

$i_1 = 1$ [A], $\quad i_4 = \dfrac{2}{16}$ [A]

$i_2 = \dfrac{19}{16}$ [A], $\quad i_5 = \dfrac{12.6}{16}$ [A]

$i_3 = \dfrac{21}{16}$ [A], $\quad i_6 = \dfrac{8.4}{16}$ [A]

接加わるから，その電流 i_1 は，$i_1=10/10=1$〔A〕とまず決まる。

よって，この R_1 は除いて，解図2.の I_1, I_2 のように，ループ電流を決め，各ループについてキルヒホッフ第2法則によって，次の式をつくる。

$$\left.\begin{array}{l} E_1-E_2=R_2I_1+R_4(I_1-I_2) \\ E_2=-R_4(I_1-I_2)+R'I_2 \end{array}\right\} \quad \left.\begin{array}{l} 10-6=4I_1+6(I_1-I_2)=10I_1-6I_2 \\ 6=-6(I_1-I_2)+4I_2=-6I_1+10I_2 \end{array}\right\}$$

整理して，

$$\begin{bmatrix} 5 & -3 \\ -3 & 5 \end{bmatrix} \begin{bmatrix} I_1 \\ I_2 \end{bmatrix} = \begin{bmatrix} 2 \\ 3 \end{bmatrix}$$

これを解いて，

$$I_1=\frac{19}{16}\text{〔A〕}, \quad I_2=\frac{21}{16}\text{〔A〕}$$

各抵抗の電流をそれぞれ解図3.のように $i_1 \sim i_6$ と名付ければ，

$$i_2=I_1=\frac{19}{16}\text{〔A〕}, \quad i_3=I_2=\frac{21}{16}\text{〔A〕}, \quad i_4=I_2-I_1=\frac{2}{16}\text{〔A〕}$$

$$i_5=i_3\times\frac{6}{4+6}=\frac{12.6}{16}\text{〔A〕}, \quad i_6=i_3\times\frac{4}{4+6}=\frac{8.4}{16}\text{〔A〕}$$

また，

$$V_{ab}=R_2i_2=4\times\frac{19}{16}=4.75\text{〔V〕}, \quad V_{bd}=4\times\frac{12.6}{16}=3.15\text{〔V〕}$$

$$V_{dc}=1.6\times\frac{21}{16}=2.1\text{〔V〕}$$

〔問題〕 **2.** 図2・22の閉路 PGS，PQRS および PQB の電流をそれぞれ i_l, i_1, i_2 とすると，解図4.において，$P=2$，$Q=5$，$R=1$，$S=3$，$R_l=3$，$B=1$〔Ω〕，$E=$

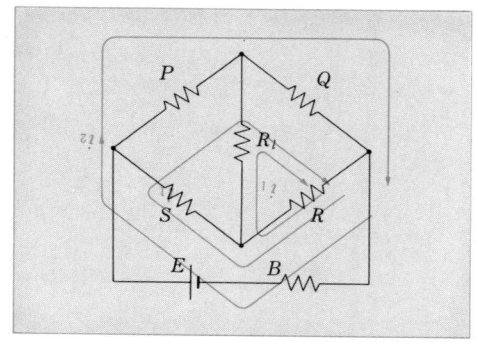

解図 4.

16 [V] であるから，それぞれの閉路について，次の式がつくれる。

$$2(i_l+i_1+i_2)+3i_l+3(i_l+i_1)=0$$
$$2(i_l+i_1+i_2)+5(i_1+i_2)+1\times i_1+3(i_l+i_1)=0$$
$$2(i_l+i_1+i_2)+5(i_1+i_2)+1\times i_2=16$$

上式を整頓して，

$$\begin{bmatrix} 8 & 5 & 2 \\ 5 & 11 & 7 \\ 2 & 7 & 8 \end{bmatrix} \begin{bmatrix} i_l \\ i_1 \\ i_2 \end{bmatrix} = \begin{bmatrix} 0 \\ 0 \\ 16 \end{bmatrix}$$

これを解いて，$i_l=1$ [A]$=I_l$ となる。なお，$i_1=-\dfrac{736}{208}$ [A]，$i_2=\dfrac{1\,008}{208}$ [A] も求められる。

[問題] **3.** 等しい抵抗 R が図 2·23 のように正五角形に結ばれた場合を拡張して正 n 角形とした場合を考える。このときは，解図 5. のように，ab 点から残りの $(n-2)$ 個の頂点間に抵抗を結び，ab 間に電圧を加えたとき，残りの頂点の電位は ab

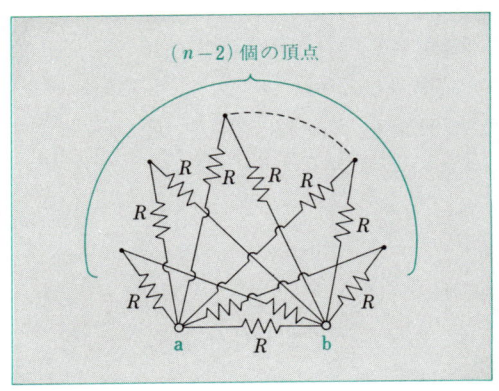

解図 5.

間の電位の 1/2 となり，すべて同電位である。したがって，抵抗を結んでも影響がなく，ab 間の合成抵抗は R と $2R$ が $(n-2)$ 個が並列に結ばれたものとが並列になるので，

$$R_{ab}=\dfrac{1}{\dfrac{1}{R}+\dfrac{n-2}{2R}}=\dfrac{2R}{n}$$

となる。$n=5$ の場合は，$R_{ab}=\dfrac{2R}{5}=0.4R$ となる。

〔問題〕 **4.** $\dot{V}=100e^{j\pi/3}$, $\dot{I}=25e^{j\pi/2}$ であるから, 回路のインピーダンス Z は,

$$\dot{Z}=\dot{V}/\dot{I}=\frac{100e^{j\pi/3}}{25e^{j\pi/2}}=4e^{j\pi/3-j\pi/2}=4e^{-j\pi/6}\,\text{〔Ω〕}$$

ゆえに, 消費電力 P は,

$$P=VI\cos\phi=100\times 25\times\cos(\pi/6)=2\,165\,\text{〔W〕}$$

〔問題〕 **5.** 抵抗 R に流れる電流 I_R は,

$$I_R=|\dot{I}_R|=\frac{\omega L}{\sqrt{R^2+(\omega L)^2}}|\dot{I}|$$

であるから, 電力 P は,

$$P=|\dot{I}_R|^2 R=\frac{(\omega L)^2}{R+(\omega L)^2/R}|\dot{I}|^2$$

となり, P の最大の条件は, 上式の分母を最小となるようにする。

$$\frac{\partial}{\partial R}\left\{R+\frac{(\omega L)^2}{R}\right\}=1-\frac{(\omega L)^2}{R^2}=0$$

ゆえに, $R=\omega L$ のとき $P=\frac{\omega L}{2}|\dot{I}|^2$ 最大となる。この時, $|\dot{I}_R|=|\dot{I}_L|$, $\dot{I}_R=j\dot{I}_L$ となるから, 位相角 $\phi=45°$ であり, $\cos\phi=0.707$ となる。

〔問題〕 **6.** 図2・69は, 図2・48に等価変換できる。すなわち, 相電圧 $\dot{E}=\dot{V}_l/\sqrt{3}$, $\dot{Z}_Y=Z_\Delta/3$ である。よって, $\dot{E}=200/\sqrt{3}$, $\dot{Z}_Y=(7+j24)/3$ となり,

$$\dot{I}_l=\dot{E}/\dot{Z}_Y=3.88-j13.3,\quad I_l=\sqrt{3.38^2+13.3^2}=13.9\,\text{〔A〕}$$

また, $\dot{I}_l=I_r-jI_i$ とおくと,

$$\cos\phi=I_r/I_l=0.279$$

$$\therefore P=\sqrt{3}\,V_l I_l\cos\phi=1343\,\text{〔W〕}$$

〔問題〕 **7.** $X_c=1/\omega C$ であるから, $Z_n=\sqrt{R^2+(X_c/n)^2}$, $n=1,3,5$ である。よって,

$$Z_1=13.0,\quad Z_3=6.40,\quad Z_5=5.55$$

ゆえに, $V_1=100$, $V_3=50$, $V_5=20$ とおくと,

$$I_1=V_1/Z_1=7.69\,\text{〔A〕},\quad I_2=V_3/Z_3=7.81\,\text{〔A〕},\quad I_5=V_5/Z_5=3.6\,\text{〔A〕}$$

よって, 実効値 I は,

$$I=\sqrt{I_1^2+I_3^2+I_5^2}=11.5\,\text{〔A〕}$$

同様に,

$$V=\sqrt{V_1^2+V_3^2+V_5^2}=114\,\text{〔V〕}$$

$$P = I^2 R = 11.5^2 \times 5 = 661 \text{ [W]}$$
$$\cos \phi = P/(VI) = 661/(114 \times 11.5) = 0.504$$

〔問題〕 **8.**
$$i_C + i_R = C\frac{dv}{dt} + \frac{1}{R}v = I_0, \quad v_{(t=0)} = V_0$$

ラプラス変換表を用いて,
$$C\{sV(s) - V_0\} + \frac{1}{R}V(s) = \frac{1}{s}I_0$$

上式を整理すると,
$$V(s) = \frac{V_0}{s + \frac{1}{CR}} + \frac{I_0}{C} \cdot \frac{1}{s\left(s + \frac{1}{CR}\right)}$$

この式のラプラス逆変換は,
$$v = \underbrace{V_0 e^{-t/CR}}_{\text{零入力応答}} + \underbrace{RI_0(1 - e^{-t/CR})}_{\text{零状態応答}}$$
$$v = \underbrace{(V_0 - RI_0)e^{-t/CR}}_{\text{過渡項}} + \underbrace{RI_0}_{\text{定常項}}$$

で求まる。
また, 電流については,
$$i_R = \frac{1}{R}v = \left(\frac{V_0}{R} - I_0\right)e^{-t/CR} + I_0, \quad i_C = C\frac{dv}{dt} = -\left(\frac{V_0}{R} - I_0\right)e^{-t/CR}$$

となる。
　回路の各素子の定数が一定である回路において, 入力が直流であるとき, 応答の定常項は常に直流となる。同様のことが交流入力についても成り立つ。

〔問題〕 **9.**
$$v_{(t \to \infty)} = \frac{\sqrt{2}\,RI}{\sqrt{1 + (\omega CR)^2}}\sin(\omega t + \phi) = \frac{\sqrt{2}\,I}{\sqrt{\left(\frac{1}{R}\right)^2 + (\omega C)^2}}\cos(\omega t - \phi')$$

ここで, $\phi' = \frac{\pi}{2} - \phi = \tan^{-1}(\omega CR)$ とする。

$$\therefore \quad \dot{V} = \frac{I}{\sqrt{\left(\frac{1}{R}\right)^2 + (\omega C)^2}} e^{-j\phi'}$$

$$i_{R(t\to\infty)} = \frac{\sqrt{2}\,I}{\sqrt{\left(\frac{1}{R}\right)^2 + (\omega C)^2}} \left(\frac{1}{R}\right) \cos(\omega t - \phi')$$

$$\therefore\quad \dot{I}_R = \frac{I}{\sqrt{\left(\frac{1}{R}\right)^2 + (\omega C)^2}} \left(\frac{1}{R}\right) e^{-j\phi'}$$

$$i_{C(t\to\infty)} = \frac{\sqrt{2}\,I}{\sqrt{\left(\frac{1}{R}\right)^2 + (\omega C)^2}} \cdot (\omega C) \cos\left(\omega t + \frac{\pi}{2} - \phi'\right)$$

$$\therefore\quad \dot{I}_C = \frac{I}{\sqrt{\left(\frac{1}{R}\right)^2 + (\omega C)^2}} (\omega C) e^{j(\pi/2 - \phi')}$$

となる。

以上の関係をベクトル図で示すと，解図6.となる。ここで，基準ベクトルは，

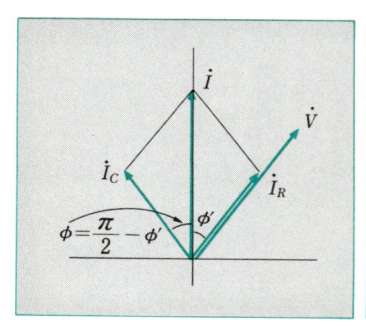

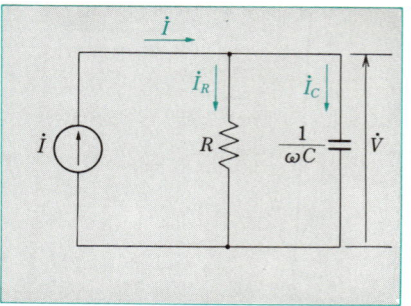

解図 6.

解図 7.

入力電流が $i = \sqrt{2}\,I \cos \omega t$ で与えられているので縦軸上にとってある。

このように，過渡応答から得られた定常値は，すでに2・2節で述べた結果からも直接に得られる。解図7.の関係から，

$$\dot{V} = \dot{Z}\dot{I} = \frac{1}{\frac{1}{R} + j\omega C}\dot{I} = \frac{I}{\sqrt{\left(\frac{1}{R}\right)^2 + (\omega C)^2}} e^{-j\phi'}$$

$$\dot{I}_R = \frac{1}{R}\dot{V} = \frac{I}{\sqrt{\left(\frac{1}{R}\right)^2 + (\omega C)^2}} \left(\frac{1}{R}\right) e^{-j\phi'}$$

$$\dot{I}_C = j\omega C \dot{V} = \frac{I}{\sqrt{\left(\frac{1}{R}\right)^2 + (\omega C)^2}} (\omega C) e^{j(\pi/2 - \phi')}$$

が求められ，過渡応答から算出された値と等しいことがわかる。

〔問題〕 **10.** 与えられた各定数から，

$$\beta = \sqrt{\left(\frac{R}{2L}\right)^2 - \omega_0^2} = \sqrt{\left(\frac{10^3}{2}\right)^2 - \frac{10^6}{2}} = 10^3 \sqrt{\frac{1}{4} - \frac{1}{2}} < 0 \quad (\text{不足振動})$$

固有角周波数 β_0 は，

$$\beta_0 = 10^3 \sqrt{\frac{1}{2} - \frac{1}{4}} = \frac{1}{2} \times 10^3 \ [\text{rad/s}]$$

周波数 f_0 は，

$$f_0 = \frac{1}{2\pi} \beta_0 = \frac{1}{4\pi} \times 10^3 \ [\text{Hz}]$$

周期 T_0 は，

$$T_0 = \frac{1}{f_0} = 4\pi \times 10^{-3} \ [\text{s}]$$

減衰の時定数 T は，

$$T = \frac{2L}{R} = 2 \times 10^{-3} \ [\text{s}] \quad (\Delta t = 0.01 \times 10^{-3}, \ \Delta t = 0.2 \times 10^{-3} \text{ を用いた})$$

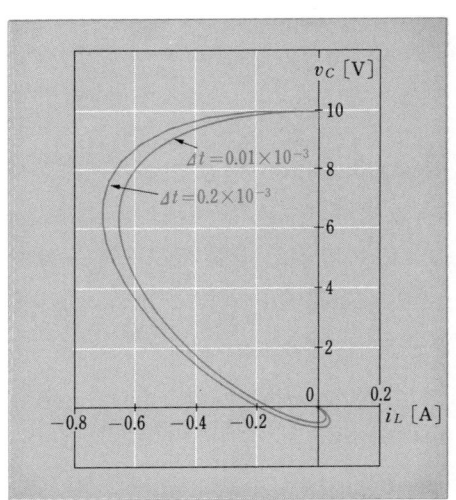

係行列〔A〕は，

解図 8.

$$[A] = \begin{bmatrix} -\dfrac{10}{10\times 10^{-3}} & -\dfrac{1}{10\times 10^{-3}} \\ \dfrac{1}{200\times 10^{-6}} & 0 \end{bmatrix}$$

状態ベクトルの初期値 $[X(0)]$ は，

$$[X(0)] = \begin{bmatrix} 0 \\ 10 \end{bmatrix}$$

となるので，式(2・138)を用いてコンピュータで求めた結果を解図 8. に示す。

第3章　半導体デバイス　……………………………演習問題〔3〕(p. 133)

〔問題〕 1.　削略
〔問題〕 2.　削略
〔問題〕 3.　削略

第4章　電子回路　………………………………………演習問題〔4〕(p. 187)

〔問題〕 1.　省略
〔問題〕 2.　省略
〔問題〕 3.　省略
〔問題〕 4.　省略
〔問題〕 5.　一般に，解図 9. の回路で，V_2 は次のようになる。

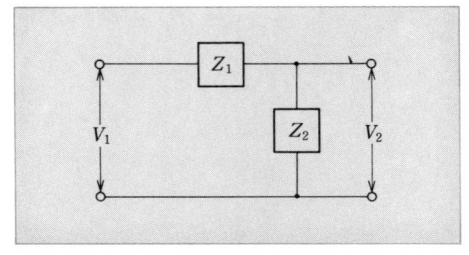

解図 9.

$$V_2 = \dfrac{Z_2}{Z_1 + Z_2} V_1$$

ここで，図 4・18 (a) で，$Z_1 = R + \dfrac{1}{sC} = \dfrac{1 + CRs}{sC}$，$Z_2 = \dfrac{1}{(1/R) + sC} = \dfrac{R}{1 + CRs}$ であるので，上式に Z_1，Z_2 を代入すれば，式(4・41)が得られる。

〔問題〕 **6.**
$$S_n = \bar{A}_n B_n \bar{C}_n + A_n \bar{B}_n \bar{C}_n + \bar{A}_n \bar{B}_n C_n + A_n B_n C_n$$
$$= (\bar{A}_n B_n + A_n \bar{B}_n) \bar{C}_n + (\bar{A}_n \bar{B}_n + A_n B_n) C_n$$
$$= (A_n \oplus B_n) \bar{C}_n + (\overline{A_n \oplus B_n}) C_n$$
$$= A_n \oplus B_n \oplus C_n$$
$$C_{n+1} = A_n B_n \bar{C}_n + \bar{A}_n B_n C_n + A_n \bar{B}_n C_n + A_n B_n C_n$$
$$= (\bar{A}_n B_n + A_n \bar{B}_n) C_n + A_n B_n (C_n + \bar{C}_n)$$
$$= (A_n \oplus B_n) C_n + A_n B_n$$

〔問題〕 **7.** カルノーマップは，次のようになる。

	$\bar{C}\bar{D}$	$\bar{C}D$	CD	$C\bar{D}$
$\bar{A}\,\bar{B}$	1			1
$\bar{A}\,B$	1	1		
$A\,B$				
$A\,\bar{B}$	1			1

解図 10.

簡略化した式は，
$$Y = \bar{B}\bar{D} + \bar{A}\bar{C}\bar{D} + \bar{A}BCD$$
となる。

〔問題〕 **8.** RS フリップフロップでは，S＝R＝1 は入力禁止である。本問の回路は，R 入力部の NAND ゲートの働きで，S＝R＝1 のとき Q＝1 となり，動作はセットとなる。そのほかの動作は，RS フリップフロップと同じである（このようなフリップフロップを**セット優先 RS フリップフロップ**という）。

〔問題〕 **9.** 解図 11. のようになる。
　　8 ビットの信号 $D_7\ D_6\ D_5\ \cdots\ D_2\ D_1\ D_0$ によってスイッチを動かす。

〔問題〕 **10.** まず 2 進数 1 1 1 0 1 0 1 0 を 10 進数に変換すると，

$$1\cdot 2^7+1\cdot 2^6+1\cdot 2^5+1\cdot 2^3+1\cdot 2^1=234$$

となる。234 を 5 のべき乗を用いて表すと，

$$234=1\cdot 5^3+4\cdot 5^2+1\cdot 5^1+4\cdot 5^0$$

となる。したがって，234 を 5 進数で表すと，1 4 1 4 となる。

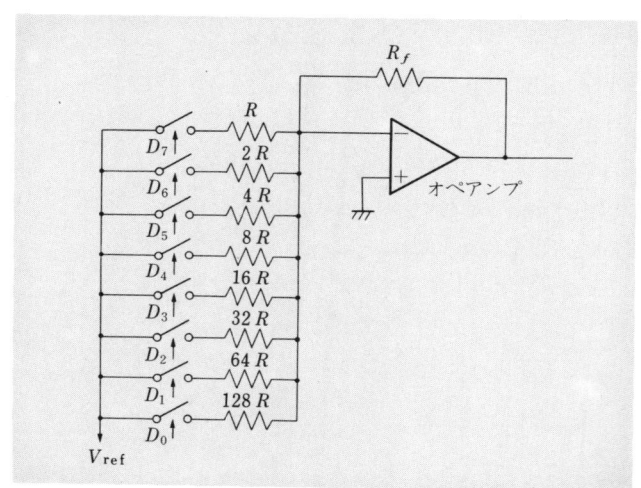

解図 11.

第 5 章　エネルギー変換機器とその応用　………演習問題〔5〕(p. 228)

〔問題〕**1.** (1) 逆起電力 $E_0=V-R_aI_a=150-0.2\times 50=140$ 〔V〕

(2) トルク $T=E_0I_a/\omega_m=140\times 50/(2\pi\times 1\,750/60)=38.2$ 〔N・m〕

(3) 電機子電圧を 50 V にすると，逆起電力 $E_0'=50-0.2\times 50=40$ 〔V〕

となるから，このとき ω_m は，

$$\omega_m=E_0I_a/T=40\times 50/38.2=52.36 \text{ 〔rad/s〕}=500 \text{ 〔rpm〕}$$

〔問題〕**2.** (1) 式(5・11)より，負荷トルクが 1/2 になると，電機子電流は $\sqrt{1/2}$ になるから，$I'=100/\sqrt{2}=70.7$ 〔A〕

(2) 式(5・12)より，速度は $\sqrt{2}$ 倍になるから，$N'=1\,000\times\sqrt{2}=1\,414$ 〔rpm〕

(3) 出力 $=200\times 70.7=14\,140$ 〔W〕$=14.14$ 〔kW〕

〔問題〕**3.** $E_2=200\times 100/200=100$ 〔V〕

$I_2=E_2/50=100/50=2$ 〔A〕

$I_1 = E_2 I_2/200 = 1$ 〔A〕

式(5・21)より，

$100 I_1 = 100 I_3$　∴　$I_3 = I_1 = 1$ 〔A〕

〔問題〕 **4.**　（1）　式(5・24)より，

$n_s = 60 \times 60/2 = 1\,800$ 〔rpm〕

（2）　$n_s = 60 \times 50/2 = 1\,500$ 〔rpm〕

（3）　$n_s = 60 \times 60/6 = 600$ 〔rpm〕

（4）　同期速度は変化しないから，1 800 rpm

〔問題〕 **5.**

出力 $= \omega_m \times T = (2\pi \times 2\,820/60) \times (1.9 \times 9.8) = 5\,500$ 〔W〕$= 5.5$ 〔kW〕

すべり $s = (3\,000 - 2\,820)/3\,000 = 0.06$　（6％）

〔問題〕 **6.**　5・3節参照

〔問題〕 **7.**　（1）　周波数と出力電圧の調整が同時にできる。

（2）　スイッチ周波数を高めて出力電圧に含まれる低次高調波分が減少できる。

（3）　電圧制御の応答性がよい。

（4）　直流電圧は，ダイオード整流回路でよいから，交流電源の力率がよい。

（5）　共通の直流電源に多数台の PWM インバータが接続できる。

〔問題〕 **8.**　電機子電圧 V は，

$V = \{(150 - 0.2 \times 50) \times 1000/1\,750\} + 0.2 \times 50 = 90$ 〔V〕

∴　$\alpha = \cos^{-1}\{90 \times \pi/(2\sqrt{2} \times 200)\} = \pi/3$

〔問題〕 **9.**　平均直流電流 I_d は，

$$I_d = \frac{1}{2\pi}\int_\alpha^{\pi+\beta} i_d\, d\theta = \frac{1}{2\pi}\int_\alpha^{\pi+\beta} \frac{v}{R}\, d\theta = \frac{\sqrt{2}}{2\pi} \cdot \frac{V}{R}(\cos\alpha + \cos\beta)$$

〔問題〕 **10.**　定常状態において，GTO がオンのときの L の磁束増加量とオフのときの磁束減少量とは等しいから，オフ時間のインダクタンス端子間の平均電圧 V_L は，

$V_L = T_{on} V/T_{off}$

であり，平均負荷電圧 V_0 は，

$V_0 = V + T_{on} V/T_{off} = V/(1-\lambda)$　　$(0 \le \lambda < 1)$

となる。コンデンサの値が十分大きい時，オン期間も V_0 は一定で，上式から，$V_0 \ge V$ となる。

第6章 電子機器とその応用 ……………… 演習問題〔6〕(p.231)

〔問題〕 **1.** 解図 12.は，歪ゲージによる応力測定システムの基本的構成である．図

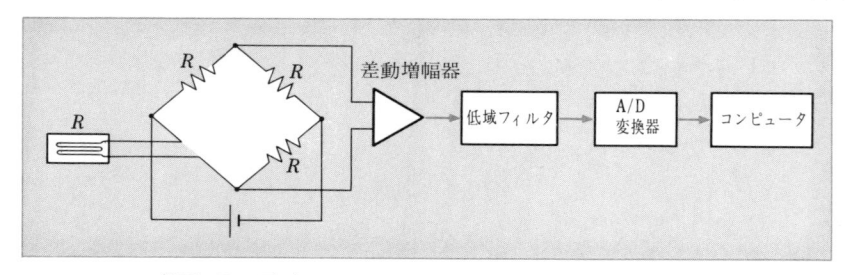

解図 12. 歪ゲージによる応力測定システムの基本的構成

に示すように，歪ゲージ，ホイートストンブリッジ，増幅器，低域フィルタからなる．歪ゲージは金属抵抗体（または半導体）であり，歪を加えると電気抵抗が変化し，その変化率は歪に比例する．ゲージの抵抗変化は非常に小さいので，ホイートストンブリッジで精密に測定し，電圧に変換する．次いで，この電圧を増幅する．差動増幅器，低域フィルタにより雑音を除去する．低域フィルタの出力を表示・記録装置へ導き，測定結果を表示・記録する．また，必要に応じて，低域フィルタの出力をアナログ・ディジタル変換し，コンピュータで信号を処理し，表示・記録する．

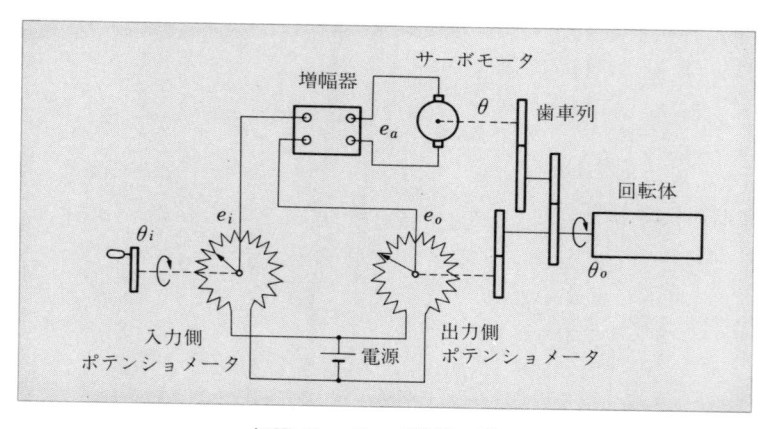

解図 13. サーボ機構の例

〔問題〕 2. 解図13.はサーボ機構の一例で，回転体を入力軸の動きに追従させる制御システムである。システム内の信号の変換と伝達の有様を解図14.に示す。

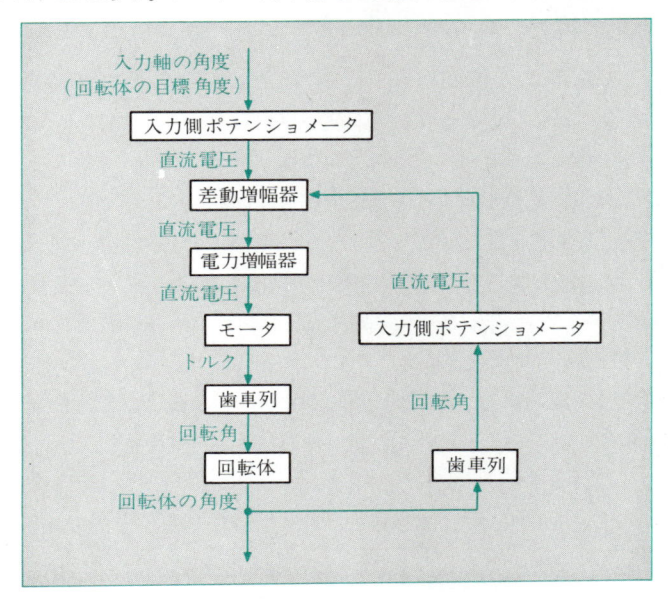

```
入力軸の角度
(回転体の目標角度)
   ↓
[入力側ポテンショメータ]
   ↓ 直流電圧
[差動増幅器] ←─────────────┐
   ↓ 直流電圧              │
[電力増幅器]          直流電圧│
   ↓ 直流電圧     [入力側ポテンショメータ]
[モータ]                    ↑
   ↓ トルク                 │
[歯車列]            回転角   │
   ↓ 回転角                 │
[回転体]            [歯車列]
   ↓ 回転体の角度
```

解図 14. 信号の変換

〔問題〕 3. 第6章6・2節「アナログ信号とディジタル信号」参照。

〔問題〕 4. （1） 歪ゲージは力の測定に用いるセンサである。原理は「物体に力が作用すると変形する。この変形量を検出し，作用している力を求める」ものであり，フックの法則とピエゾ抵抗効果とを応用したセンサである。次のように信号が変換される。

　　力→物体の変形→金属線の抵抗変化→（電気信号）

　　フックの法則：弾性限度内において，歪は応力に比例する。

　　ピエゾ抵抗効果：金属線に張力を加えたり，半導体に圧力を加えると電気抵抗が変化する。

（2） 熱電対は温度の測定に用いるセンサである。ゼーベック効果を応用したもので，次のように信号が変換される。

　　温度→熱起電力（電気信号）

ゼーベック効果：異種金属線の両端を接合し，2つの接合点に温度差を与えると，ループ電流が流れる。1つの接合点を切り離すと起電力が生じる。この起電力を熱起電力という。

（3）　光導電セル（CdS，PbSなど）は光計測用センサである。光導電効果を応用したもので，次のように信号が変換される。

　　光→電気伝導度の変化→光電流（電気信号）

　　光導電効果：光を照射すると電気抵抗が変化する。

〔問題〕 5. 基本的な三相駆動のCCDの動作原理について説明する。解図15.に示すように，p形シリコン基板の上に酸化膜（SiO_2）があり，この膜面上に多数の金属電極が一列に並べられている。電極は2個おきに共通の線につながれており，三相の電圧が印加される。

電極Aに電圧を加え，酸化膜の下のシリコンの表面に空乏層をつくる。この空乏層は電位の井戸のようになり，電子をためることができる。いま，ここに光の

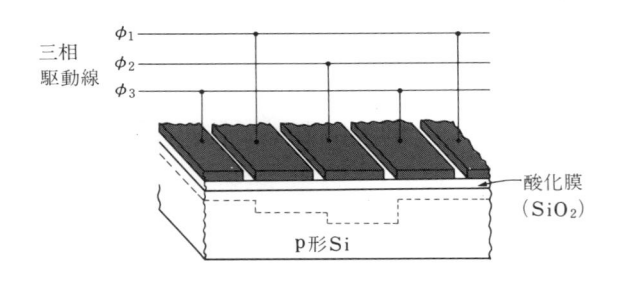

解図 15. CCDの電荷転送の原理

強度に対応した電荷，すなわち電子が蓄積されたとする。電極Bにより大きな電圧を加えて深い井戸をつくると，電子は電極Bの下に移動する。そこで，電極Bを電極Aの初めの状態と同じにすれば，蓄積された電子は電極Aから電極Bの下へと移り，このような操作を順次繰り返すと，電子をAからB，C，D，…と移動させることができる。これが電荷転送の原理である。

付　録

⟨付録 1.⟩　ラプラス変換表の一例

	$F(s)$　　(s 領域)	$f(t)$　　(t 領域)
(1)	$F_1(s) \pm F_2(s)$	$f_1(t) \pm f_2(t)$
(2)	$a F(s)$	$a f(t)$
(3)	$s F(s) - f(0)$	$df(t)/dt$
(4)	$s^2 F(s) - s f(0) - f'(0)$	$d^2 f(t)/dt^2$
(5)	$1/s$	1
(6)	$1/(s+a)$	e^{-at}
(7)	$1/s(s+a)$	$\dfrac{1}{a}(1 - e^{-at})$
(8)	$(s+a)/(s+b)(s+c)$	$\dfrac{1}{(c-b)}[(a-b)e^{-bt} - (a-c)e^{-ct}]$
(9)	$(s+a)/(s+b)^2$	$[1+(a-b)t]e^{-bt}$
(10)	$\omega/(s^2+\omega^2)$	$\sin \omega t$
(11)	$1/(s+a)(s^2+\omega^2)$	$\dfrac{1}{a^2+\omega^2}e^{-at} + \dfrac{1}{\omega\sqrt{a^2+\omega^2}}\sin(\omega t - \phi),\ \ \phi = \tan^{-1}\left(\dfrac{\omega}{a}\right)$
(12)	$s/(s^2+\omega^2)$	$\cos \omega t$
(13)	$s/(s+a)(s^2+\omega^2)$	$-\dfrac{a}{a^2+\omega^2}e^{-at} + \dfrac{1}{\sqrt{a^2+\omega^2}}\sin(\omega t + \phi)\quad \phi = \dfrac{\pi}{2} - \tan^{-1}\left(\dfrac{\omega}{a}\right)$

⟨付録 2.⟩　MIL 記号・JIS 記号対照表

記号＼ゲート	NOT	OR	AND	NAND	NOR
MIL	▷∘	⊐⟩	⊐⟩	⊐⟩∘	⊐⟩∘
JIS	[1]∘	[≧1]	[&]	[&]∘	[≧1]∘

索　引

ア　行

R-$2R$ ラダー回路（R-$2R$ ladder circuit）
　………………………………………181
アイソレーション（isolation）………131
アクセプタ（acceptor）………………117
アドミタンス（admittance）………68, 70
アナログ回路（analog circuit）　134, 138
アナログ信号（analog signal）………134
アナログスイッチ（analog switch）…178
圧電マイクロホン（piezo microphone）
　………………………………………247
網目（mesh）……………………………39

EOC（end of conversion）……………184
インダクタンス（inductance）……33, 67
インバータ（inverter）……160, 192, 226
インピーダンス（impedance）…………69
インピーダンス整合（impedance matching）
　………………………………………206
移相形発振器（phase-shift oscillator）
　………………………………………153
位相差（phase difference）……………62
位相制御（phase control）……………220
位相変調（phase modulation (PM)）…154
一次系（first-order system）………88, 94

ウィーン・ブリッジ発振器（Wien bridge oscillator）………………………152
うず電流損（eddy current loss）……207
上側波帯（upper sideband）…………154

A/D 変換（analog to digital conversion）………………………………182
A/D 変換回路（analog-to-digital converter）………………………134, 183
AM 受信機（AM receiver）……………250
AND ゲート（and gate）………………160
AM 送信機（AM transmitter）………249
LSB（least significant bit）……………185
MSB（most significant bit）……………185
n チャネル（n channel）………………127
n 形半導体（n-type semiconductor）…115
SCR（silicon controlled rectifier）…128
XOR ゲート（XOR gate）………………162
液晶ディスプレイ（liquid crystal display）……………………………243
エネルギー（energy）……………………21
エネルギーギャップ（energy gap）…114
エミッタ（emitter）……………………121
エミッタ接地回路（common-emitter connection）……………………………122
エレクトロルミネッセンス（electro luminescence）……………………………242
エンハンスメント形（enhancement type）
　………………………………………127
演算増幅器（operational amplifier）
　………………………………………139

OR ゲート（OR gate）…………………160
オイラーの式（Euler's formula）………65
応答（response）………………………258
オシロスコープ（oscilloscope）………253
オームの法則（Ohm's law）…………5, 6

オフ状態（off-state） ……………128
オン状態（on-state） ……………128

カ　行

ガウスの定理（Gauss' theorem） ……17
カウンタ（counter） ……………174
カルノーマップ（karnaugh map） …164
カゴ形導体（squirrel-cage conductor）
　……………………………………209
外因性半導体（extrinsic semiconductor）
　……………………………………115
界磁電流（field current） …………198
界磁巻線（field winding） …………198
階段接合（step junction） …………119
回転角速度（mechanical angular speed）
　……………………………………195
回転機（rotating machine） ………192
回転磁界（rotating magmetic field）　209
回路素子（circuit element） ………1,39
回路網（network） ……………39,61
拡散電位（diffusion potential） ……119
角周波数（angular frequency） ………60
過減衰（over damped） ……………99
化合物半導体（compound semiconductor）
　……………………………………113
重ねの理（principle of superposition）　43
加算器（summer） ……………145,166
加算積分器（summer-integrator） …145
価電子帯（valence band） …………113
過渡応答（transient response）
　………………84,86,88,94,96,100,258
過渡項（transient term） …………88,95
過渡状態（transient state） ………85,86
緩衝増幅器（buffer amplifier） ……144
環状電流（ring current） ……………80
完全応答（complete response） …88,90

Q値（共振の鋭さ）（resonance sharpness）
　………………………………………76
キャパシタンス（capacitance）
　……………………………12,18,19,67
キャリア（carrier） …………………114
キルヒホッフの法則（Kirchhoff's law）
　…………………………………40,59
基準電圧（reference voltage） ……178
起磁力（magnetomotiv force） ………58
起電力（electromotive force） …………4
軌道（trajectory） ……………102,104
基本波（fundamental wave） ………82
逆起電力（counter-electromotive force）
　……………………………………195
逆方向特性（reverse characteristic）　118
共振曲線（resonance curve） ………75
共振周波数（resonance frequency） …75
強制転流（forced commutation） …224
極対数（number of pair of poles） …195
禁制帯（forbidden band） …………114
クロックパルス（clock pulse） ……172
クーロンの法則（Coulomb's law） …12,24
クーロン力（Coulomb's force） ………13
くま取りコイル形単相誘導電動機
　（shaded-pole single-phase induction
　motor） ……………………………216
空乏層（depletion layer） …………118
組合せ論理回路（combinational logic
　circuit） …………………………157
繰り上がり（carry） ………………167

ゲート（gate） ………………125,160
ゲートターンオフサイリスタ（gate turn-
　off thyristor） ……………………129
系行列（system matrix） …………101
傾斜接合（graded junction） ………119

索　引

結合係数（coefficient of coupling, coupling factor）……………………37
結晶質（crystal）………………113
減算器（subtractor）……………145
検波（detection）………………155

コレクタ（collector）……………121
コレクタ接地回路（common-collector connection）……………………122
コンダクタンス（conductance）……6, 70
コンデンサ（condenser, capacitor）19, 21
コンデンサ始動形（capacitor-start type）……………………………215
コンデンサマイクロホン（condenser microphone）…………………………246
コンプリメンタリ電力増幅器（complementary-symmetry, power amplifier）……………………148
降伏現象（breakdown phenomenon）121
降伏電圧（breakdown voltage）……121
合成抵抗（combined resistance）………9
高調波（higher harmonics）……4, 82
交流（alternating current (AC)）…4, 60
交流回路（alternating current circuit）94
交流機（AC machine）…………192
交流電圧（alternating voltage）……60
交流電流（alternating current）……60
交流電力制御（AC power control）…222
交流負荷直線（AC-load line）………148
交流ブリッジ（AC bridge）……………74
固有角周波数（natural anguler frequency）……………………………105

サ　行

サイクロコンバータ（cycloconverter）228
サイリスタ（thyristor）……………128
サセプタンス（susceptance）…………70

サンプリング（sampling）……………187
サンプル＆ホールド（sample and hold）……………………………182
最大値（maximum value）……………60
最大トルク（maximum torque）……212
撮像管（pickup tube, camera tube）…238
三角結線（delta connection）…………55
三相誘導電動機（three-phase induction motor）……………………193, 210
残留磁気（residual magnetism, remanence）……………………………27

CVCF（constant voltage constant frequency）……………………226
GTO（gate turn-off）……………128
GTOサイリスタ（gate turn-off thyristor）……………………………225
JK フリップフロップ（JK flip-flop）…172
シフトレジスタ（shift register）……176
ジュール熱（Joule heat）………………11
ジュールの法則（Joule's law）………11
ショットキー障壁（schottky barrier）117
シリアル（rerial）………………176
シリコン対称スイッチ（silicon symmetrical switch）……………………130
磁位（magnetic potential）……………25
磁位差（magnetic potential difference）……………………………25
磁界（magnetic field）……………25
磁界の強さ（intencity of magnetic field）……………………………25, 58
磁荷（magnetic charge）………………24
磁化電流（magnetizing current）…206
磁化率（susceptibility）………………26
磁気（magnetism）………………………1
磁気回路（magnetic circuit）…………57
磁気抵抗（magnetic reluctance）……58

磁気誘導 (magnetic induction) ······32
磁気量 (quantity of magnetism) ······24
磁極 (magnetic pole) ······24
磁極の強さ (strength of magnetic pole)
······24, 25
磁束 (magnetic flux) ······24, 25, 58
磁束鎖交数 (flux linkage) ······195
磁束密度 (magnetic density) ······26, 58
磁力線 (magnetic line of force, line of magnetic force) ······24, 25
下側波帯 (lower sideband) ······154
実効値 (effective value) ······61
出力インピーダンス (output impedance)
······140, 142, 144
時定数 (time constant) ······259
始動トルク (starting torque) ······212
周期 (period) ······60
集積回路 (integrated circuit) ······130
周波数 (frequency) ······60
周波数変調 (frequency modulation FM)
······154
受動回路 (passive circuit) ······139
受動回路網 (passive network) ······39
受動素子 (passive element) ······40
受話器 (receiver, telephone receiver) ···248
充電 (charge) ······1
瞬時電力 (momentary power) ······7, 62
順序回路 (sequential logic circuit) ···157
順方向特性 (forward characteristic) 118
初期値 (initial value) ······86, 99
少数キャリア (minority carrier) ···115
状態ベクトル (state vector) ···101, 102
状態変数 (state variable) ······102
状態方程式 (state equation) 98, 100, 101
自励式 (self-excitation method) ······198
真性半導体 (intrinsic semiconductor)
······115

振幅変調 (amplitude modulation (AM))
······154
振幅変調波 (amplitude modulated wave)
······154
真理値数 (truth table) ······159

スピーカ (loudspeaker) ······247
スペクトラムアナライザ (spectrum analyzer) ······253
すべり (slip) ······211

セット (set) ······170
制御角 (control angle) ······220
整合変圧器 (matching transformer) 206
正弦波 (sine wave, sinusoidal wave) ···4
正弦波交流 (simusoidal (sine) wave alternating current) ······60
正孔 (hole) ······114
静磁気 (static magnetism) ······12
静電エネルギー (electrostatic energy) 21
静電界 (electrostatic field) ······13
静電気 (static electricity) ······14
静電容量 (electrostatic capacity) ···19
静電誘導 (electrostatic induction, static induction) ······12
静電力 (electrostatic force) ······13
整流回路 (rectifier circuits)
······135, 192, 218, 219
整流作用 (rectifying action) ······109
整流子 (commutator) ······193
整流子機 (commutator machine) ···192
正論理 (positive logic) ······158
接合形電界効果トランジスタ (junction type field effect transistor) ······111, 124
積和形式 (sum-of-products expression)
······164
絶縁体 (insulator) ······112

索　引

絶縁物（insulator） ……………12
接合トランジスタ（junction transistor）
　　……………………………111, 121
節点（node） ……………………39
遷移領域（transition region） ………119
全加算器（full adder） ……………168
線間電圧（line voltage） ……………80
線形回路網（linear network） ………40
線形常微分方程式（linear ordinary differential equation） ………………86
線形素子（linear element） …………40
線図（graph） ……………………39
センサ（sensor） ………………231
線電流（line current） ………………80

ソース（source） ………………124
掃引発振器（sweep signal generator）…252
相互インダクタンス（mutual inductance）
　　……………………………78, 199
相電圧（phase voltage） ……………80
相補形 MOS（complementary MOS）132
双対性（duality） ………………161
測定量（measurand） ……………231
速度制御（speed control） …………214
素子間分離（isolation） ……………131
阻止状態（bloking state） …………128
相反の定理（reciprocity theorem） …47
相電流（phase current） ……………80

タ　行

ダイオード（diode） ……………219
ダイオードブリッジ全波（diode bridge type full-wave） ………………135
ダイナミックマイクロホン（dynamic microphone） ………………246
タイムチャート（time chart） ………172
ダーリントン回路（Darlington circuit）
　　……………………………150
大規模集積回路（large scale integrated circuit） ……………………112
対生成（production of a hole-electron pair） ……………………116
帯電（charging, electrification） ………1
帯理論（erergy band theory） ………113
多数キャリア（majority carrier） …115
多相交流（poly-phase AC） …………78
他励式（separate excitation method）197
単位行列（unit matrix） ……………103
単相誘導電動機（single-phase induction motor） ………………194, 215
単元素半導体（element semiconductor）
　　……………………………113
端絡環（end ring） ………………209

チャネル（channel） ……………125
逐次近似方式（successive approximation method） ……………183
逐次近似用レジスタ（successive approximation register） …………184
蓄積エネルギー（stored energy） ……21
中性点（neutral point） ……………80
注入効率（injection efficiency） ………122
超大規模集積回路（very large scale integrated circuit） ……………112
直並列回路（series-parallel circuit）50, 59
直巻式（series excitation method） …197
直流（direct current） ………………4
直流安定化電源（stabilized DC power supply） ……………………134
直流回路（direct current circuit） ……88
直流機（DC machine） ………192, 193
直流チョッパ回路（DC chopper） …225
直流電動機（DC motor） …………193
直流発電機（DC generator） ………193

直列（series） ……………………19
直列回路（series circuit）
　　………………………9,48,88,90,94,98
直列共振（series resonance） …………75

ツェナー過程（Zener process）………121

D/A 変換（digital-to-analog conversion）
　　……………………………………178
D/A 変換回路（digital-to-analog converter）
　　………………………………134,178
D フリップフロップ（D flip-flop） …173
T フリップフロップ（T flip-flop） …173
Δ-Y 変換（Δ-Y transformation）……55
ディジタル回路（digital circuit）……134
ディジタル信号（digital signal）134,178
テブナンの定理（Thévenin's theorem）44
デプレイッション形（depletion type）127
テレビジョン（television）……………251
抵抗（resistance） ……………………5,8
抵抗温度係数（temperature coefficient of resistance）……………………………11
抵抗率（resistivity, specific resistance）8
定常項（steady term） …………88,95,96
定常状態（steady state） …………84,86
定常値（steady state value） …………85
定電圧ダイオード（constant voltage diode）
　　……………………………………121
鉄損（iron loss） ……………………207
鉄損電流（core loss current） ………207
電圧（voltage） …………………1,3,14
電圧フォロワー（voltage follower）…145
電位（electric potential） ………3,15
電位差（patential difference） ……3,14
電位障壁（potential barrier）………117
電荷（［electric］charge）…………1,13
電界（electric field）…………………13

電界の強さ（intensity of electric field, electric field intensity, electric field strength）…………………………13
電界効果トランジスタ（field effect transistor）…………………………………124
電機子回路（armature circuit）……195
電機子抵抗（armature resistance）…196
電機子電圧（armature voltage）……199
電機子電流（armature current）……195
電気（electricity） ……………………1
電気回路（electric circuit）…………1,2
電気機器（electrical machinery and apparatus）………………………………190
電気抵抗（electric resistance）…………5
電気力線（electric line of force, line of electric force） ………………………15
電気量（quantity of electricity）……1,6
電源（power source） …………………4
電磁エネルギー（electromagnetic energy）
　　………………………………………34
電磁石（electromagnet） ……………197
電磁力（electromagnetic force） ……31
点接触形トランジスタ（point contact transistor）…………………………………110
電束（dielectric flux） ………………16
電束密度（dielectric flux density） …16
電池（battery）………………………134
電動機（electric motor, motor）……189
伝導帯（conduction band） …………113
伝導電子（conduction electron） ……114
電流通路（current channel）…………125
電流（［electric］current）……………1
電流力（electrodynamic force）………38
電力（［electric］power）……………6,7
電力増幅器（power amplifier）………147
電力量（electric energy）………………6
電話機（telephone；telephone set）…248

索　　引

TRIAC（triode AC switch）　…128, 130
ドナー（donor）　………………………116
ド・モルガンの定理（de Morgan's low）
　………………………………………161
トライアック（triac）　………219, 222
トルク（torque）　……………………196
ドレイン（drain）　……………………125
等価抵抗（equivalent resistance）　……9
同期式 RS フリップフロップ（clocked RS
　flip-flop）　………………………172
同期機（synchronous machine）　192, 193
同期速度（synchronous speed）　……211
同期電動機（synchronous motor）　…193
透磁率（permeability）　…………25, 58
導体（conductor）　……………………112
導通状態（conducting state）　………128
同電位（equipotential, same potential）
　………………………………………15
等電位（equipotential）　………………15
等電位面（equipotential surface）　……15
導電率（[electric] conductivity, specific
　conductance）　……………………8

ナ　行

NAND ゲート（NAND gate）　………162
なだれ過程（avalanche process）　…121
2 値信号（binary signal）　……………156
二次系（second-order system）　………98
二重積分方式（dual-slope method）　…183
入力インピーダンス（input impedance）
　………………………………139, 141, 143
NOR ゲート（NOR gate）　……………162
NOT ゲート（NOT gate）　……………160
ノートンの定理（Norton's theorem）　…45
能動回路（active circuit）　……………139

能動回路網（active network）　………39
能動素子（active element）　…………40

ハ　行

バイナリカウンタ（binary counter）…174
ハイブリッドパラメータ（h パラメータ）
　（hybrid parameter (h-parameter)）150
バイポーラ集積回路（bipolar integrated
　circuit）　…………………………131
バイポーラトランジスタ（bipolar transistor）
　………………………………………121
パラレル（parallel）　…………………176
パルス発生器（pulse generator）　……252
パワー MOSFET（power metal oxide
　semiconductor field effect transistor）
　………………………………………228
パワーエレクトロニクス（power electronics）
　………………………………190, 192, 217
パワートランジスタ（power transistor）
　………………………………………192
%導電率（percent conductivity）　……8
はしご形回路（ladder type circuit）　…52
排他的論理和（exclusive OR）　………162
波形（wave from）　……………………4
波高値（crest value）　…………………60
発光ダイオード（light eitting diode）…241
発電機（dynamo, generator）　………189
半加算器（half adder）　………………168
搬送波（carrier）　……………………153
半値幅（half power width）　…………75
反転層（inversion layer）　……………127
反転増幅器（inverting amplifier）141, 142
反転入力端子（inverting input terminal）
　………………………………………139
半導体（semiconductor）　……………112
半導体集積回路（semiconductor integrated
　circuit）　…………………………112

半導体デバイス（semiconductor device）
　　　　……………………………………109
半波整流回路（half-wave rectifier circuit）……………………………146

B-H 曲線（B-H curve）……………27
B級プッシュプル電力増幅器（B-class push-pull power amplifier）………147
pnpn 4 層構造（pnpn four-layer structure）
　　　　……………………………………128
pn 接合（p n junction）……………119
pn 接合理論（p n junction theory）…110
PWM インバータ（pulse width modulation inverter）……………………226
p チャネル（p channel）……………127
p 形半導体（p-type semiconductor）…115
ヒステリシス損（hysteresis loss）…207
ビット（bit）……………………………167
ピンチオフ（pinch off）……………126
ひずみ波（distorted wave）………4, 82
ひずみ率（distortion factor）…………83
比較器（comparator）…………………182
否定（negation）………………………159
非晶質（amorphous）…………………113
非正弦波（non-sinusoidal wave）………4
非線形回路網（non-linear network）…40
非線形素子（non-linear element）……40
皮相電力（apparent power）…………62
比透磁率（specific magnetic permeability, relative permeabiliy）……………25
比帯域幅（relative frequency band width）
　　　　………………………………………75
非同期機（asynchronous machine）…192
非反転増幅器（noninverting amplifier）
　　　　…………………………………143, 144
非反転入力端子（noninverting input terminal）………………………………139

比誘電率（specific inductive capacity）13
標本化定理（sampling theorem）……187
表面準位（surface states）……………110

VVVF（variable voltage variable frequency）………………………………226
ファクシミリ（facsimile）……………251
フェーザ（phasor）……………………63
フェーザ図（phasor diagram）………63
ブラウン管（陰極線管）（Braun tube, cathode ray tube）………………………242
フリップフロップ（flipflop）…………170
フレミングの左手の法則（Fleming's left-hand rule）…………………………32
フレミングの右手の法則（Fleming's right-hand rule）…………………………33
負荷（load）………………………………4
負荷トルク（load torque）……………196
複素インピーダンス（complex impedance）………………………………………69
複素計算法（complex calculation）…64
復調（demodulation）…………………155
複巻式（compound excitation method）
　　　　……………………………………198
不純物半導体（impurity semiconductor）
　　　　……………………………………115
不足減衰（underdamped）……………99
負論理（negative logic）………………158
分極（polarization）……………………12
分極電荷（polarization charge）………12
分相始動形（split-phase type）………215
分巻式（shunt excitation method）…198

ベース（base）…………………………121
ベース接地回路（common-base connection）………………………………………122
平均電力（mean power）………………7

索　引

平衡負荷（balanced load）･･････････80
並列（parallel）･･････････････････････19
並列回路（parallel circuit）･･･10, 49, 92, 96
並列コンデンサ平滑回路（shunt-capacitor filter）･･････････････････････････････135
並列変換方式（direct conversion method）･･････････････････････････････････････183
変圧器（transformer）･･････190, 194, 203
変調信号（modulating signal）･･････････154
変調度（modulation degree）････････････154

ホーンスピーカ（horn loudspeaker）･･･247
棒磁石（bar magnet）･････････････････24
包絡線検波（envelop detection）････････155
包絡線復調（envelop demodulation）155
星形結線（star connection）･････････････55
補出力（complementary output）･･･171

マ　行

マイクロコンピュータ（microcomputer）･･178
マイクロホン（microphone）･･････････246
マスタ・スレーブ（master-slave）･･･173
巻数比（turn ratio）････････････････････204

MIL規格（military specification and standard）･････････････････････････160
MOS集積回路（MOS integrated circuit）･･････････････････････････････････････132
MOS電界効果トランジスタ（MOS field effect transistor）･････････････111, 126

無効電力（reactive power）･････････････62
無損失（lossless）････････････････････････99
無負荷電流（no-load current）･･････････207

漏れリアクタンス（leakage reactance）
･･207
漏れ磁束（leakage flux）･･･････････････78

ヤ　行

UPS（uninterruptible power supply）226
有効電力（effective power）･････････････62
誘電体（dielectric）･･････････････････････12
誘電率（permitivity）････････････････････13
誘導機（induction machine）･･･192, 193
誘導性インピーダンス（inductive impedance）･･････････････････････････････････69
誘導性サセプタンス（inductive susceptance）････････････････････････････････70
誘導性リアクタンス（inductive reactance）････････････････････････････････68
誘導電動機（induction motor）･･･193, 208
誘導電流（induced current）･･････････････32

容量インピーダンス（capacitive impedance）････････････････････････････････70
容量性サセプタンス（capacitive sunceptance）･･････････････････････････････70
容量性リアクタンス（capacitive reactance）････････････････････････････････68

ラ　行

ラッチ（latch）･･････････････････････171
ラプラス逆変換（Laplace inverse transformation）････････････････････････86
ラプラス変換（Laplace transformation）････････････････････････････････88, 256

リセット（reset）････････････････････170
力率（power factor）･････････････････62
量子化（quantization）･･････････････181
量子化回路（quantization circuit）･･･182
理想変圧器（ideal transformer）･･････203

臨界減衰（critical damped） ……99

レオナード法（Leonard system） ……199
レーザディスプレイ（laser display）…242
励磁アドミタンス（exciting admittance）
　　………………………………………207
励磁コンダクタンス（exciting conductance）………………………………207
励磁サセプタンス（exciting susceptance）
　　………………………………………207

励磁電流（exciting current） ………203
零状態応答（zero-state response）
　　………………………………87, 88, 92, 94, 96
零入力応答（zero-input response）
　　………………………87, 88, 92, 98, 100, 101

論理積（logical product） ……………160
論理代数（Boolean algebra） …………157
論理変数（logic variable） ……………157
論理和（logical sum） …………………160

〈監修者紹介〉

宮入庄太（みやいり・しょうた）
- 学　歴　東京工業大学電気工学科卒業（1945）
- 職　歴　東京工業大学名誉教授
　　　　　東京電機大学名誉教授
　　　　　工学博士

磯部直吉（いそべ・なおきち）
- 学　歴　電機学校高等工業科卒業（電気科）（1939）
- 職　歴　東京電機大学名誉教授
　　　　　工学博士

前田明志（まえだ・あけし）
- 学　歴　東京電機大学大学院博士課程修了（1965）
- 職　歴　東京電機大学理工学部教授
　　　　　工学博士

基礎 電気・電子工学　第2版

1987年 4 月20日　第1版 1 刷発行	ISBN978-4-501-10890-8 C3054
1999年 3 月20日　第1版12刷発行	
2000年 4 月20日　第2版 1 刷発行	
2018年12月20日　第2版12刷発行	

著　者　片野義雄・磯部直吉・富田英雄・前田明志・本間和明・
　　　　大庭勝實・宮下　収・中村尚五・飯田祥二・西方正司・
　　　　羽根吉寿正・川島忠雄
　　　　©1987, 2000

発行所　学校法人　東京電機大学　〒120-8551　東京都足立区千住旭町5番
　　　　東京電機大学出版局　　Tel. 03-5284-5386（営業）　03-5284-5385（編集）
　　　　　　　　　　　　　　　Fax. 03-5284-5387　振替口座 00160-5-71715
　　　　　　　　　　　　　　　https://www.tdupress.jp/

JCOPY ＜(社)出版者著作権管理機構　委託出版物＞
本書の全部または一部を無断で複写複製（コピーおよび電子化を含む）することは、著作権法上での例外を除いて禁じられています。本書からの複製を希望される場合は、そのつど事前に、(社)出版者著作権管理機構の許諾を得てください。また、本書を代行業者等の第三者に依頼してスキャンやデジタル化をすることはたとえ個人や家庭内での利用であっても、いっさい認められておりません。
［連絡先］Tel. 03-3513-6969, Fax. 03-3513-6979, E-mail：info@jcopy.or.jp

印刷：三美印刷(株)　　製本：渡辺製本(株)
落丁・乱丁本はお取り替えいたします。　　　　　　　　　　　　Printed in Japan

電気工学図書

電気設備技術基準　審査基準・解釈

東京電機大学 編　　B6判 458頁

電気設備技術基準およびその解釈を読みやすく編集。関連する電気事業法・電気工事士法・電気工事業法を併載し，現場技術者および電気を学ぶ学生にわかりやすいと評判。

第一種電気工事士テキスト　第2版

電気工事士試験受験研究会 編　　B5判 288頁

今までに出題された問題の傾向を十分に検討し，基礎理論から鑑別の写真までを体系的にまとめてあるので，学校の教科書や独学で学ぶ人に最適である。

改訂　早わかり
第二種電気工事士受験テキスト

渡邊敏章 他共著　　A5判 244頁

合格のための直前対策や総まとめのテキストとして好評の前書を，電気工事士法の改正に伴い内容を全面的に見直し訂正した。

図解
第二種電気工事士技能試験テキスト

東京電機大学出版局 編　　B5判 122頁 2色刷

「合格への道しるべ」として，試験直前まで使えることを目的に編集したもので，限られた練習時間の中でどのような形式の問題にも対応できる力がつく。

基礎テキスト
電気理論

間邊幸三郎 著　　B5判 224頁

電気の基礎である電磁気について，電界・電位・静電容量・磁気・電流から電磁誘導までを，例題や練習問題を多く取り入れやさしく解説。

基礎テキスト
回路理論

間邊幸三郎 著　　B5判 274頁

直流回路・交流回路の基礎から三相回路・過渡現象までを平易に解説。難解な数式の展開をさけ，内容の理解に重点を置いた。

基礎テキスト
電気・電子計測

三好正二 著　　B5判 256頁

初級技術者や高専・大学・電験受験者のテキストとして，基礎理論から実務に役立つ応用計測技術までを解説。

理工学講座
基礎 電気・電子工学　第2版

宮入庄太／磯部直吉／前田明志 監修　A5判 306頁

電気・電子技術全般を理解できるように執筆・編集してあり，大学理工学部の基礎課程のテキストに最適である。2色刷。

詳解付
電気基礎　上

直流回路・電気磁気・基本交流回路

川島純一／斎藤広吉 著　　A5判 368頁

本書は，電気を基礎から初めて学ぶ人のために，理解しやすく，学びやすいことを重点において編集。豊富な例題と詳しい解答。

詳解付
電気基礎　下

交流回路・基本電気計測

津村栄一／宮崎登／菊池諒 著　　A5判 322頁

上・下巻を通して学ぶことにより，電気の知識が身につく。各章には，例題や問，演習問題が多数入れてあり，詳しい解答も付けてある。

＊定価，図書目録のお問い合わせ・ご要望は出版局までお願いいたします。
URL　http://www.dendai.ac.jp/press/

EA-001